含能材料译丛

新一代含能材料先进加工处理技术

Energetic Materials: Advanced Processing Technologies for Next-Generation Materials

马克·J. 梅兹格（Mark J. Mezger）
凯·J. 廷德尔（Kay J. Tindle）
［美］米歇尔·潘托亚（Michelle Pantoya） 主编
洛里·J. 格罗文（Lori J. Groven）
迪尔汉·M. 卡利恩（Dilhan M. Kalyon）

徐司雨 姚二岗 李海建 赵凤起 译

国防工业出版社

·北京·

内 容 简 介

本书主要介绍了新一代含能材料可能面临的技术挑战和工业生产面临的技术问题，内容涉及与含能材料相关的科学与制造技术的发展，以及通过美国含能材料倡议协会建立伙伴关系并成立长期的美国军备联盟计划方面的内容。

本书可为从事含能材料研制和应用的工程技术人员提供有益的技术借鉴，也可作为高等院校相关专业研究生的参考书。

著作权合同登记　图字：军-2020-031 号

图书在版编目（CIP）数据

新一代含能材料先进加工处理技术/(美) 马克·J.梅兹格（Mark J. Mezger）等主编；徐司雨等译. —北京：国防工业出版社，2023.2

书名原文：Energetic Materials：Advanced Processing Technologies for Next-Generation Materials

ISBN 978-7-118-12788-1

Ⅰ. ①新…　Ⅱ. ①马…　②徐…　Ⅲ. ①功能材料-研究　Ⅳ. ①TB34

中国国家版本馆 CIP 数据核字（2023）第 014365 号

Energetic Materials：Advanced Processing Technologies for Next-Generation Materials 1st Edition/by Mezger, Mark J. | Tindle, Kay J. | Pantoya, Michelle | Groven, Lori J. | Kalyon, Dilhan M. /ISBN：978-1-1380-3250-7

※

国防工业出版社出版发行
（北京市海淀区紫竹院南路 23 号　邮政编码 100048）
北京虎彩文化传播有限公司印刷
新华书店经售
*
开本 710×1000　1/16　**印张** 17¾　**字数** 310 千字
2023 年 2 月第 1 版第 1 次印刷　**印数** 1—1000 册　**定价** 120.00 元

（本书如有印装错误，我社负责调换）

国防书店：(010) 88540777　　书店传真：(010) 88540776
发行业务：(010) 88540717　　发行传真：(010) 88540762

译 者 序

含能材料的性能与武器的性能密切相关，它是决定武器先进性的重要因素之一。含能材料的性能直接决定着武器装备的战技性能指标，影响着战场作战模式及战争的胜负。为了提升未来先进武器装备作战效能，高性能含能材料的研发和制造成为各国关注重点，目前均在加大含能材料科技力量投入，力图突破传统的C-H-N-O体系设计和制备方法限制，着重开发并引入更新、更先进的含能材料品种及加工处理技术。

本书由马克·J. 梅兹格（Mark J. Mezger）等主持编写，他是皮卡汀尼（Picatinny）兵工厂美国陆军装备研究、开发和工程中心含能材料倡议协会的高级技术顾问，他还是研究、开发和工程司令部纳米技术集成产品团队主席。

本书内容涉及新一代含能材料的先进加工技术，主要包括新型含能材料的制备、炸药性能表征、材料放大制备过程中涉及的溶解热力学和结晶等问题。全书分为2部分，共13章，对含能材料生命周期中的关键科学技术问题，如新型高能有机氟化物的合成、炸药性能的光学表征、溶解热力学和结晶控制、含能材料的动力学特性、绿色可持续高能炸药的发展、含能材料的增材制造、含能凝胶与含能悬浮液的流变行为、新型含能材料的混合、包覆与成形以及新型含能材料的连续加工与成形；同时为应对现有美国工业生产设备无法满足新型含能材料制备生产需要以及含能材料的创新发展等问题，提出了由实验室创新向生产和军事领域应用的转变，以及开发下一代含能材料需要多学科团队合作和新兴国家含能材料倡议等建议，为新一代含能材料的发展指明了方向。本书内容对国内新型含能材料在火炸药工艺中的应用有重要的理论指导作用，对于从事含能材料工艺及性能研究的科研人员是一部非常有价值的专著。

本书的第 1 章、第 3 章、第 5 章、第 8 章由徐司雨翻译，第 9 章～第 13 章由姚二岗翻译，第 2 章和第 4 章由李海建翻译，第 6 章和第 7 章由赵凤起翻译，全书由徐司雨统稿校对。姜菡雨、裴庆、李恒、张洋、李猛、张明、于谨、王一平等博硕士研究生参与了部分内容的翻译、校对和图文及公式的录入工作。

译　者

2022 年 10 月

前　　言

作为含能材料（EM）的火药、炸药与烟火药，在弹药、采矿、油井射孔、建筑以及爆破领域的应用已有几百年的历史。这些领域的发展过程都或多或少地与含能材料的发展密切相关，即需要有性能更好、感度更低、价格更便宜、质量更优、制造更容易并且安全的含能材料。从历史发展来看，科学家通过有机化学合成来探索新材料的开发，从而发现了许多具有不同性质的含能材料。其中一些化合物在发现其能量性质之前，最初是作为商业应用的。例如，19 世纪初在德国发明的三硝基甲苯（TNT），它最初仅仅是作为一种黄色染料用，后来才被发现是一种很好的钝感炸药，在 19 世纪末被用作军火中的主要炸药。

第一次世界大战和第二次世界大战期间，含能材料的发展有了很大进步。在第一次世界大战之前和期间，用于弹药的含能材料在小型武器库和弹药站以及美国各地的一些承包商厂房中生产。第二次世界大战后，美国政府将 EM 生产单位合并为大型军用弹药工厂，称为国家常规弹药技术和工业基地（NT-IB），至今仍然用于含能材料的制造。NTIB 的生产线建于 20 世纪四五十年代，采用当时最先进的制造方法，它是一条专用的生产线，以保证生产的材料能够实现产量最大化，同时使其价格最低。NTIB 的设计生产制备能力也能满足美国与其盟国面对像第二次世界大战这样的大规模战争的弹药需求。例如，其能够每天生产 100 万磅（1 磅≈0. 45kg）的 TNT，对其他一些含能材料也具有相同的生产能力。

与 NTIB 有关的一个主要难题是如何合理地确定其规模，以便它既能在和平时期高效、低成本地生产弹药，又能维持在重大战争情况下可迅速扩大生产的能力。自 20 世纪 50 年代以来，美国军方已经历了好几次变化，对 NTIB 也产生了重大影响。由于多轮基地调整和关闭行动，以及 2010 年军事战略范围的改变，一些生产场地已经关闭。现在美国政府已不再担心在两条独立战线上应对重大冲突事件的发生。而且现在的军事战略也主要建立在集中世界各个地区的短期、小规模行动的基础上。在这种战略思想的指导下，和平时期和战时准备阶段的弹药需求也相应减少。对于 NTIB 来说，基于这些变化可预见现在和将来最终的结果，生产能力会保持在其总生产能力的 3%~5%之间。

美国军方正在寻求开发能实现作战能力跨越式发展的系统，希望它能够实现飞速发展并向作战人员提供新技术。对于含能材料，这可解释为不断提高化合物的能量，使其在作战环境中更有效、生存能力更强。在现有 NTIB 的工艺参数下，开发新产品是一项长期而艰巨的任务，因为虽然这些生产线具有大规模的生产能力，但其产品的灵活性差，成为许多新型高能产品向该领域转变的巨大障碍。因为重组并修改这些生产线布局需要花费大量的资金，所以从成本效益方面来看，采用任何新技术都需要投入大量的资金。

大学、商业机构和政府实验室正在开发能量水平高于常规 C-H-N-O 类含能材料的新型含能材料，而且所使用的工艺也未必是传统有机化学工艺。这些新型含能材料包括亚稳态分子间复合物、有机-金属化合物、纳米相金属、非晶相金属和有机化合物，它们称为下一代含能材料。就美国国家层面上，在实验室里是有能力使用新工艺来制造这些材料的，然而在实际工作中几乎没有或根本没有能力开发或生产这些新型含能材料。因此，对于实现战斗能力方面的跨越式发展，可能永远不会有相应的潜在解决方案。

其他行业已经从专用生产线和批处理流程转向了灵活的敏捷制造技术。目前，美国正处于这样一个历史时期，也许 NTIB 需要重新考虑以便更有效地应对不断变革的军事战略挑战和要求。本书将着眼于下一代含能材料的开发，这些含能材料将使用新的组分以及现代的制造工艺来开发。

本书第一部分着重介绍与评估了含能材料物理化学特性以及合成创新解决方案能力方面的研究，并对这些方面的研究成果进行了总结，以便指明未来的发展方向。本部分还介绍了与下一代含能材料有关的新材料、新工艺方面的科学研究进展。能量学技术的进步得益于新型化学技术的发展，例如，采用气相沉积技术制备的细颗粒金属材料可作为高密度燃料。这些新技术着眼于有机晶体的纳米形态、非传统的能量释放机制、非晶相的 C-H-N-O 化合物、喷涂与干燥、声共振混合、双螺杆挤出以及 2D/3D 打印技术。另外，本部还介绍如何发展新的基本科学方法，并将其用于高品质含能材料廉价生产的建模和设计制造方法中，同时还介绍了为原有的含能材料和新一代含能材料开发的一些新工艺。

本书第二部分介绍了未来的国家技术和工业基地。美国含能材料倡议（National Energetic Materials Initiative，NEMI）协会作为美国武器装备联合会（National Armaments Consortium，NAC）的一个部门，正致力于下一代含能材料的发展。NAC 和 NEMI 的成立将促进学术界、私人组织和政府机构之间的互动，也将为军工和商业企业提供解决方案。

作者简介

马克·J. 梅兹格（Mark J. Mezger）是新泽西州沃顿市皮卡汀尼（Picatinny）兵工厂美国陆军装备研究、开发和工程中心含能材料倡议协会的高级技术顾问，此前曾在该中心技术总监办公室和业务接口办公室任职。

通过建立公私合作伙伴关系，他创建了一个具有区域专长的美国纳米技术网络。他还担任研究、开发和工程司令部（RDECOM）纳米技术集成产品团队主席。通过与位于佐治亚州斯旺斯博罗的国家纳米技术制造中心、位于宾夕法尼亚州匹兹堡的纳米材料商业化中心技术咨询委员会、位于宾夕法尼亚州伯利恒的 Lehigh Valley 纳米技术网络、位于密苏里州哥伦比亚的密苏里州立大学（MIZZU）的联系，以及大花园国家纳米技术联盟，他为美国陆军建立了北美最大的纳米颗粒反应设施，目前参与将这项技术应用于炸药和反应材料的研究。

他在美国宾夕法尼亚大学费城沃顿商学院获得技术管理硕士学位，在美国纽约州立大学获得数学、物理和工程科学学士学位。

凯·J. 廷德尔（Kay J. Tindle）目前担任美国得克萨斯理工大学副校长办公室研发团队的高级主管。她在美国俄克拉荷马基督教大学获得了英语教育学士学位，在美国中央俄克拉荷马大学获得了成人高等教育硕士学位，并在美国得克萨斯理工大学获得了高等教育研究博士学位。她侧重多学科团队研究，主要开展多学科团队和高等教育中女性领导者之间的问责机制、沟通实践和创新研究。

米歇尔·潘托亚（Michelle Pantoya）是 J. W. Wright Regents 是美国得克萨斯理工大学的机械工程系主任、教授。她的研究重点是开发工业和军事应用的新型纳米含能材料。她致力于通过研究材料的燃烧本质行为，促使复合含能材料更清洁、更安全、更高效。她的最近研究进展在探索频道《星球日报》的一个名为“绿色弹药”的栏目中播出。这篇新闻报道了她在采用环境安全和反应性更高的纳米颗粒制剂去除军械系统中所含铅基材料方面的科学贡献。她正在创造新的诊断技术，用于在纳米尺度上探测燃烧反应，并将这些发现与反应性材料的宏观行为相联系，取得了巨大的进展。她发现了烟火药纳米尺度反应现象对宏观能量性能的影响，这是科学史上的重大贡献，这使她成为含能材料燃烧领域的前沿性领导者。另一个推动科学广泛发展的基本的影响是，她在研究中引入了一种新机制，这种机制可以基于分散发生反应，而不是经典的扩散过程。2004 年，她作为著名的美国科学基金会“科学家和工程师总统早期职业生涯奖”（President Early Career Awards for Scientists and Engineers Award）获得者，获得了美国总统的表彰。

洛里 · J. 格罗文（Lori J. Groven）是美国南达科他矿业理工学院化学与生物工程助理教授。在此之前，她曾在美国西拉斐特普渡大学机械工程学院担任助理研究员。她专注于传统材料、纳米储能材料及其在应用中的燃烧、测试、加工等研究和性能改进。她的研究包括纳米粉末燃烧合成金属间化合物和陶瓷材料、小规模无气反应传递和生物灭杀材料的直接应用，最近的研究主要集中在含能添加剂合成路线上。自 2010 年以来，她发表了 30 多篇同行评审论文。

迪尔汉 · M. 卡利恩（Dilhan M. Kalyon）是美国史蒂文斯理工学院的教授，该院与化学工程和材料科学系以及化学、化学生物学和生物医学工程系联合成立。从 1989 年起，他还担任史蒂文斯高填充材料中心主任。他曾获塑料工程师学会国际研究奖（2008 年）、美国化学工程师学会流体粒子系统 Thomas Baron 奖（2008 年）、Harvey N. Davis 杰出助教奖（1987 年）、模范研究奖（1992 年）、Henry Morton 卓越教学奖（2000 年）、MEng 荣誉学位（名誉起见）（1994 年）和史蒂文斯理工学院杰出研究奖 Davis 纪念奖（2009 年），JOCG 连续挤压和混合组创始人奖（2004 年）以及各种奖学金。包括杜邦中央研究与发展奖学金（1997 年）、埃克森教育基金会奖学金（1990 年）和联合利华教育奖学金（1991 年）。他被选为塑料工程师学会（2004 年）和美国化学工程学会（2006 年）的会员。

目　　录

绪　　论

1. 美国国防部含能材料领域

1）范围

美国国防部（DoD）用含能材料（EM）的生命周期，如图 1 所示。其生命周期分为不同阶段，将技术从实验室的概念研究发展到生产、维护到退役。

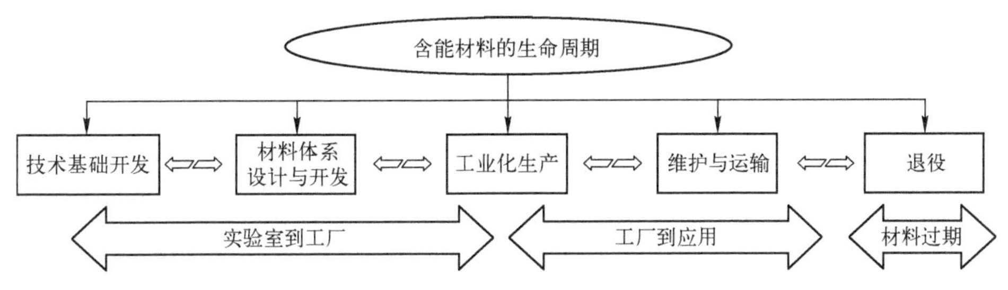

图 1　美国国防部用 EM 的生命周期

根据所考虑的服务和系统，产品的生命周期由不同的组织管理。在 EM 的特定情况下，管理组织之间没有完整生命周期的总体计划。

2）产品

与美国国防部武器系统相关的 EM 产品有炸药、发射药、火箭推进剂和烟火剂。炸药通常用于点火序列和终端弹头的主装药，而发射药和火箭推进剂则用于弹药和导弹的推进系统。烟火剂的用途：产生可见光，产生烟雾作为遮蔽物，产热作为防空诱饵弹。每种产品都有自己的反应特性，在爆炸情况下，反应在微秒内发生；在燃烧情况下，反应在几分钟内发生。

每种材料能量输出及对各种刺激反应的敏感度，对使用安全性和武器系统的生存能力至关重要。对于炸药来说，目的是最大限度地利用格尼能（炸药的金属加速能力）或其威力（炸药毁伤能力），同时降低其对撞击、摩擦、热和静电刺激的敏感性。火药与炸药的不同之处在于，开发的该类材料要在燃烧过程中火焰温度小，能产生极大比冲（I_{SP}）的化合物。火药配方也必须关注受外界刺激的敏感性，从而极大地提升产品使用期内的安全性。火箭推进剂更是试图优化燃烧特性，同时尽量减少烟雾特性及材料的敏感性。

这些材料的加工、储存和处理各有其独特性。由于安全性问题，某些材料不能存储和/或近距离处理。这不仅适用于起爆药和猛炸药，也适用于爆炸物和一些烟火剂或推进剂组分。由于这些材料的不相容性，必须严格规定加工的安全规程和材料用量。

3）使命

美国国防部一直在寻找和使用最好的技术，为作战人员提供最有效的武器装备。为了完成这一任务，美国国防部的能源学界必须关注国内外的先进技术发展，寻求武器系统中问题的最佳解决技术。一旦确定了独创性技术，就要由专职人员来协调实验室、供应商和武器装备专家之间的联系，以促进技术发展，从而为作战人员提供创新性的解决方案。

2. 国家含能材料开发和生产能力

1）简要介绍

美国国防部的新兴市场研究与开发（研发）处于十字路口。为了满足非对称战争的需求，需要更强大、更不敏感的含能物质。为了实现这些结果，科学家和工程师不得不打破传统的方法来创造这类材料，并采用更具创新性的方法来制造新型材料。然而，美国的基础设施主要是围绕碳（C）、氢（H）、氮（N）、氧（O）化学建立的，这是一个多世纪以来 EM 的主要基础，这也是新材料转变和应用的一个主要限制因素。这一挑战是如何利用 20 世纪 40 年代建立的设备和制造工艺等工业综合体的基础，实现下一代电磁系统（NGEM）的破坏性作战能力。目前，在实验室中开发的产品规模不大，即提高制造成熟度等级（MRL），使它与技术成熟度等级（TRL）相当，并且实际上没有能力大量生产产品。美国国防部在过去 10 年里进行了许多研究，目的是了解国家发展和生产 EM 的能力。

2）国会

众议院军事委员会在 2009 年国防授权法案中指示，美国国防部部长评估当前和未来美国和国外从事电磁材料研究、开发和制造技术的进展。该报告至少应包括美国国防部的方案和预算建议，以确保形成先进的应急管理系统；还要提供同等重要的含能材料的科学和技术专业知识，以满足国家未来的安全要求。此外，如果资金水平继续下降，报告还应包括对国家安全的风险评估①。

2016 年，国会再次向陆军部长提供了鉴言，并在“先进能源学”标题下声明：“众议院拨款-国防小组委员会（HAC-D）敦促陆军部长通过采用新的制造试验工艺，证明新一代钝感含能材料可提高火炮发射弹药的性能，从而

① House Report 110-652, p. 202.

实现更远的射程，针对一系列威胁增强了终端效应。"① 参议院 2017 年度财政拨款法案报告也包含了解决国防 EM 制造的内容。该报告指出了弹药制造的优化方案。委员会了解到，陆军是美国国防部常规弹药的单一管理者，负责确保常规弹药产品生命周期的有效管理。这包括弹药制造工艺的开发和优化，以及新材料的开发和集成。委员会认为，可以通过自动化技术优化推进剂生产工艺、整合新材料产品，协助常规弹药的制造。这些工艺和材料可以降低成本，提高弹药性能，提高士兵的安全性。此外，委员会鼓励陆军部长为国家技术工业基地配备新的、新兴的制造工艺和材料，以实现这些目标②。

3）对国会的答复

为响应 2009 年国会指令，美国国防部与工程办公室（DDR&E）对 EM 进行了生命周期评估研究，如图 1 所示。本研究的要点概述如下。

（1）含能材料是国防关键技术的重要组成部分。

现代防御系统或弹药几乎没有不依赖 EM 的。基于先进 EM 的武器可以提高系统性能，提高作战生存能力。相比之下，军用 EM 在产品层面上不存在商业市场需求。商业采矿业和建筑业消耗大量的 EM；然而，这些行业使用的材料与军事的物性不同，因此不容易互换。到目前为止，较少的工业院校从业者研究 EM，主要是因为它是美国国防部的需要。由此产生的结果是，美国国防部的实验室和承包商开发并生产了当前部署的所有战术和战略推进系统。特定目标需求的 EM 的开发几乎均来自内部研究能力。

未来武器系统基于先进的 EM 技术将获得更远的防区距离、更短的瞄准时间、更大的武器通用性和更小的有效载荷。我们不仅需要新型的、更好的 EM，而且需要一种费效比高、便捷的手段将它们交付作战人员。

（2）前进的方向。

2016 年，美国国防部正在考虑对两个主要新兴市场生产设施进行大规模的现代化建设。材料和制造科学的最新进展，使研究人员能够探索出超越传统 C-H-N-O 技术（称为 NGEM）的新型 EM。国家缺乏开发这些材料并使 MRL 与 TRL 能够共同进步的能力。即使在某些发展能力存在的情况下，NTIB 内也没有生产 NGEM 常规弹药的能力。制造新材料的挑战源于武器系统设计

① U. S. Congress. House. Committee on Appropriations. *Department of Defense Appropriations Bill, 2017*. 114th Congress, 2d session, 2016. House Report 114-577. https://www.congress.gov/congressional-report/114th-congress/house-report/577/1, p. 216.

② U. S. Congress. Senate. Committee on Appropriations. *Department of Defense Appropriations Bill, 2017*. 114th Congress, 2d session, 2016. Senate Report 114-263. https://www.congress.gov/congressional-report/114th-congress/Senate-report/263, p. 148.

和开发阶段任何一方的能力差距。如图 2 所示，如果材料不能简单地在现有的生产线上制备，这些差距就是 NGEM 的死亡谷。

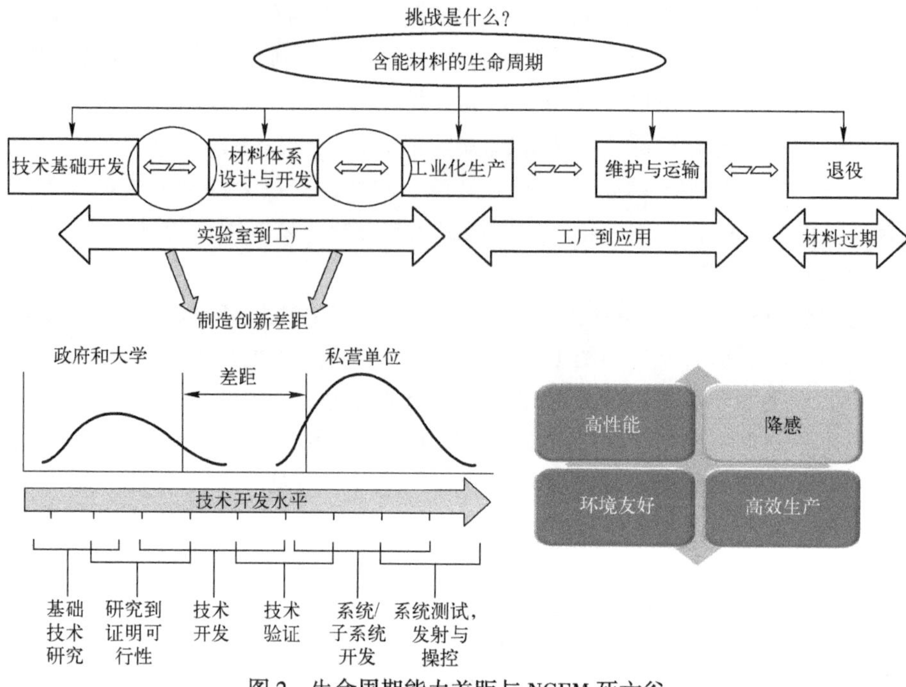

图 2　生命周期能力差距与 NGEM 死亡谷

为了加速 NGEM 的发展并促进这些技术向 NTIB（穿越死亡谷）的过渡，美国陆军装备研发与工程中心正计划开发一系列先进的含能材料生产线（APLE）。该项目旨在缩小现有工业基地的差距，并为武器开发者提供成熟的 MRL 和 TRL 能力。APLE 的目标是创建能够开发 NGEM 并将其转换为现代化 NTIB 的基础设施，在该 NTIB 中，可以按照美国国防部要求的数量随时生产 NGEM，其理念是设计、安装和验证中试生产线。这种能力将使美国国防部拥有成熟的 MRL 和成熟的 TRL 的 EM 系统，可以定期实现生产中的产品转换。这些试验生产线将扩大到全面生产，并有效地将技术转化为 NTIB。APLE 的战略是开发科学、灵活、便捷的成分和配方工艺，以放大并制造有前景的 NGEM。该方法基于政府、学术界和商业国防部门的基础科学和技术倡议，对成熟的技术和 MRL 进行验证。该计划将通过政府、学术界和工业界之间的一系列公私合作来执行。

APLE 项目有三个重点推进领域，包括下一代负载、组装和封装（LAP）操作、纳米有机含能材料或纳米含能材料、灵活便捷的成分和配方处理，如图 3 所示。

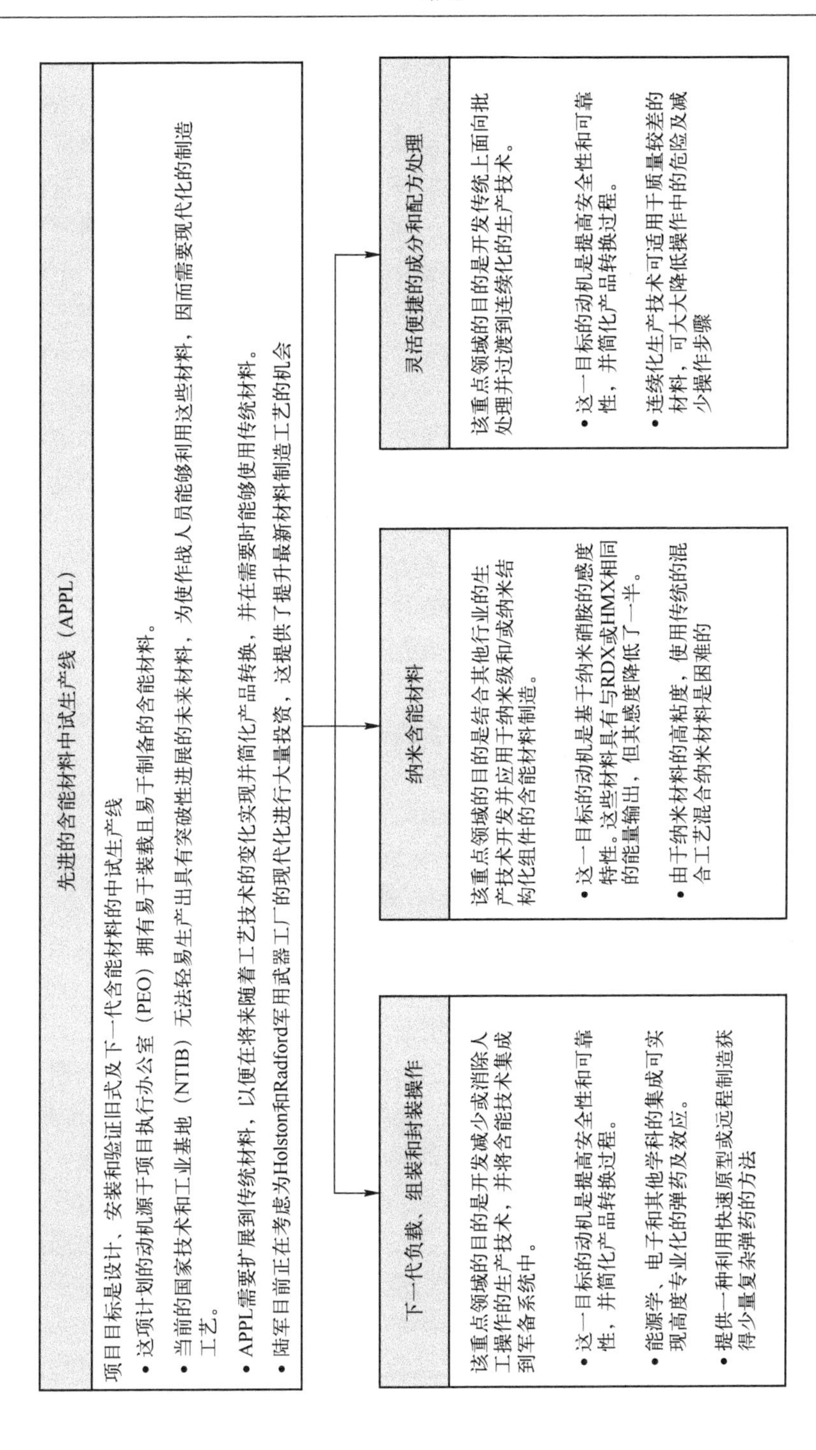

图3　APLE项目推进领域

每个重点领域都试图研究与 EM 产品开发相关的各个过程。下一代 LAP 涉及模拟、成形和制造，以及将 EM 子组件组装到其预应用装备中的相接口。灵活便捷的配料和配方处理，涉及将批量生产的物料转化为连续的产品，使产品的灵活性和便捷性最大化。纳米含能材料领域希望从其他行业引进制造技术，并将其应用于 EM。在这一领域，人们特别感兴趣的是纳米有机材料的加工和涂层，同时要考虑小颗粒反应的相关危险。

EM 的许多工艺在其他行业也有应用。为了使这些过程适用于 EM，认知材料生产的相关性能和运输条件至关重要。这应从 EM 的反应性、开发结晶过程模型开始考虑。这项工作的现代化改造成功，将产生溶解度、化学溶解度、化学和反应动力学、工艺流程的流变行为、结晶、物理性质和终端效应的几个过程模型。一旦这些模型得到开发和验证，就可以进行集成创建、处理和终端效果模拟。这种模拟可大大减少开发周期和测试所需的时间，以使新的 EM 系统完全符合武器使用要求，并加速过渡到 NTIB 和最终的军事部署。第一部分的主题是与 EM 相关的必要科学和制造技术的发展。第二部分的主题是成立美国导弹研究所和建立长期美国军备联盟伙伴关系。

3. 本书概览

第一部分：含能材料生命周期中的关键科学技术

第 1 章　高能有机氟化物的合成方法

含能有机氟化物，特别是由三氟甲基、二氟胺和五氟亚砜组成的化合物逐渐引起人们的兴趣。含五氟硫（SF_5）基和偕二氟胺（NF_2）基的含能化合物，通常表现出高能量密度和较低的撞击感度，并且具有其他的有益特性，例如高爆速和高爆压。本章综述了含氟基含能化合物的合成方法，包括含五氟硫和二氟胺的含能化合物的合成方法。

第 2 章　表征炸药性能的光学诊断技术

光学诊断，包括纹影、阴影和背景定向纹影（BOS），用于释能和爆炸过程的冲击波和可压缩流动现象的可视化。这些技术将折射率变化进行可视化，以获得一系列定性和定量信息。一维爆炸驱动激波管装置与纹影成像一起用于测量铝热混合物爆炸中的激波传播速度。纹影成像显示了膨胀产物气相区的湍流结构。成像光谱仪与纹影成像配合，可以量化爆炸产物气体与周围环境的混合。将阴影成像技术应用于图像场范围内爆炸试验。阴影图显示了冲击波、碎片运动轨迹和速度以及气相产物的运动。BOS 是一种现代技术，通过对背景图案的变形来实现折射场的可视化。在此，该技术使用测试板的环境背景来反映爆炸场，BOS 图像清楚地显示了冲击波在表面的传播和反射，而这些在原始的高速数字图像中是看不清的。

第3章　有机含能材料的溶解热力学

EM 的热力学溶解度综合模拟对于开发一种安全、高效的新工艺技术，预测暴露环境中的水溶性具有重要意义。本章介绍了目前最先进的预测分子热力学的模型，并用类导体屏蔽模型-段活度系数（COSMO-SAC）模型和非随机双液段活度系数（NRTL-SAC）模型，测试了模型对三种常见有机 EM-PETN、RDX 和 HMX 的适用性。通常 COSMO-SAC 预测 EM 的溶解度过高，NRTL-SAC 可以作为一个实用的热力学模型，用于关联 EM 在几种典型溶剂中的溶解度，并使用四个分子特定参数预测纯溶剂和混合溶剂中的溶解度，本章还提出了评估环境影响的辛醇-水分配系数。

第4章　结晶和重结晶过程的数值模拟和实验研究

在含能晶体（包括各种硝胺）的制备过程中，要获得目标物的多晶型、尺寸和形状分布是一个挑战。通常，混合成本高，晶体的再研磨增加了密度缺陷，因而增加了感度。在不同溶剂和组合溶剂的结晶或再结晶过程中，具备预测各种含能材料晶体的多晶型、尺寸及形状分布的能力，有助于获得所需的多晶型和尺寸及形状分布，而无须再研磨或混合大小不同的晶粒。本章使用各种数学模型预测两种硝胺的多种晶型和分批进料的动力学结晶过程，介绍了几种典型的实验方法。这些模型包括基于从头算模型和分子动力学多晶型预测模型，以及各种溶剂和反溶剂系统与动态质量守恒和能量守恒方程，预测晶体的数密度随时间和尺寸的变化以及粒子成核和生长动力学的变化。

第5章　含能材料的动力学特性

EM 的动力学特性评价是预测变形行为的基础，包括高速冲击的破坏机制和破碎强度。这些试验参数对于建立和验证材料物理本构模型，保证 EM 的安全性和性能指标具有重要意义。

本章描述了动态力学特性对 EM 爆炸行为的重要性，并再现了最近发表的研究中可用的高速率力学性能；介绍了分离式 Hopkinson 压杆、激波管和落锤试验等安全高效的试验技术；重点介绍了实验和诊断技术的发展历史，并讨论了今后的发展方向；还讨论了极限载荷条件下 EM 的计算机建模与仿真作用，以及实验信息对改进炸药研制的贡献。

第6章　高能炸药的可持续发展

烈性炸药在世界范围内的战场和商业领域发挥着关键作用。每年这些材料都会被大量生产；在美国，军用高能炸药的生产总量每年达几百万磅。然而，所用的炸药组分和配方完全不是新材料；它们的发展始于几十年前（在某些情况下或是几个世纪），当时环保性和毒性效应一般不是选择材料的主要关注点。然而，随着美国环境保护局制定越来越严格的环境法规，以及欧盟对化学品法规的注册、评估、授权和限制，必须开发可持续、更绿色的单质炸药及配方。

根据分类，烈性炸药被定义为能够在受到刺激时产生爆炸（意味着它们可以分解产生以超音速传播的冲击波）的物质。它们大致可以分为不同的子类，通常根据其特性和预期作用，可分为起爆药和猛炸药。其中，起爆药最敏感，威力通常较弱。它们的目的是将热能或机械能（如撞针的冲击）转化为能够触发威力更大但不太敏感的猛炸药的冲击能。猛炸药的设计应尽可能钝感，同时保持其爆炸性能，从而尽量减少生产或意外引发的现场事故。事实上，现代的一个重要研究领域是钝感弹药，其目的是对诸如子弹/碎片撞击、烤燃和其他附近炸药爆炸等具有高度的抵抗能力。

第7章　可打印含能材料——弹药增材制造之路

近几年，EM增材制造一直是美国国防部越来越感兴趣的领域。皮卡汀尼兵工厂多年来一直是这一领域的领头羊，致力于引信和其他小规模弹药研制。然而，存在一些主要难题，包括特定配方开发、工艺参数确定和打印技术准备，近期的工作重点是解决这些难题。例如，可打印推进剂、烟火剂、炸药和生物制剂的配方已经开发出来，并且正在对必要的流变性和其他特性进行表征。因此，现在已经获得了一些基本性能，这些性能可能有助于各种打印技术的研发，以及供美国国防部和其他地方的研究人员使用。在本章中，将用最近的高固体负载材料方面的例子，讨论弹药打印所需的粒度、聚合物、黏度和打印技术。

第8章　含能凝胶与含能悬浮液的流变行为

高能制剂的流动和变形行为（流变学）很复杂，因为含能制剂通常是凝胶或高度填充的悬浮液（颗粒的体积分数接近它的最大填充分数）。黏塑性（屈服应力的发展）和壁面滑移是凝胶和悬浮液的重要特性，对流变材料的功能特性提出了挑战。此外，黏塑性和壁面滑移行为受加工条件的影响，这表明需要仔细跟踪和记录微观结构的发展，以便收集可靠的和重复的数据。可以改变其他微观结构因素，包括与基材形成的分离/分层效应、与在压力流下的黏结剂相分离、空气夹带、颗粒的剪切诱导迁移和沉淀相关的分离/分馏效应，来表征含能悬浮液流变特性的方法与使用设备的依赖性，使黏度计的表面体积比发生系统性变化。例如，可以使用具有间隙变化的稳定扭转流动和矩形狭缝模具，或者使用具有毛细管直径系统变化的毛细管流变仪，也可以使用基于挤压流动的流变仪。然而，任何一种用于形成含能材料的壁面滑移和材料参数的分析方法均需要特别定制，以便准确确定剪切黏度和壁面滑移速度与壁面剪应力间的关系。

第 9 章　混合、包覆与成形

使用间歇式或连续式混合机分散和混合含能配方组分或基于溶液的包覆法包覆各种含能颗粒，是决定含能粒子最终性质的重要因素。目前基于 X 射线衍射或能量色散 X 射线法，开发了多种方法定量表征含能料浆混合度（混合指数）的方法。这种混合指数可以区分混合条件的好坏，并且可与含能配方的各种弹道性能和其他性质相关联。自 20 世纪 90 年代以来，基于三维有限元法的综合解决方案已经问世，可与 Poincaré 截面和 Lyapunov 指数的测定相结合，用于预测含能配方中成分分离的规模和强度。数值模拟和实验表征方法的结合，可以更好地控制和优化混合操作，从而提高含量配方的质量。或者，可以使用溶剂或无溶剂方法混合和涂覆 EM。可利用实验和数值模拟的方法研究 EM 的表面性质，预测无溶剂混合行为；可利用扫描电子显微镜（SEM）和能量色散 X 射线（EDX）确定实际的包覆条件。含能配方可以放置在壳体中混合，通过浇铸、挤压或压制进行加工。加工动力学与最终形状的微观结构密切相关，包括孔隙率、表面积、缺陷和均匀性，这些特性都影响着 EM 的性能。

第 10 章　全啮合同向双螺杆挤出机的连续加工与成形

含能配方有多种连续加工方法，即输送固体、熔化聚合物黏合剂、将含能颗粒混合到黏合剂中、加压、去挥、模流成形，所有这些都在单台设备内完成。其中使用最广的是完全啮合和共转双螺杆挤出工艺，它与成形模具一起使用。含能材料在该类设备中的热机械历程，可以用三维有限元法和壁面滑移条件进行数字化模拟。这类数字化模拟已经与多种实验研究结果进行对比，结合实验研究，探索了这种连续制备设备的处理机制。除了具备单个加工平台内进行典型多步骤加工的便利性外，连续加工还提供了本质安全性，即在固定时间内挤出机中只有少量的含能材料，并可以得到较大的收率。此外，螺杆元件、传感器和进料口是可更换的，使挤出平台真正柔性化。连续制备设备与成形模具的集成，能使含能颗粒形成网状。模具中的流动和传热模拟与挤出机中的流动和传热相耦合，可用于设计含能配方的挤出硬件设备。挤出过程稳定性和挤出物形状的畸变是挤出制备研究的重要方面，可使用时间计算源代码与能量公式相结合的方法来阐明详细流变行为。

第二部分：未来的国家技术和工业基地

第 11 章　从实验室创新到生产和军事领域的转化

美国国防部的责任是国家的安全，美国国防部的任务取决于军事和文职人员与设备是否在正确的地点、正确的时间、正确的能力和正确的数量保卫国家利益。随着美国打击那些在传统战场边界之外策划和实施袭击的恐怖分子，这一点变得前所未有的重要。本章概述了美国国防部的全面战略规划，并明确了读者了解联邦机构当前研发计划的途径。在政府和工业部门感兴趣的许多研发领域中，纳米技术、EM 和非 EM 的添加剂制造是一件优先事项。本章讨论美国国防部在 EM 研究的目的和必须要做的工作是，通过 2D 和 3D 打印技术实现传统的含能材料及制造工艺的变革，使其更加灵活和快捷。这对于新技术和新设备的需求量是巨大的，有助于 EM 领域的创新转型。

第 12 章　下一代含能材料发展所需的多学科团队

21 世纪问题的复杂性强，要解决这些问题需要多学科的创新方法。多个学科对同一个问题的关注为更全面地理解该主题提供了机会，将促进跨越式发展，而不是渐进式的前进。21 世纪 NGEM 制造只能通过多学科方法实现。

正如本章将要讨论的，联邦研究基金正从资助单独的研究人员转向多学科团队。此外，本章将讨论多学科团队的类型，最适合解决快速变化的技术复杂性。联邦政府认识到当研究领域交叉时发展创新思维的价值。同样，全国各地的研究机构也试图通过为多学科团队提供内部基金来打破学科孤立。要产生更多的灵光乍现的时刻，这种方法是必需的。

第 13 章　新兴的美国含能材料倡议

当意识到需要全国范围的协调努力，来改造含能材料领域，发展下一代工业基地，有九所大学、政府部门以及一些工业伙伴发起了美国含能材料倡议（NEMI），以便将学术界的科技资源与私人工业资源的制造业结合起来。本章重点介绍了 NEMI 的多学科专业知识，以及通过开发新技术和向工业基地推广新技术来推进军备技术领域计划。

NEMI 将为下一代弹药带来潜在性的突破，但急需创新，将提高未来工业基地的效率并降低成本。系统工程方法将利用新技术和创新的化学制备方法大大缩短生产周期，将技术以逐步发展的速度推广到工业基地，从而极大地提高美国的能源材料的开发和制造能力。

第一部分：
含能材料生命周期中的关键科学技术

第1章 高能有机氟化物的合成方法

V. 普拉卡什·雷迪

1.1 引 言

现在人们已经认识到，在含能材料中引入氟元素不仅可以改善材料的安全性能，还能大幅度提高材料的密度。目前，该领域的研究重点集中在二氟氨基衍生物、五氟硫基和三氟甲基取代类高能材料的合成。与传统材料相比，含氟高能化合物往往具有较低的撞击感度和较高的能量密度，这意味着它们也具有更高的爆压和爆速。例如，一些五氟硫基和二氟氨基取代的杂环化合物就因密度高、爆速高和爆压高等特性，而展现出潜在的应用价值。

为了探索结构对高能量特性的影响，并探索其作为氧化剂在含能材料领域的应用前景，研究者通过对相应的前驱体羰基化合物进行偕二氟胺化，合成出了多种 HMX（1，3，5，7-四硝基-1，3，5，7-四氮杂环辛烷）和 RDX（1，3，5-三硝基-1，3，5-三氮杂环己烷）的二氟氨基衍生物（图 1.1）。在某些情况下，这些氟化衍生物具有比经典含能材料 RDX、HMX 和 TNT（2，4，6-三硝基甲苯）更优异的热稳定性、感度、密度和爆轰性能（图 1.1）[1-2]。HMX 的二氟氨基衍生物 HNFX［3，3，7，7-四（二氟氨基）八氢-1，5-二硝基-1，5-二氮杂环辛烷］还因其爆炸产物中含 HF 和 F_2，而被用来抵御生化武器，根据生物制剂种类不同，其消灭病菌时间为 2s~0.4h 不等[3]。

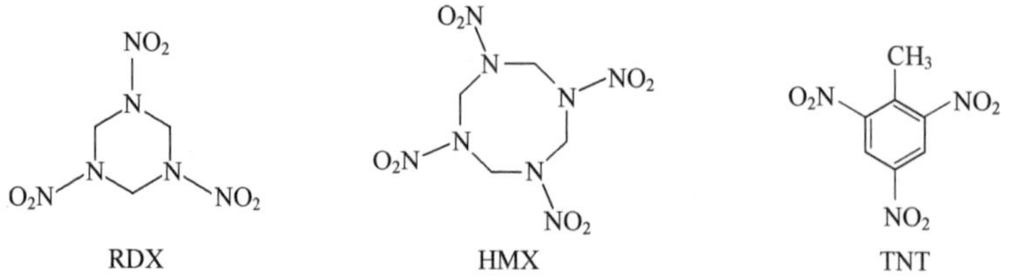

RDX HMX TNT

图 1.1 含能化合物 RDX、HMX、TNT 的结构

含氟高能化合物的合成路线研究具有挑战性，因为目前广泛使用的氟化试剂二氟化胺（HNF_2）具有很低的沸点（$b_p=-23℃$）和极高的感度（同硝化甘油）[4-7]。当前的研究趋势是开发稳定、易储存的氟化试剂替代 HNF_2，或探索像微流控技术等可控的直接氟化方法。

Chapman 在 2007 年报道了一些含氟高能化合物的合成进展，重点研究了 HNFX 的合成，同时还概述了二氟氨基取代的聚醚类黏合剂的合成方法[1]。在本章中，综述了含氟高能化合物当前的研究趋势、新型合成方法以及五氟硫基和全氟烷基取代高能材料的物理化学性质和能量性能。

1.1.1　一般合成方法

众所周知，大多数高能化合物是由 N-硝基官能团（硝胺基）组成的，RDX、HMX 和 TNT 就是典型的例子。在 RDX 和 HMX 中，由于存在（$CH_2N—NO_2$）重复单元，一氧化二氮（N_2O）和甲醛（HCHO）的释放成为分解路径中的关键步骤[8]。研究其分解速率和分解产物，可以发现 $N—NO_2$ 键裂解是硝胺类化合物分解的第一步。另外，有研究表明，二氟氨基类化合物的分解始于 HNF_2 的断裂[8]。从这些研究中可以推断出以下对分解的敏感性顺序：$N—NO_2>C—(NO_2)_2>C—(NF_2)_2$，这表明偕二氟氨基化合物比相应的硝胺类化合物更稳定，在分解过程中释放的热量更多。

Baum 等在对偕二氟氨基化合物合成方法的早期研究中，使用二氟氨基试剂和浓硫酸对羰基化合物进行二氟氨基化，快速制备出含氟高能化合物[7,9]。Chapman 在论文中详细介绍了偕二氟氨基硝胺衍生物的合成方法和理化性质[1]。大多数含偕二氟氨基的硝胺化合物的合成方法中都需用到不稳定且敏感的 HNF_2 和四氟化肼（N_2F_4），或是在反应时使用浓硫酸原位制备二氟氨基试剂 NF_2SO_3H[1,10-16]。近期有研究利用连续微流氟化法替代二氟氨基试剂法[17]。例如，二乙酰氨基化合物 1，1-二乙酰氨基环己烷和 1，1-双（乙酰氨基）丙烷，通过直接氟化反应分别合成其相应的二氟氨基化合物 1，1-双（二氟氨基）环己烷和 1，1-双（二氟氨基）丙烷[11]。

N，N-二氟氨基（叔丁基）硅烷胺（$t-Bu_3SiNF_2$），是一种具有潜力的 HNF_2 替代物，它由有机胺（或 $t-Bu_3SiNHF$）和氟试剂反应原位生成，但使用其进行的二氟氨基化反应还未见报道[1]。使用四氟化肼替代 HNF_2，1，3-脱氢金刚烷（**1**）可在低温下快速反应生成 1，3-双（二氟氨基）金刚烷(**2**)（图 1.2）[18]。

研究表明，更稳定的三苯基甲基二氟氨基试剂（$Ph_3C—NF_2$）可替代的浓硫酸和三氟甲磺酸（CF_3SO_3H）等其他强酸溶液中的 HNF_2，对酮进行偕二氟氨基化反应。Prakash 和 Olah 的研究指出该试剂可在更温和的反应条件下，由羰基化合物生成二 N，N-二氟氨基化合物，且收率较高[19]。在酸性条件下，三苯基甲基二氟胺（$Ph_3C—NF_2$）是 HNF_2（低浓度）或二氟氨基磺酸（NF_2SO_3H，低浓度）的稳定来源，进而使偕二氟氨基化反应得以进行。一些有机酮，如环丁烷、降硼烷-1，5-二酮、环已酮-1，4-二酮，在此条件下可合成其相应的偕二氟氨基化合物，如化合物**1~5**（图 1.3）[19]。

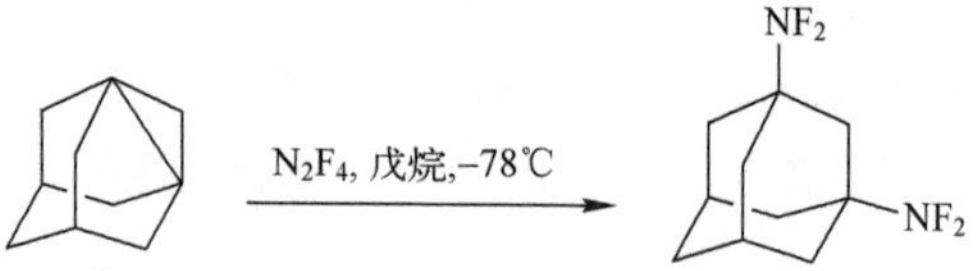

N_2F_4, 戊烷, −78℃

1　　**2**, 83%

图 1.2　1，3-脱氢金刚烷的二氟氨基化反应路线

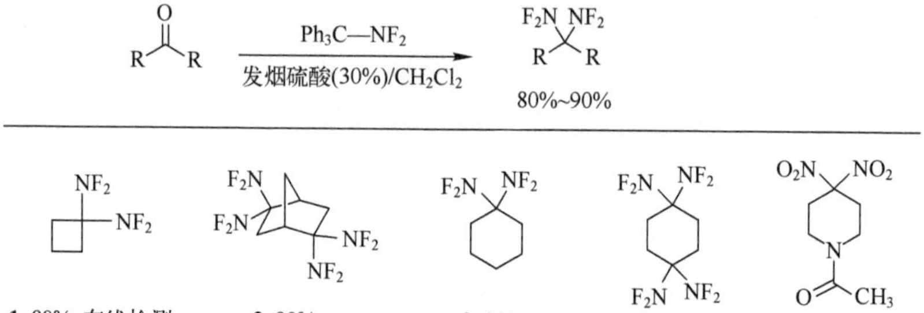

$Ph_3C—NF_2$

发烟硫酸(30%)/CH_2Cl_2

80%~90%

1, 80%, 在线检测分解产物　　**2**, 90%　　**3**, 80%　　**4**, 85%　　**5**, 85%

图 1.3　三苯基二氟胺用于酮的偕二氟氨基化反应

虽然三苯基甲基二氟胺是一种将羰基化合物转化为相应的二氟氨基衍生物的稳定、方便的试剂，但它的合成原料 N_2F_4 却很难像常规试剂一样通过商业途径获得。与此同时，在 0℃ 及氟水溶液条件下，N，N-二氟氨基磺酸钠 $NF_2SO_3^-Na^+$（**7**）很容易由氨基磺酸钠直接氟化生成，而 N，N-二氟氨基磺酸钠可将丙酮、环已酮、3-戊酮、1-乙酰哌啶-4-酮等羰基化合物转化成相应的二氟氨基化合物（**8**）（图 1.4）[20]。

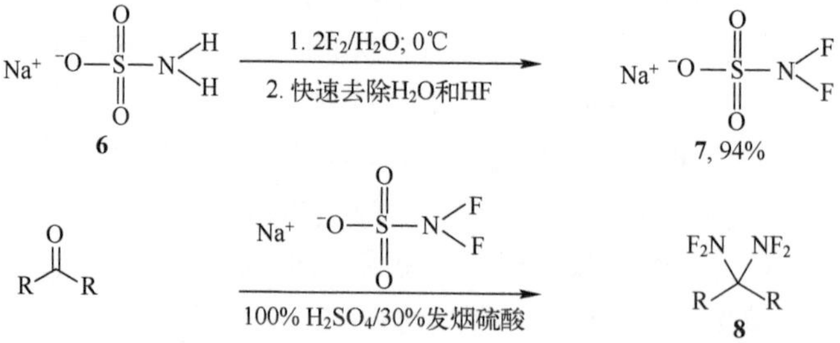

1. $2F_2/H_2O$; 0℃

2. 快速去除 H_2O 和 HF

6　　**7**, 94%

100% H_2SO_4/30%发烟硫酸

8

图 1.4　经二氟氨基磺酸钠进行的二氟氨基化反应合成路线

在连续流微流控条件下，氟代芳胺（**9**）可与氟分子反应生成相应的 N，N-二氟氨基衍生物（**10**），但该方法目前尚未应用于高能材料的制备（图 1.5）[12]。

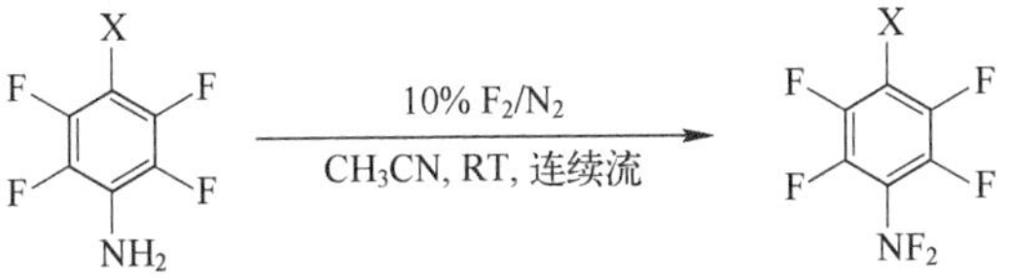

X
F
F
F
F
NH_2
10% F_2/N_2
CH_3CN, RT, 连续流
X
F
F
F
F
NF_2
9, X═CN, CF_3, NO_2　　　　**10**

图 1.5　直接氟化法合成 N，N-二氟芳胺的路线

1，1-双（二氟氨基）烷（**12**）和 1，1-双（二氟氨基）环己烷（**14**）等二氟烷胺也可通过其相应的二乙酰基胺直接氟化法制得（如图 1.6）。

H_3C
NHAc
NHAc
H_3C
5%~10% F_2/N_2
CH_3CN, −40℃
H_3C
NF_2
H_3C
NF_2
11, Ac：乙酰基　　　　**12**

NHAc
NHAc
5%~10% F_2/N_2
CH_3CN, −40℃
NF_2
NF_2
13, Ac：乙酰基　　　　**14**

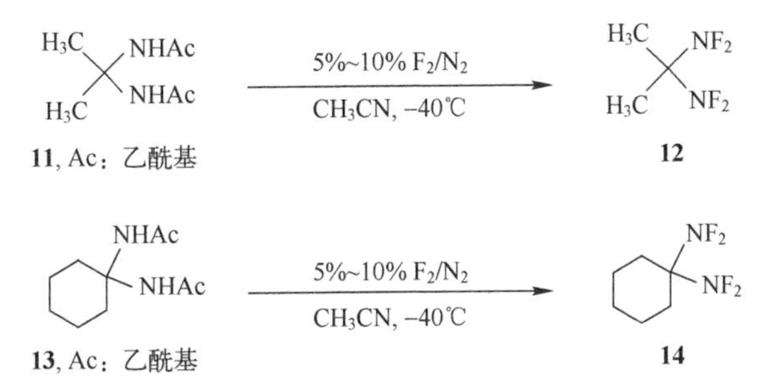

图 1.6　直接氟化法合成偕二氟烷胺的路线

1.1.2　含二氟氨基的高能化合物

以下介绍含二氟氨基的高能化合物“3，3，7，7-四（二氟氨基）八氢-1，5-二硝基-1，5-二氮杂环辛烷”。

Chapman 等以硝基苯磺酰胺和环氧氯丙烷为起始原料，经多步反应合成了 HNFX[12-16]。HNFX 的密度为 1.807g/cm^3，相比密度为 1.65g/cm^3的 TNT，HNFX 有望成为一种性能更优的高能材料。虽然分子动力学计算表明，HNFX 是可能存在不同密度的多晶型物，但不同于 CL-20（2，4，6，8，10，12-六硝基六氮杂异伍兹烷），HNFX 在多种重结晶体系中得到的是同一种低密度的 Ci R-3 晶型，从而限制了该材料的应用[21]。为了比较，几种著名的高能材料 RDX（1，3，5-三硝基-1，3，5-三氮杂环己烷）、HMX、CL-20 和 TNT 的密度分别为 1.81g/cm^3、1.91g/cm^3、2.04g/cm^3和 1.65g/cm^3，而不含能材料的密度则要低得多，例如三氟甲苯（d = 1.19g/cm^3）。对于含能材料，高密度就意味着高爆压和高爆速。X 射线单晶衍射数据显示，HNFX 的晶胞中存在

通道状的空腔[12]。

HNFX 的合成路线如图 1.7 所示。对硝基苯磺酰胺（**15**）和环氧氯丙烷在碱催化下进行缩合反应，得到八氢-1，5-二（4-硝基苯磺酰基）-1，5-二氮杂环辛-3，7-二醇（**16**），收率为 29%；二氮杂环辛二醇（**16**）经 Swern 氧化反应得到二氮杂环辛二酮（**17**），收率为 94%；二氟化胺和浓硫酸原位制备生成 N，N-二氟氨基磺酸（NF_2SO_3H），在低沸点溶剂三氯氟甲烷（$CFCl_3$，bp=23.7℃）中与二氮杂环辛二酮（**17**），经优化反应温度和反应时间得到中等收率的目标产物 **20**。通过 ^{19}F NMR 光谱可检测到中间体 **18** 和 **19** 的存在（化合物 **18**~**20** 的 δ^{19}F 分别为 22.3、23.2 和 28.9）。选择 $CFCl_3$ 这类低沸点的溶剂，是为了使反应在可控的条件下进行，防止高温下对冲击敏感的二氟氨基化合物可能引起的爆炸反应。

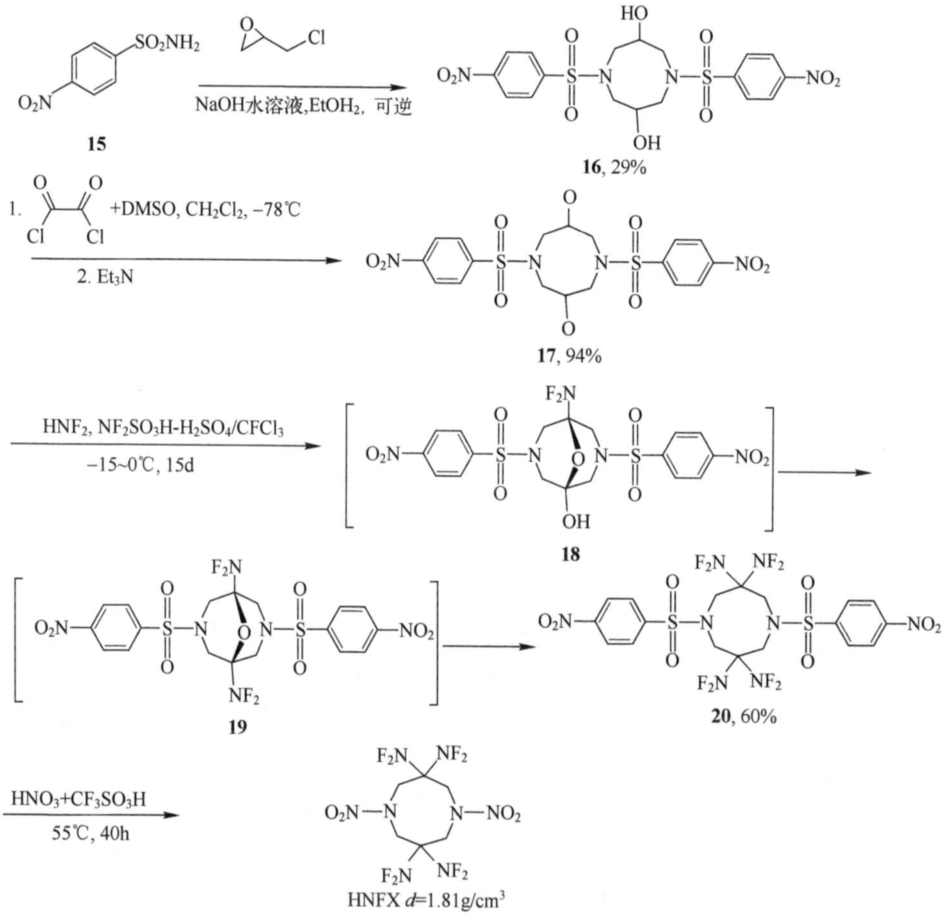

SO_2NH_2；O_2N；**15**；Cl；NaOH水溶液,$EtOH_2$，可逆；HO；OH；**16**, 29%

1. (ClCO)$_2$ +DMSO, CH_2Cl_2, −78℃；2. Et_3N；**17**, 94%

HNF_2, NF_2SO_3H-H_2SO_4/$CFCl_3$；−15~0℃, 15d；F_2N；OH；**18**

F_2N；NF_2；**19**；**20**, 60%

HNO_3+CF_3SO_3H；55℃, 40h；O_2N—N；N—NO_2；HNFX d=1.81g/cm^3

图 1.7　HNFX 的合成路线

值得注意的是，与对硝基化合物 **17** 不同，**17-Tos** 是用 N，N-二对甲苯磺酰基作为保护基团，在图 1.7 的条件下与二氟化胺反应，得到最终产物为过渡态的半缩酮 **18-Tos**（图 1.8）。这一结果可以解释为：对硝基苯磺酰胺类化合物比对甲苯磺酰胺类化合物碱性低，因此，在该条件下不利于对硝基苯磺酰胺类化合物的 N-质子化反应，与对甲苯磺酰胺类化合物 **17-Tos** 相比，化合物 **22** 的过渡态碳正离子中间体（如 **19** 和 **21**）更不稳定。

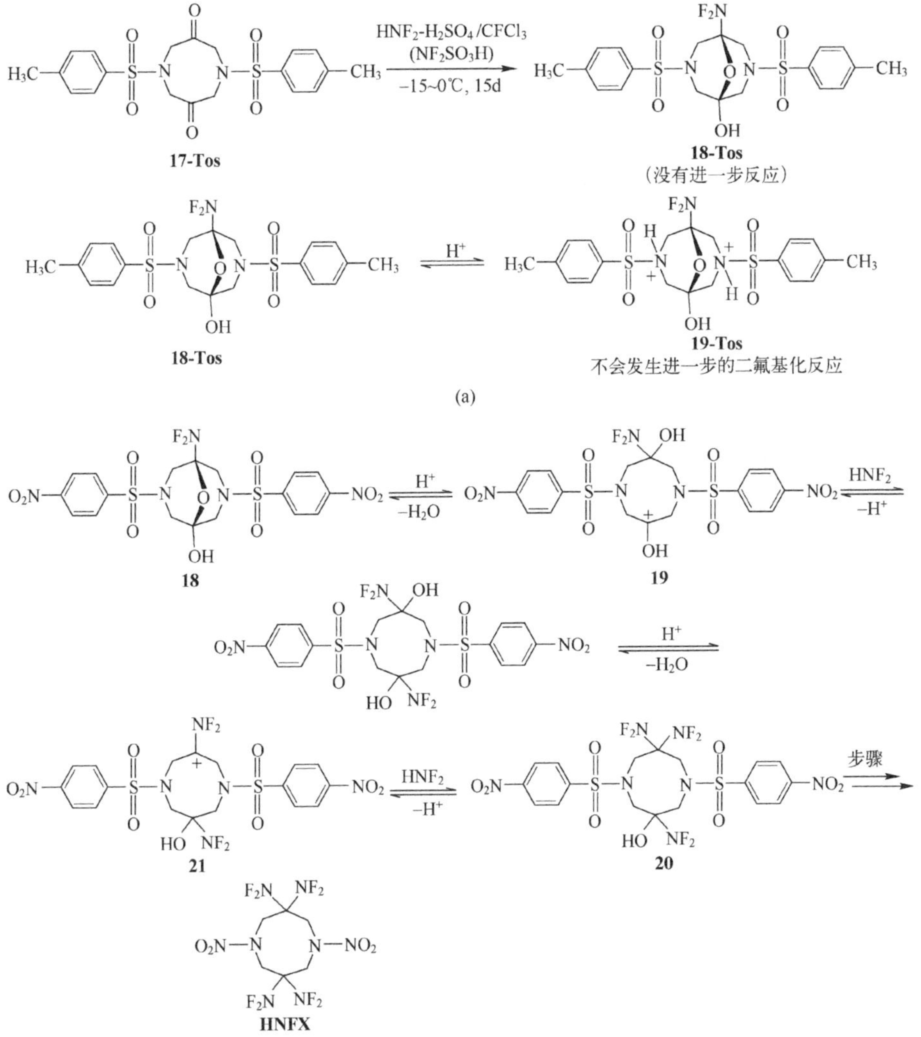

HNF_2-H_2SO_4/$CFCl_3$ (NF_2SO_3H)　−15~0℃, 15d

17-Tos　**18-Tos**（没有进一步反应）

18-Tos　H^+　**19-Tos** 不会发生进一步的二氟基化反应

(a)

18　H^+ / $-H_2O$　**19**　HNF_2 / $-H^+$

H^+ / $-H_2O$

21　HNF_2 / $-H^+$　**20**　步骤

HNFX

(b)

图 1.8　二氟氨基化反应机制示意图

（a）用 **17-Tos** 反应不完全；（b）在类似条件下用对硝基物质从 **18** 得到 **20**。

Tos—对甲苯磺酰基。

最后，用硝酸-三氟甲磺酸组成的混合酸对化合物 **20** 的对硝基苯磺酰基团进行硝解，即可得到 HNFX，收率为 65%（图 1.7）[17]。若使用 1:1 的硝酸-浓硫酸混合酸作为硝化剂，则需要更高的反应温度（70℃）且得到的 HNFX 收率相对较低（16%）。此外，即使使用由氟磺酸（FSO_3H）-五氟化锑（SbF_5）组成的超酸体系对化合物 **20** 进行硝化，反应效果也未明显改善，这是因为虽然对硝基苯磺酰基团的第一步反应可在室温下 1h 迅速完成，但与使用三氟甲磺酸时一样，其第二步反应却要慢得多；并且在氟磺酸-五氟化锑超酸体系下，会形成可逆的高活性超亲电阳离子 NO_2H^{2+}，使对硝基苯磺酰基发生亲电反应生成相应的 2，4-二硝基苯磺酰衍生物，而这些衍生物并不容易进一步反应生成 HNFX。

用四氢-N，N-二乙酰二氮杂辛-1，5（2H，6H）-二酮（**23**）制备 HNFX 的合成方法收率极低，这可能是由于当半缩酮化合物 **25** 向 HNFX 转化时，相邻的 N-硝基不利于高活性碳正离子中间体的生成（图 1.9）[11]。

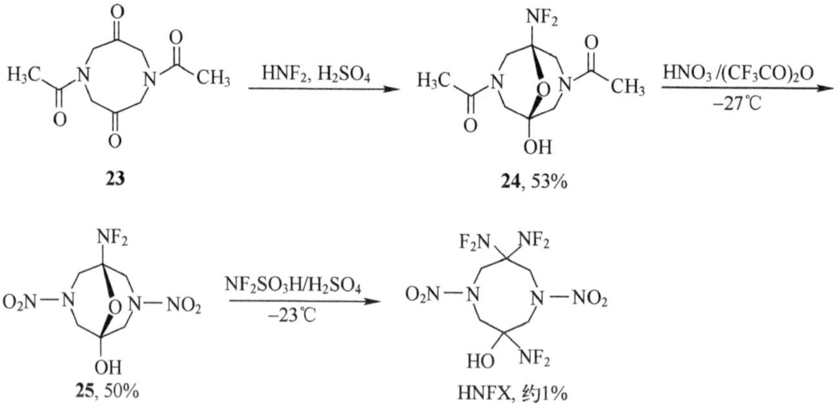

图 1.9　用四氢-N，N-二乙酰二氮杂辛-1，5（2H，6H）-二酮（**23**）制备 HNFX 的合成路线

1.1.3　1，3，5-三硝基-1，3，5-三氮杂环己烷、八氢-1，3，5，7-四硝基-四氮杂环辛烷、5，5-双（二氟氨基）六氢-1，3-二硝基嘧啶和 3，3-双（二氟氨基）-1，5，7，7-四硝基-1，5-二氮杂环辛烷等二氟胺类化合物

1.1.3.1　5，5-双（二氟氨基）六氢-1，3-二硝基嘧啶

5，5-双（二氟氨基）六氢-1，3-二硝基嘧啶（RNFX）具有和 RDX 相

同的 N-硝基结构和电子空间分布，是 RDX 的二氟氨基衍生物。Chapman 等经两步反应合成了 RNFX，以 1，3-双（4-硝基苯磺酰基）六氢-1，3-二硝基嘧啶-5-酮（**26**）为原料，与原位制备的 NF_2SO_3H 进行二氟氨基化反应生成化合物 **27**，再经浓硝酸硝化得到 RNFX[1,22]。其中步骤 2 涉及一系列反应，这些反应在 98%浓硝酸条件下均可自发进行（图 1.10）[1,22]。但 RNFX 的高能量特性尚需证实。

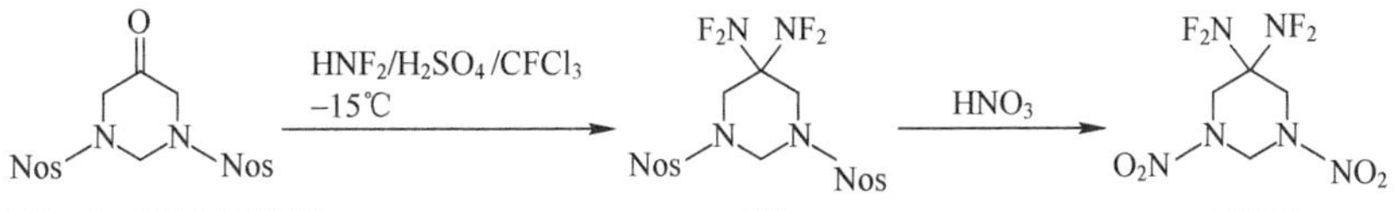

26, Nos:4-硝基苯磺酰基　$HNF_2/H_2SO_4/CFCl_3$, −15℃ → **27** → HNO_3 → RNFX

图 1.10　高能化合物 RNFX 的合成路线

1.1.3.2　3，3-双（二氟氨基）-1，5，7，7-四硝基-1，5-二氮杂环辛烷

3，3-双（二氟氨基）-1，5，7，7-四硝基-1，5-二氮杂环辛烷（**31**，TNFX）是 HMX 的一种衍生物，尽管其能量特性尚未被研究报道，但由于同时具有 NO_2和 NF_2，它的能量可能比 HMX 更高[1,23]。TNFX 的合成是一个多步过程，先对化合物 **29** 的羰基进行二氟氨基化反应，再在超酸性条件下对硝基苯磺酰基进行硝解，从而得到 TNFX（**31**）（图 1.11）。

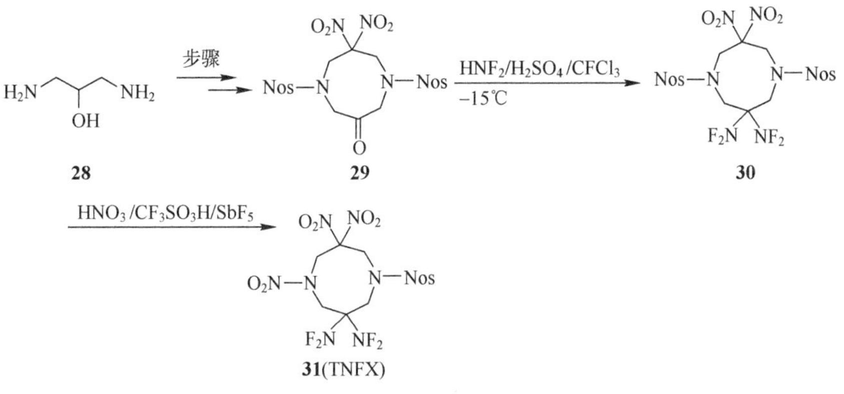

28 → 步骤 → **29** → $HNF_2/H_2SO_4/CFCl_3$, −15℃ → **30** → $HNO_3/CF_3SO_3H/SbF_5$ → **31**(TNFX)

图 1.11　高能化合物 TNFX 的合成路线

1.1.4　含 SF_5基的高能化合物

向高能材料中引入五氟硫（SF_5）基，可以显著提高其密度、热稳定性和

化学稳定性，并且可获得更低的撞击感度及更大的能量释放。1990 年就有报道称，含 SF_5基的多硝基脂肪族化合物具有密度高、感度低、热稳定性好以及爆轰能高等优点[24-25]。例如，已成功合成的高能氧化剂五氟硫基硝铵盐 $NH^+ SF_5NNO_2^-$，与相似结构的二硝铵盐［$NH^+N(NO_2)_2^-$］一样，因能量高、不含氯等特性被认为是极具应用前景的火箭推进剂用氧化剂[26]。与高氯酸盐类炸药的含氯分解产物相比，SF_5基高能材料氧化分解产物 HF 和 COS 相对环保些。

虽然三氟甲（CF_3）基不如 SF_5基性能优异，但也可为高能材料提供良好的性能[27]。例如，SF_5取代的二（三唑）化合物 **33** 的密度（$d = 1.90g/cm^3$）就高于相同结构 CF_3取代物 **32**（$d = 1.69g/cm^3$），但密度均高于硝基苯等低能量密度化合物（$d = 1.20g/cm^3$）（图 1.12）[28]。如前文所述，密度是高能化合物的一项基本特性，直接影响其爆压和爆速，具体而言，炸药的爆压与密度的平方成正比，而爆速则与密度直接成正比[29-31]。

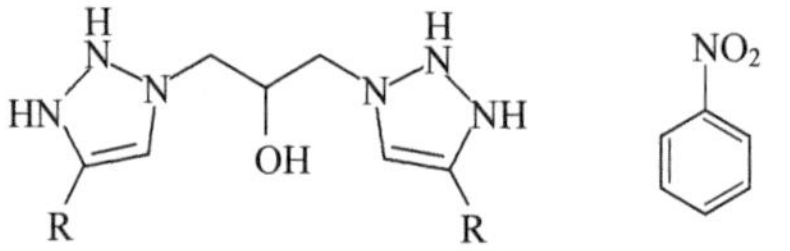

32, R:CF_3, d=1.69g/cm^3　　d=1.20g/cm^3

33, R:SF_5, d=1.90g/cm^3

图 1.12　CF_3基和 SF_5基取代三唑类化合物与对硝基苯的密度对比

推进剂用高能材料的 SF_5取代合成研究是十分吸引人的，但其合成方法极具挑战性，仍有待克服。这是因为，诸如 SF_5Br、SF_5Cl、SF_5-乙炔、对硝基五氟硫基苯（由二芳基硫化物直接氟化而得）等 SF_5基前驱体都不易获得。但人们仍在不断探索发展这些化合物的新型合成方法，因为它们在生物学化合物的合成和材料化学方面也有应用。

1.1.5　SF_5-噁二唑类化合物

Sitzmann 等通过对二酰肼衍生物进行脱水成环反应，合成出了一系列具有应用潜力的 SF_5和全氟烃基取代的 1，3，4-噁二唑类高能化合物[32]。由于被氨基和硝胺基取代的 1，2，4-噁二唑（**35**）也表现出良好的能量特性和感度特性（图 1.13），五氟磺酰和全氟烷基在提升化合物能量性能方面类似硝胺基[33]。

34, R_1/R_2:$SF_5(CF_2)_{n'}$ SF_5CH_2, CF_3, CF_2SF_5　　35

图 1.13　SF_5-噁二唑 **34** 和化合物 **35** 的结构

1.1.6　SF_5-吡唑类化合物

重氮甲烷与三异丙基硅-五氟硫基-乙炔（**36**）进行环加成反应，然后氟离子诱导脱硅，可得到单一的异构体 4-五氟硫基吡唑（**38**）[27]。类似地，将五氟硫基-乙炔与 2，4-二叠氮-6-（重氮甲基）-1，3，5-三嗪（**39**）进行环加成反应，即可合成出含五氟硫基吡唑的叠氮杂环炸药（**40**，图 1.14）。由于叠氮基的存在，叠氮吡唑 **40** 的密度为 $1.85g/cm^3$，计算（Cheetah 4.0 软件）爆压为 20.41GPa、爆速为 7464m/s，明显高于吡唑 **38**（$d=1.83g/cm^3$，爆压为 10.48GPa，爆速为 5487m/s）。

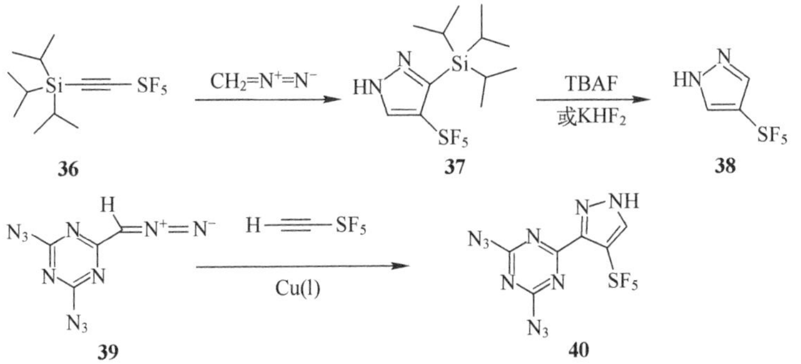

36　37　38　39　40

图 1.14　SF_5-吡唑类化合物 **38** 和 **40** 的合成路线

值得注意的是，尽管通常条件下硝基吡唑（**42** 和 **44**）的 N-氟衍生物是稳定的，但它们的摩擦感度和冲击感度较高[34]。这些化合物是由相应的吡唑化合物 **41** 和 **43**，在低温下用氟气（稀释在氮气中）直接氟化合成。1，1-二硝基-1-（3，5-二硝基吡唑-1-基）甲烷（**45**）分别经亲电氟化反应（获得化合物 **46**）和二氟氨基化反应（获得化合物 **47**）合成了 N-二硝基氟甲基取代（制备化合物 **46**）和 N-二硝基（二氟氨基）甲基取代（制备化合物 **47**）的硝基吡唑。它们都具有很高的密度（化合物 **46**：$d=1.931g/cm^3$；化合物 **47**：$d=1.920g/cm^3$）和热稳定性（化合物 **46**：熔点 $m_p=91℃$，沸点 $b_p=172℃$；化合物 **47**：$m_p=38℃$，分解温度 113℃）（图 1.15），但在高能材料体系中的应用仍有待研究[35]。

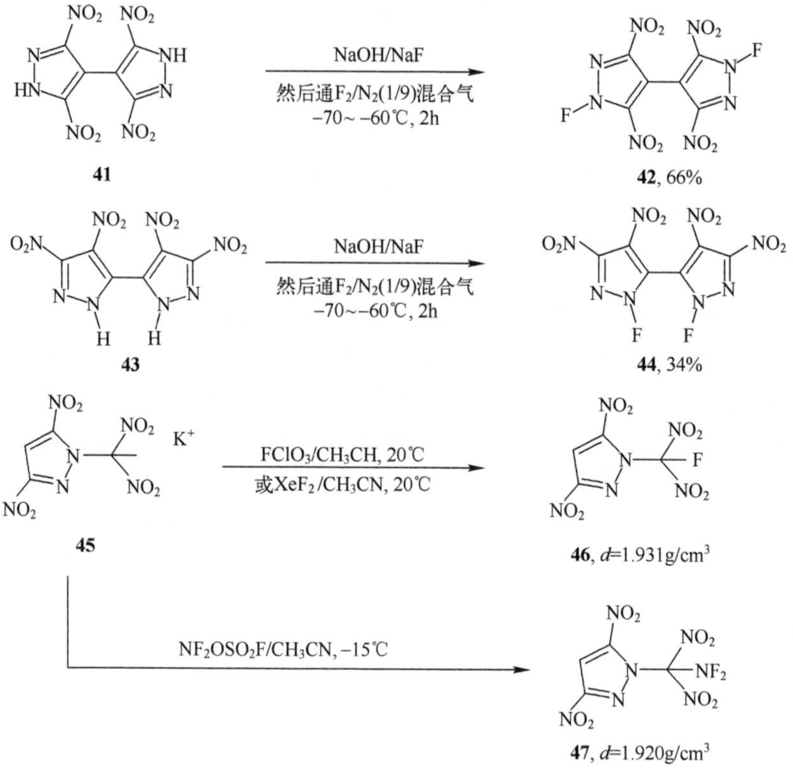

图 1.15　吡唑类高能化合物 **42** ~ **47** 的合成路线

1.1.7　SF_5–呋咱类化合物

Dolbier 开发了新的合成方法，可将 SF_5引入呋咱类含能材料中，并证实这些衍生物比未取代呋咱具有更高的能量密度和爆轰性能[28]。在低温(−45℃)条件下，由三乙基硼烷（Et_3B）引发 SFCl（$b_p = 6$℃）和醋酸乙烯酯（**48**）进行自由基加成反应，获得 2–五氟硫基–1–氯乙酸乙酯，再经 50℃甲醇醇解得到 2–五氟硫基乙醛缩二甲醇（**49**），收率为 93%[36]；在温和的反应条件下用卡罗酸（过氧单硫酸）氧化，得到五氟硫基乙酸甲酯（**50**），再经碱水解或苯甲酰氯卤代可分别得到其相应的羧酸（**51**）和酰氯衍生物（**52**）（图 1.16）[32]。后者则可作为氨基取代呋喃进行 SF_5功能化取代的起始原料。

五氟硫基酰氯（**52**）与 3，4–二氨基呋咱（**53**）反应得到相应的单酰化合物和双酰化合物（**54** 和 **55**），产物比例取决于反应条件和酰氯的物质的量，收率中等。改进的合成方法是使用一种常用的肽偶联试剂 EDC［1-乙基-3-（3-二甲基氨基丙基）-碳二亚胺］，对3，4-氨基呋咱（**53**）和五氟硫基乙酸进行偶联［催化剂4-二甲氨基吡啶（DMAP）约为0.1mol］，这对于相对亲核的呋喃而言，通常可获得较高的收率。利用改进后方法已合成出了一系列SF_5取代的氨基呋咱和氨基四唑类化合物（如图1.17中**59**、**61**、**63**和**65**）。然而，这种合成方法只适用于类似氨基亲核基团取代的呋咱，而对于硝基类吸电子基团取代的呋咱化合物，反应速度很慢甚至不反应（图1.17）。

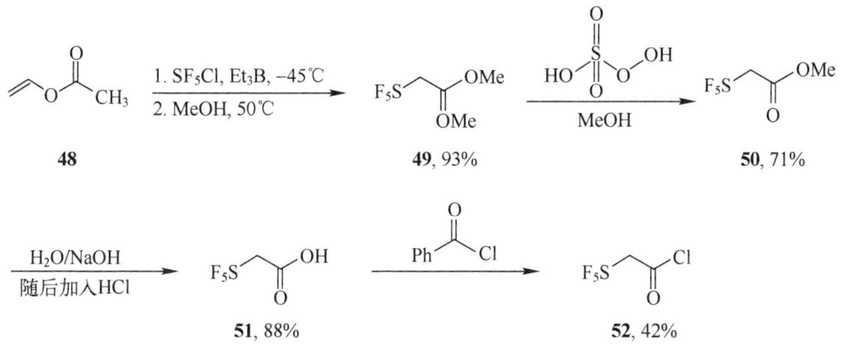

1. SF_5Cl, Et_3B, −45℃; 2. MeOH, 50℃ — **48** → **49**, 93%; MeOH → **50**, 71%

H_2O/NaOH 随后加入HCl → **51**, 88% → **52**, 42%

图1.16 五氟硫基乙酰氯的合成路线

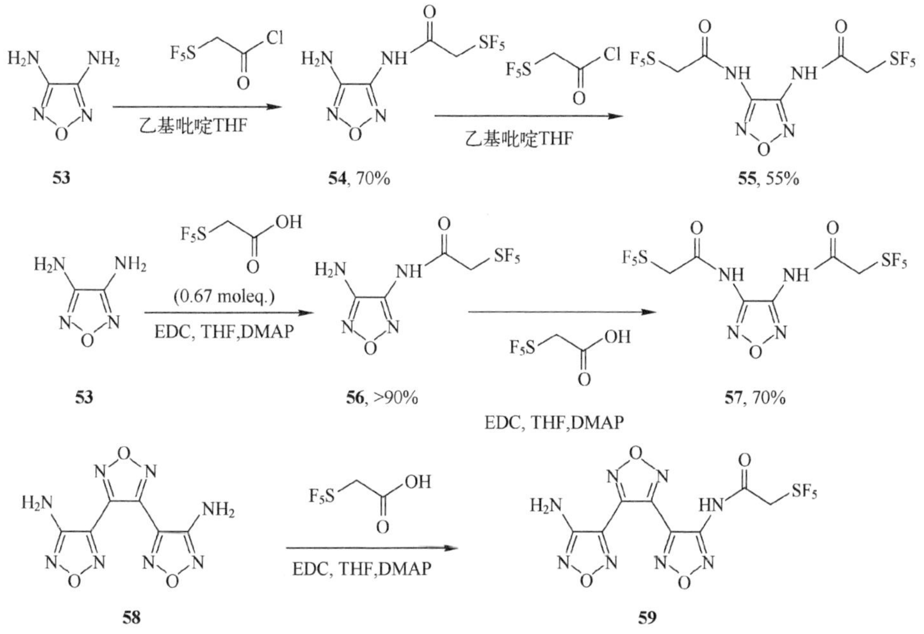

53 → 乙基吡啶THF → **54**, 70% → 乙基吡啶THF → **55**, 55%

53 → (0.67 moleq.) EDC, THF,DMAP → **56**, >90% → EDC, THF,DMAP → **57**, 70%

58 → EDC, THF,DMAP → **59**

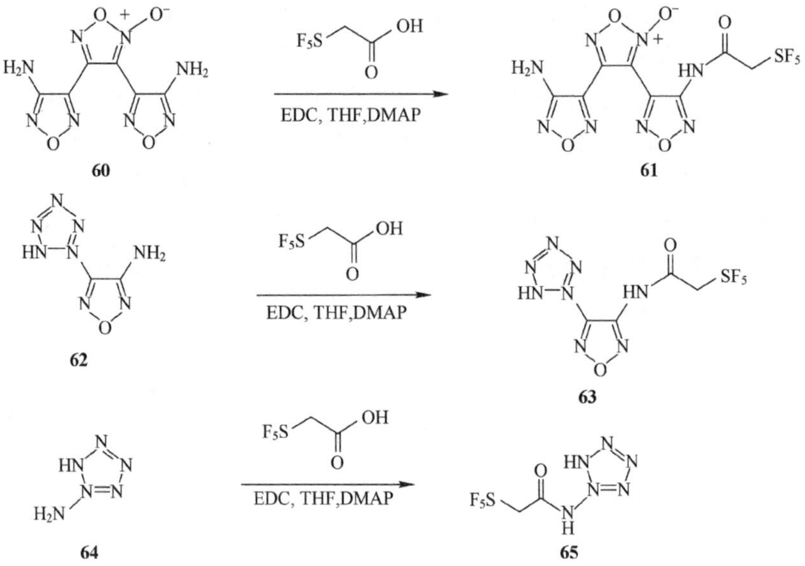

图 1.17　呋咱衍生物与五氟硫基氯 **52** 的 EDC 偶联合成含 SF_5 呋喃的合成路线

五氟硫基异氰酸酯（SF_5NCO）的高反应活性使合成脲基衍生物（如化合物 **67**）和氨基甲酸酯衍生物（如化合物 **69**）成为可能。然而，由于大多数起始原料在非极性溶剂（如 $CHCl_2$）中不易溶解，因此该方法在含能材料的合成应用中受限（图 1.18）。

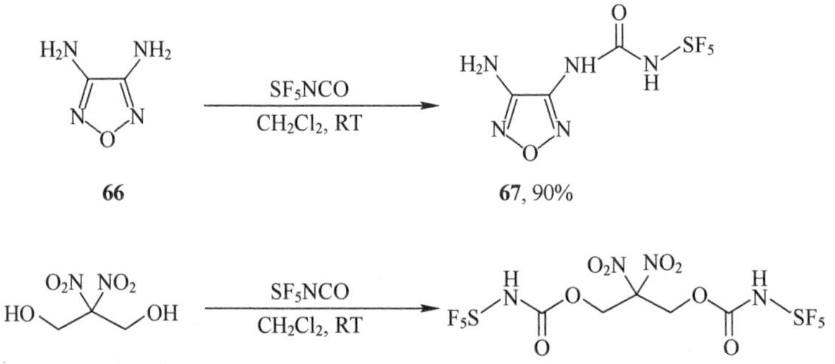

图 1.18　SF_5-呋咱类高能化合物 **67** 和 **69** 的合成路线

此方法合成 SF_5取代的呋喃-脲类衍生物和呋喃-氨基甲酸酯类衍生物的热分解温度在 100~410℃。以热分解温度为 158~204℃的二氨基甲酸（2，2-二硝基-1，3-丙）二酯（**69**）为基准，呋咱类衍生物的密度均高于该基准物[24]。合成的 SF_5-呋咱类化合物的爆压和爆速均高于 TNT 炸药（爆压为 20GPa，爆轰速度为 6900m/s），但略低于 HMX 和 RDX。因此，将 SF_5基团引入呋咱可改善其能量特性。

1.1.8　SF_5-1，2，3-三唑类化合物

Shreeve 利用 Cu（I）催化 SF_5-炔衍生物进行 1，3-偶极环加成（点击反应）合成了一系列的五氟硫基（SF_5）和三氟甲基（CF_3）取代的 1，2，3-三唑类化合物[37]。通常 SF_5-三唑比相应的 CF_3-三唑具有更大的密度和更好的爆轰性能，合成路线如图 1.19 所示。对于点击反应，反应条件直接影响产物的收率，使用 $CuSO_4 \cdot 5H_2O$ 和抗坏血酸钠（标准条件）时需要较高的温度（60~70℃）和较长的反应时间（24h），但使用 Cu（I）催化剂、2，6-二甲基吡啶和二氯甲烷为溶剂时，反应在室温下就可以快速进行，从而提高收率。在此条件下，4-取代的 1，2，3-三唑优先于 5-取代的三唑合成。

SF_5-三唑和 CF_3-三唑的熔点（T_m）范围在 120℃（**78**）~312℃（**87**），并且两种衍生物的熔点较接近（例如 CF_3-衍生物 **81** 和 SF_5-衍生物 **82** 的熔点分别为 296℃和 292℃）。所有 SF_5-三唑和 CF_3-三唑均表现出对撞击不敏感，并且 SF_5基团和 CF_3基团的引入对提高化合物密度有重要作用，而 SF_5-衍生物的密度略高于 CF_3-衍生物（0.2g/cm³）。SF_5取代的呋咱类化合物和四唑类化合物的密度在 1.60~1.98g/cm³，比硝基苯（d=1.20g/cm³）及三氟甲苯（d=1.19g/cm³）等含能化合物的密度大得多[37]。

Cheetah 软件计算得到的 SF_5-三唑类的爆压和爆速值，通常高于 CF_3-三唑类，化合物 **84** 和 **88** 的爆压和爆速值与 TNT 相当[28]。

Shreeve 等通过 1，3-偶极叠氮-炔环加成反应（点击反应），合成了一系列五氟硫基-1，2，3-三唑衍生物（如化合物 **89**、**91**、**93**），并通过实验研究及模拟计算获得其密度、熔点、生成焓和爆轰压力等参数[27]。通常 SF_5取代的三唑衍生物的密度高于相应的 CF_3取代物。

使用 Cu（I）催化叠氮三甲基硅和五氟硫基乙炔，通过点击反应可一步合成 4-五氟硫基-1，2，3-三唑（**89**）。利用相同的点击反应，合成了含有 1，2，3，4-四唑基（**91**）和 2，4，6-三硝基苯基的高能量 1，2，3-三唑（**93**）。这些化合物具有相似的高密度特性（化合物 **91** 和 **93** 的密度分别为 1.89g/cm³ 和 1.80g/cm³），爆压和爆速显著高于化合物 **89**（图 1.20）[27]。

1.1.9　氟化四唑及四唑盐

Haiges 和 Christe 利用 2-氟-2，2-二硝基乙腈（**97**）和叠氮酸（HN_3）通过环加成反应合成了 5-（氟代二硝基甲基）-2H-四唑（**98**），并经酸碱反应合成了一系列相应的四唑盐[21]。四唑化合物 **98** 与氨水、$AgNO_3$和四苯基氯化

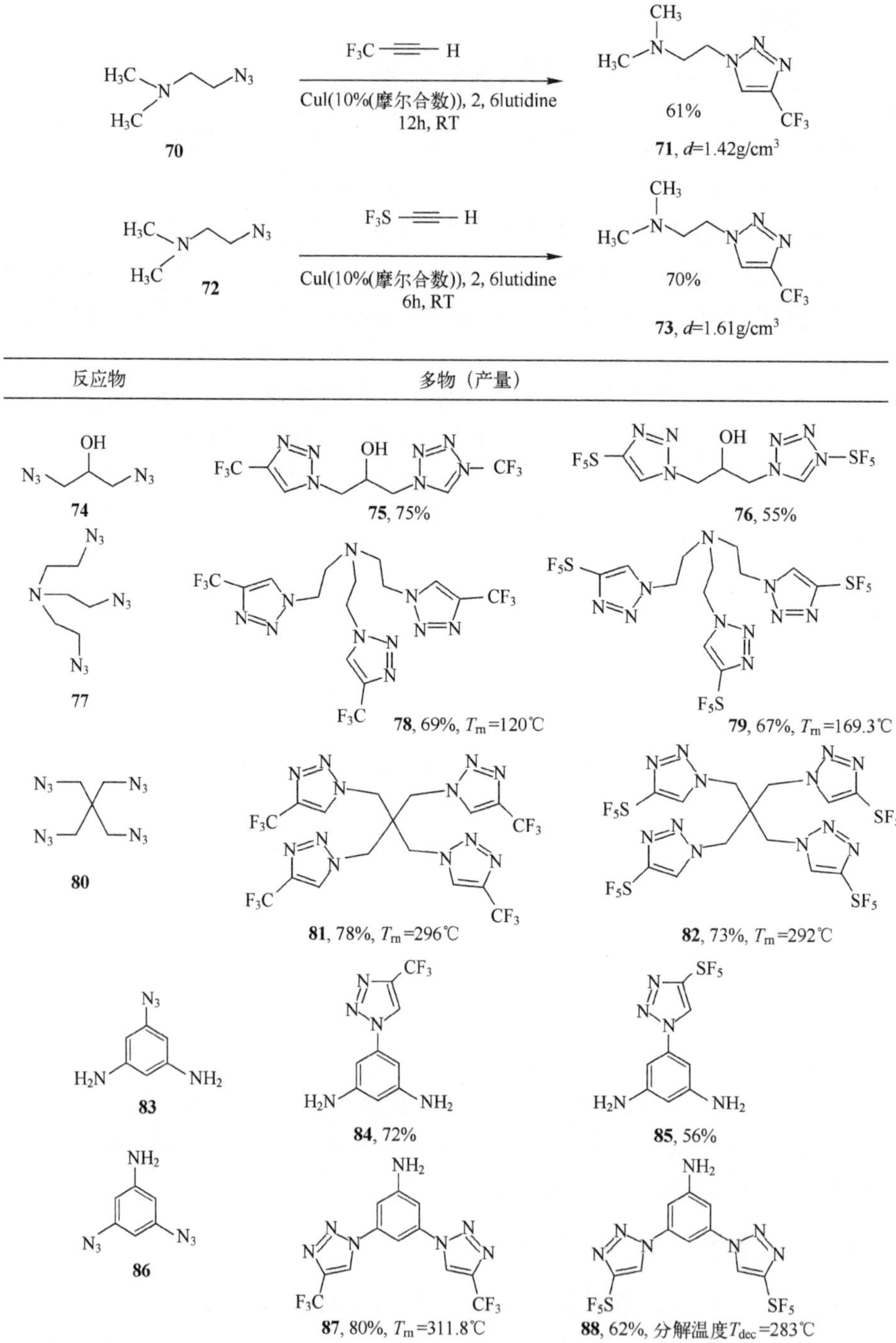

F_3C—≡—H

CuI(10%(摩尔分数)), 2, 6lutidine
12h, RT

70 → **71**, 61%, d=1.42g/cm^3

F_5S—≡—H

CuI(10%(摩尔分数)), 2, 6lutidine
6h, RT

72 → **73**, 70%, d=1.61g/cm^3

反应物	多物（产量）	
74	**75**, 75%	**76**, 55%
77	**78**, 69%, T_m=120℃	**79**, 67%, T_m=169.3℃
80	**81**, 78%, T_m=296℃	**82**, 73%, T_m=292℃
83	**84**, 72%	**85**, 56%
86	**87**, 80%, T_m=311.8℃	**88**, 62%, 分解温度T_{dec}=283℃

图 1.19　SF_5-三唑和 CF_3-三唑类化合物的合成路线

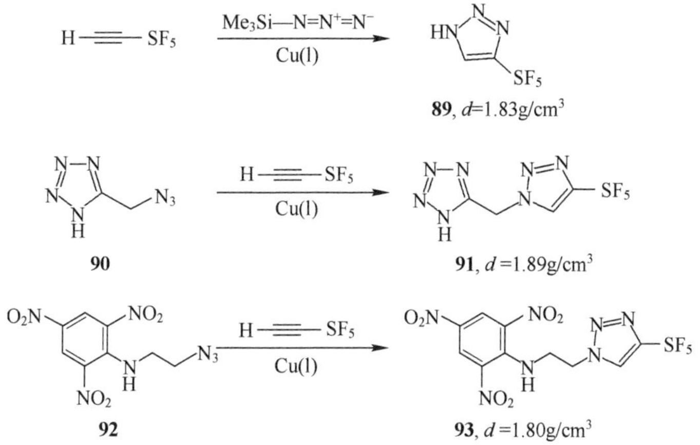

$H-C\equiv C-SF_5$ —($Me_3Si-N=N^+=N^-$, Cu(I))→ **89**, d=1.83g/cm³

90 —($H-C\equiv C-SF_5$, Cu(I))→ **91**, d=1.89g/cm³

92 —($H-C\equiv C-SF_5$, Cu(I))→ **93**, d=1.80g/cm³

图 1.20　SF_5基和 CF_3基取代物 **89**、**91** 和 **93** 的合成路线

磷反应分别得到相应的四唑盐 **99**～**101**（图 1.21）。一些四唑盐衍生物，例如磷盐 **101**，具有较好的感度性能（基本上比 RDX 稳定）以及与 RDX 相当的热稳定性（图 1.21）。

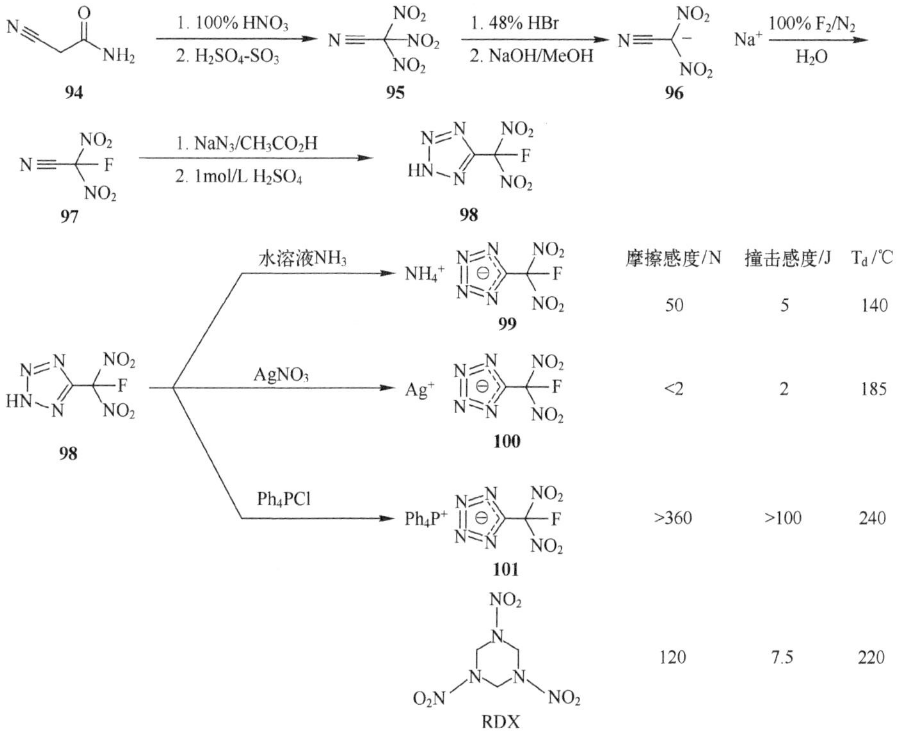

94 —(1. 100% HNO_3; 2. H_2SO_4-SO_3)→ **95** —(1. 48% HBr; 2. NaOH/MeOH)→ **96** —(100% F_2/N_2, H_2O)→ **97** —(1. NaN_3/CH_3CO_2H; 2. 1mol/L H_2SO_4)→ **98**

98 —(水溶液NH_3)→ **99**; —($AgNO_3$)→ **100**; —(Ph_4PCl)→ **101**

化合物	摩擦感度/N	撞击感度/J	T_d/℃
99	50	5	140
100	<2	2	185
101	>360	>100	240
RDX	120	7.5	220

图 1.21　氟化四唑及四唑盐类高能材料的合成路线

Shreeve 先将 1，1-二氟-1-二氟氨基乙腈（**102**）与叠氮化物进行环加成反应，然后用氨水进行酸碱反应，合成了 5-二氟氨基二氟甲基四唑铵盐（**104**，图 1.22）[39]。化合物 **104** 具有非常大的密度（1.88g/cm^3）和良好的热稳定性（150℃）。化合物 **104** 和 $AgNO_3$进行阳离子交换，然后再与碘化四唑盐 **106** 和 **108** 进行置换反应，分别得到了四唑盐 **107** 和 **109**。化合物 **107** 和 **109** 的密度分别为 1.69g/cm^3和 1.40g/cm^3，略低于化合物 **104**，后者同样在 150℃以下也具有良好的热稳定性。这些化合物的生成焓、爆压以及爆速的计算结果（Cheetah 4.0 软件）与其高密度数据一致，有望作为高能材料使用[39]。

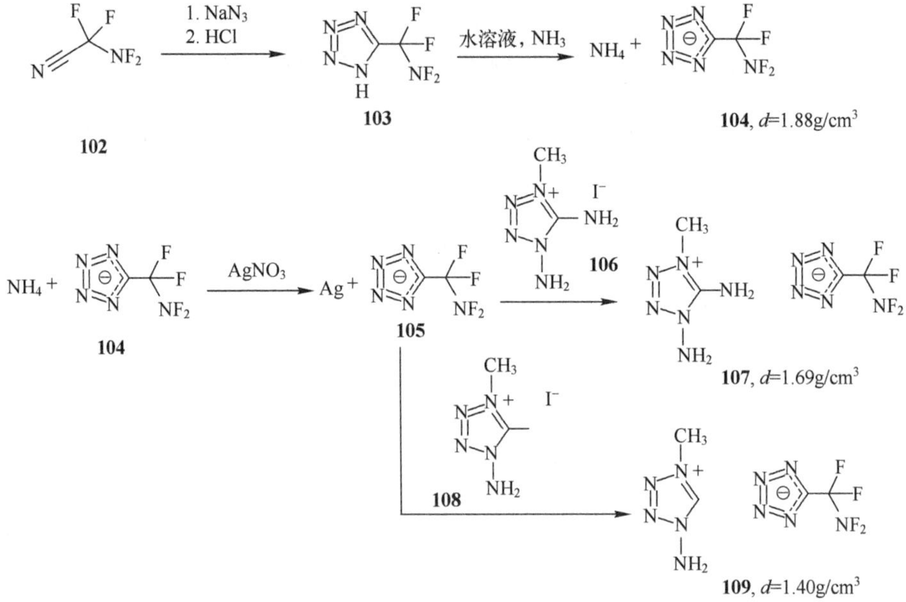

图 1.22　大密度氟化四唑盐的合成路线

1.2　结论与展望

含氟有机高能化合物，特别是含二氟氨基、五氟硫基或全氟烷基的化合物，通常均表现出良好的热化学和能量性质。例如，将五氟硫基引入高能材料中，可以进一步提高能量（相对较高的正生成焓），从而获得稳定、低敏感的高能量密度材料。此外，由于高能量密度的氟化物的爆炸产物中含有高腐蚀杀菌剂 HF 和 F_2，因此其有助于消灭生化武器系统中释放的细菌。值得注意的是，这些含氟化合物作为高能化合物同时具有很好的热稳定性。另外，含氟化合物尤其是含三氟甲基和五氟硫基的化合物，在药物化学领域也具有重要的作用。与不含氟的药物相比，对应的三氟甲基和五氟硫基取代物具有增强亲脂性、细胞通透性、生物稳定性和生物药效率等良好的生物化学特性，被认为是具有价值的治疗药物。

参考文献

[1] Chapman, R. D. Organic difluoramine derivatives, *Struct. Bonding* 2007, *125*, 123–151.

[2] Axenrod, T., Sun, J., Das, K. K., Dave, P. R., Forohar, F., Kaselj, M., Trivedi, N. J., Gilardi, R. D., Flippen–Anderson, J. L. Synthesis of precursors to mixed difluoramine nitramine energetic materials, *International Annual Conference on ICT*, 2000, 31st, 38/1–38/10; Chemical Abstract: 133: 283736.

[3] Chapman, R. D., Thompson, D., Ooi, G., Wooldridge, D., Cash, P. N., Hollins, R. A., editors. N, N–dihaloamine explosives to defeat biological weapons. *Southwest and 62nd Southeast Regional ACS Meeting*; (*Chemical Abstract*: 2010: 1486774); New Orleans, LA: American Chemical Society; 2010; Chapman, R. D., inventor; United StatesDepartment of the Navy, USA, assignee. Process for employing HNFX as a biocidal explosive patent US8221566B1. 2012.

[4] Lawton, E. A., Weber, J. Q. Direct fluorination of urea: Synthesis and properties of difluoramine, *J. Am. Chem. Soc.* 1959, *81*, 4755.

[5] Lawton, E. A., Weber, J. Q. The synthesis and reactions of difluoramine, *J. Am. Chem. Soc.* 1963, *85*, 3595–3597.

[6] Baum, K. Reaction of acetylenes with difluoramine, *J. Am. Chem. Soc.* 1968, *90*, 7089–7091.

[7] Baum, K. Reactions of carbonyl compounds with difluoramine, *J. Am. Chem. Soc.* 1968, *90*, 7083–7089.

[8] Oxley, J. C., Smith, J. L., Zhang, J., Bedford, C. A comparison of the thermal decomposition of nitramines and difluoramines, *J. Phys. Chem. A* 2001, *105*, 579–590.

[9] Butcher, R. J., Gilardi, R., Baum, K., Trivedi, N. J. The structural chemistry of energetic compounds containing geminal–difluoramino groups, *Thermochim. Acta* 2002, *384*, 219–227.

[10] Freeman, J. P., Petry, R. C., Stevens, T. E. Synthesis of 1, 2, 2–tris (difluoramino) alkanes, *J. Am. Chem. Soc.* 1969, *91*, 4778–4782.

[11] Chapman, R. D., Davis, M. C., Gilardi, R. A new preparation of *gem*–bis (Difluoramino) alkanes via direct fluorination of geminal bisacetamides, *Synth. Commun.* 2003, *33*, 4173–4184.

[12] Chapman, R. D., Gilardi, R. D., Welker, M. F., Kreutzberger, C. B. Nitrolysis of a highly deactivated amide by protonitronium. Synthesis and structure of HNFX, *J. Org. Chem.* 1999, *64*, 960-965.

[13] Chapman, R. D., Groshens, T. J., inventors. The United States of America as represented by the secretary of the Navy, USA, assignee. Process for preparation of 3, 3, 7, 7-tetrakis (difluoramino) octahydro-1, 5-dinitro-1, 5-diazocine (HNFX) from suitably N-protected diones patent US7632943B1, *Chem. Abstr.* 2009, *152*, 57346.

[14] Chapman, R. D., Groshens, T. J., inventors. The United States of America as represented by the secretary of the Navy, USA, assignee. 3, 3, 7, 7, -tetrakis (difluoramino) octahydro-1, 5-diazocinium salts and method for making the same patent US7563889B1, *Chem. Abstr.* 2009, *151*, 173499.

[15] Chapman, R. D., Groshens, T. J., inventors. 3, 3, 7, 7-tetrakis (difluoramino) octahydro-1, 5-diazocinium salts patent US8444783B1, *Chem. Abstr.* 2013, *158*, 711390.

[16] Chapman, R. D., Welker, M. F., Kreutzberger, C. B. Difluoramination of heterocyclic ketones: Control of microbasicity, *J. Org. Chem.* 1998, *63*, 1566-1570.

[17] McPake, C. B., Murray, C. B., Sandford, G. Continuous flow synthesis of difluoroamine systems by direct fluorination, *Aust. J. Chem.* 2013, *66*, 145-150.

[18] Surya Prakash, G. K., Bae, C., Kroll, M., Olah, G. A. Synthesis of 1, 3-bis (N, N-difluoroamino) adamantane: Addition of difluoramino radicals to 1, 3-dehydroadamantane, *J. Fluorine Chem.* 2002, *117*, 103-105.

[19] Prakash, G. K. S., Etzkorn, M., Olah, G. A., Christe, K. O., Schneider, S., Vij, A. Triphenylmethyldifluoramine: A stable reagent for the synthesis of *gem*-bis (difluoramines), *Chem. Commun.* 2002, *16*, 1712-1713.

[20] Haiges, R., Wagner, R., Boatz, J. A., Yousufuddin, M., Etzkorn, M., Prakash, G. K. S., Christe, K. O., Chapman, R. D., Welker, M. F., Kreutzberger, C. B. Preparation, characterization, and crystal structures of the SO_3NHF^- and $SO_3NF_2^-$ ions, *Angew. Chem., Int. Ed.* 2006, *45*, 5179-5184.

[21] Peralta-Inga, Z., Degirmenbasi, N., Olgun, U., Gocmez, H., Kalyon, D. M. Recrystallization of CL-20 and HNFX from solution for rigorous control of the polymorph type: Part I, mathematical modeling using molecular dynamics method, *J. Energ. Mater.* 2006, *24*, 69-101; Degirmenbasi, N., Peralta-Inga, Z., Olgun, U., Gocmez, H., Kalyon, D. M. Recrystallization of CL-20 and HNFX from solution for rigorous control of the polymorph type: Part Ⅱ, experimental studies, *J. Energ. Mater.* 2006, *24*, 103-139.

[22] Chapman, R. D., Nguyen, B. V., inventors. United States of America as represented by the secretary of the Navy, USA, assignee. 5, 5-Bis (difluoramino) hexahydro-1, 3-dinitropyrimidine (RNFX) and electronegatively substituted pyrimidines as explosive or propellant components patent US6310204B1; Chemical Abstract 135: 346536 2001.

[23] Park, Y. D., Cho, S. D., Kim, J. J., Kim, H. K., Kweon, D. H., Lee, S. G., Yoon,

Y. J. Facile preparation of 7, 11-di (4-nitrobenzenesulfonyl) -diaza-1, 4-dioxa-7, 11-spiro [4, 7] dodecan-9-one, *J. Heterocycl. Chem.* 2006, *43*, 519-521.

[24] Sitzmann, M. E., Gilligan, W. H., Ornellas, D. L., Thrasher, J. S. Polynitroaliphatic explosives containing pentafluorosulfanyl (SF5) group: The selection and study of a model compound, *J. Energ. Mater.* 1990, *8*, 352-374.

[25] Sitzmann, M. E. N-Pentafluorosulfanyl-N-nitro carbamates, *J. Fluorine Chem.* 1991, *52*, 195-207.

[26] Sitzmann, M. E., Gilardi, R., Butcher, R. J., Koppes, W. M., Stern, A. G., Thrasher, J. S., Trivedi, N. J., Yang, Z. -Y. Pentafluorosulfanylnitramide Salts, *Inorg. Chem.* 2000, *39*, 843-850.

[27] Ye, C., Gard, G. L., Winter, R. W., Syvret, R. G., Twamley, B., Shreeve, J. M. Synthesis of pentafluorosulfanylpyrazole and pentafluorosulfanyl-1, 2, 3-triazole and their derivatives as energetic materials by click chemistry, *Org. Lett.* 2007, *9*, 3841-3844.

[28] Martinez, H., Zheng, Z., Dolbier, W. R. Energetic materials containing fluorine. Design, synthesis and testing of furazan-containing energetic materials bearing a pentafluorosulfanyl group, *J. Fluorine Chem.* 2012, *143*, 112-122.

[29] Reddy, V. P. *Organofluorine compounds in Biology and Medicine*: Elsevier: Amsterdam, the Netherlands, 2015.

[30] Savoie, P. R., Welch, J. T. Preparation and utility of organic pentafluorosulfanylcontaining compounds, *Chem. Rev.* 2015, *115*, 1130-1190.

[31] von Hahmann, C. N., Savoie, P. R., Welch, J. T. Reactions of organic pentafluorosulfanylcontaining compounds, *Curr. Org. Chem.* 2015, *19*, 1592-1618.

[32] Sitzmann, M. E. 1, 3, 4-Oxadiazoles with SF_5-containing substituents, *J. Fluorine Chem.* 1995, *70*, 31-38.

[33] Tang, Y., Gao, H., Mitchell, L. A., Parrish, D. A., Shreeve, J. M. Enhancing energetic properties and sensitivity by incorporating amino and nitramino groups into a 1, 2, 4-oxadiazole building block, *Angew. Chem., Int. Ed.* 2016, *55*, 1147-1150.

[34] Dalinger, I. L., Shkineva, T. K., Vatsadze, I. A., Popova, G. P., Shevelev, S. A. N-Fluoroderivatives of nitrated pyrazole-containing fused heterocycles, *Mendeleev Commun.* 2011, *21*, 48-49.

[35] Dalinger, I. L., Shakhnes, A. K., Monogarov, K. A., Suponitsky, K. Y., Sheremetev, A. B. Novel highly energetic pyrazoles: N-fluorodinitromethyl and N- ([difluoroamino] dinitromethy l) derivatives, *Mendeleev Commun.* 2015, *25*, 429-431.

[36] Dolbier, W. R., Ait-Mohand, S., Schertz, T. D., Sergeeva, T. A., Cradlebaugh, J. A., Mitani, A., Gard, G. L., Winter, R. W., Thrasher, J. S. A convenient and efficientmethod for incorporation of pentafluorosulfanyl (SF_5) substituents into aliphatic compounds, *J. Fluorine Chem.* 2006, *127*, 1302-1310.

[37] Garg, S. , Shreeve, J. M. Trifluoromethyl-or pentafluorosulfanyl-substituted poly-1, 2, 3-triazole compounds as dense stable energetic materials, *J. Mater. Chem.* 2011, *21*, 4787-4795.

[38] Haiges, R. , Christe, K. O. Energetic high-nitrogen compounds: 5- (Trinitromethyl) -2H-tetrazole and-tetrazolates, preparation, characterization, and conversion into 5- (Dinitromethyl) tetrazoles, *Inorg. Chem.* 2013, *52*, 7249-7260.

[39] Ye, C. , Gao, H. , Shreeve, J. M. Synthesis and thermochemical properties of NF_2-containing energetic salts, *J. Fluorine Chem.* 2007, *128*, 1410-1415.

第2章　表征炸药性能的光学诊断技术

迈克尔·J. 哈加瑟

2.1　引　　言

纵观爆炸试验历史，光学诊断已经获得了必要的性能表征数据。一些著名的光学诊断是在整个原子测试时代记录的图像，三位一体和南太平洋的图像即使在今天也很容易识别。传统的光学诊断完全依靠胶片相机来捕捉、记录高速爆炸过程。当前，又开发出了许多新技术，包括条纹摄影、旋转镜系统和闪光照明等技术，能消除爆炸特征中的微秒曝光成像快速移动的运动模糊性。然而，过去20年，随着高速数码摄像机技术的革命性发展，上述某些技术和方法已经过时。

商用高速数码摄像机的出现，极大地提高了光学诊断技术在爆炸现场应用测试的便利性，并创造了更大的测量机会。数字技术简化了胶片上的图像采集过程，消除了一系列困难，包括：能够在同一个相机传感器位置捕获多个图像，而无须旋转反射镜或复杂光学器件，减少了相机的尺寸和成本，并消除了胶片处理需求。这些改进使高速成像技术在野外和实验室爆炸研究中得到了更广泛的应用。如果没有高速数码相机的发展，这里介绍的一些定量成像技术和其应用几乎是不可能的。

由于高速数据采集系统的发展，另外几种光学诊断技术已成为爆炸试验的可行方法。这些技术从激光或直接照明光源进行逐点测量，这些光源被连接到以吉赫速率工作的示波器的光电探测器捕获。光谱诊断依赖在近似爆速时间尺度上测量光输出变化的能力，以量化气体产物种类和最终爆炸火球温度。像光子多普勒测速（PDV）这样的表面干涉测量技术，需要几千万赫兹的采样频率解决测量表面产生的加速度而引起的光波变化。

本章综述了用于爆炸试验的光学诊断技术，重点介绍了用于量化爆炸性能的技术。综述根据爆炸性能的不同测量方面，其中许多技术可用于多次测量，每项技术的基本原理在首次介绍时有所讨论。

2.2 高速数字摄像机

在过去的20年中，高速数字视频能力的迅速发展和技术不断提高，对爆炸试验产生了巨大影响。在每个现场测试设备和实验室研究中，几乎取代了胶片摄影机而进行高速测试。研究人员现在用的一系列现代数码摄像机中的每个传感器，能够以 5×10^6 帧/s 以上的速度记录视频序列。现在有几家商业公司生产的相机被广泛使用，随着竞争的加剧和相机性能的提高，价格在继续下降。

最常见的高速数字摄像机使用互补金属氧化物半导体（CMOS）传感器以100万帧/s 的速度捕获视频。这类产品的三大制造商［Photron，Vision Research 和 Integrated Design Tools（IDT）］提供了一系列硬件、软件和功能上不同的相机。这类数码相机通常使用约100万像素的相机传感器，并可以通过减少像素（按 $(2\sim4)\times10^6$ 像素）来提高速度。一般的传感器形成图像的分辨率随着帧速的增加而降低，通常在最高帧速下只形成几个像素高的矩形图像。这些相机的图像曝光设置通常与帧速无关，曝光设置可以短到几百纳秒，这对于爆炸测试是很理想的。

这些相机使用连续可重写的内存缓冲区工作，该缓冲区存储图像并允许触发器输入以启动实际的记录序列。该存储缓冲器允许相机开始记录，然后等待触发信号，这使既存的存储器缓冲器被保存，或者再次将部分缓冲器改写为最终数据。这与传统的胶片方法不同，这种操作允许适当的对焦检查和简单的定时。相机内存缓冲区大小、记录帧数多少和帧速，决定了录制的帧数。许多有大存储缓冲器的型号，可以在满分辨率下以超过10000帧/s 的速度记录数万帧或几秒的视频。

超高速摄影机可以超过 1×10^6 帧/s 的速度录制视频。通常在这样高的速度下，这些相机只记录有限的帧数，与上面讨论的相机不同，它们保持着恒定的图像分辨率。Kirana 和岛津 HPV-X2 是这一类型中两个顶尖型号。Kirana 每帧达924像素×768像素，并能记录 $180\sim5\times10^6$ 帧/s。岛津 HPV-X2 每帧为400像素×250像素，可记录 $256\sim10^7$ 帧/s。两个相机都有较多的曝光限制选项，在某些情况下，这些选项与选定的帧速率有关。

超高速相机有多个摄像机制造商和型号，使用旋转镜或光束分离器，以更高的速率在多个单独的相机传感器上记录图像。这些相机为某些应用提供了灵活性，但一般在总的记录帧数上有限制（在几十帧的量级上）。

数字条纹相机也可以从几个制造商买到。条纹摄影对炸药和弹道研究很重要，在一些设施中这仍然是传统摄影胶片的最后阵地。现代数码条纹相机可以轻易地超过传统的胶片拍摄方法，但与高速数码相机相比很昂贵。一种替代专用条纹相机的方法是从数字高速视频序列中生成条纹图像。这一概念最早于 1994 年由 Katayama[1] 提出，但在过去几年中仅零星地出现在文献［2-4］中。为了从高速视频序列产生条纹图像，提取每个高速图像的单个像素行，然后进行级联，形成沿某方向和沿某位置的时间变化图像。如图 2.1 所示，用阴影技术可实现爆炸过程的可视化。条纹图像是有用的，因为它允许在一个空间维度上加上时间的波动传播和运动的可视化。这些条纹图像可以很容易地用高速数码相机创建，这自然减少了高帧速下的扫描图像。

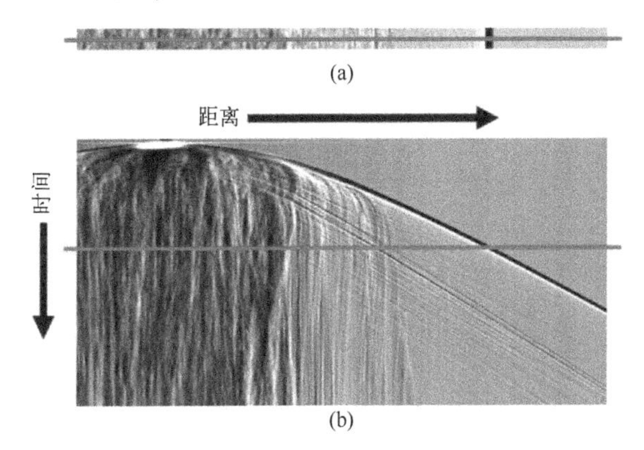

图 2.1　用阴影技术实现爆炸过程的可视化

（通过从高速成像序列的每帧中提取一行像素来创建数字条纹图像，
然后堆叠像素行形成沿某一方向的时间增加的条纹图像；
示例帧（a）提取的像素行在每帧及在条纹图像（b）中出现的位置用直线标出）
（a）示例帧；（b）条纹图像。

高速数字摄像机对于所有的技术和分析都是必不可少的。这项技术持续地改进，相机型号和制造商的数量持续增多。未来相机可能会增加传感器的数量，提升最大可用速度。低速数码摄像机的性能也在不断提高，目前手机摄像机能够以 240 帧/s 的速度记录 1280 像素×720 像素分辨率图，这与一些含能材料测试所需的速度相接近。

2.3　冲击波测量

光学诊断的一个初步定量作用是成像爆炸产生的冲击波传播，以确定 TNT（2，4，6-三硝基甲苯）当量或爆炸强度[5-6]。最初，许多研究使用条纹背景或烟雾示踪剂来识别冲击波，并跟踪其运动。这些图像是用复杂的胶片相机拍摄的，经常可用于对其他测量方法的补充，如对压力计法，可以捕捉更多和更高分辨率的数据。许多经典的爆炸性教科书甚至没有提及光学成像技术，整个章节仅致力于压力计的分析研究[7-9]。

折射成像技术是爆炸试验中最有用的光学诊断技术之一。这些技术包括纹影术、阴影术、干涉术、背景定向纹影术（BOS）和其他衍生技术，这些衍生技术采用视场中的折射率变化折射出图像光[10-11]。由于高速可压缩流动中自然折射率的变化与冲击波和爆炸产物气体中密度的变化相关，因此成像技术用于炸药的这些研究非常有用[12]。

纹影术是实验室中最常用的折射成像技术。由平行光测试区域的光学透镜或反射镜产生的纹影显示，决定了测试段中折射率场的梯度。透镜型纹影系统后向反射阴影系统和背景导向纹影系统的示意图如图 2.2 所示，Kleine 等首次将这项技术用于炸药试验的现代测试，研究了叠氮化银微克电荷的冲击波传播过程[13]。这项工作通过纹影图像跟踪冲击波，形成了一种新的空间量化 TNT 当量的方法，这一方法后来被许多研究人员采用[14-15]。纹影成像也被更好地用于记录炸药的爆压[16-17]，纹影术对密度的定量测量也是首选的[18]，该技术也被用于多组分炸药密度测量[19-20]。

阴影术将折射率场的二阶导数可视化[10]。这项技术最初是由哈罗德·多克·埃德格顿（Harold Doc Edgerton）发明的，他开发了一种闪光阴影成像系统使爆炸事件成像[21]。该技术的传统应用是以底片为背景，以闪光光源在爆炸事件中曝光底片，从而获得冲击波图像。Ernst Mach 的经典图像显示了附在子弹上的冲击波是用这种技术制作的[10]。该技术由 Hargather 更新到数字时代，并采用一种新颖的同轴照明布置（图 2.2），一种高速数字相机和反光屏[22]。反光屏可以很容易地安装在背衬板上，以承受爆炸冲击波，并可用于室外测试，包括测试间接阳光。这项技术由于无法量化密度场而受到限制，但在实验室和现场规模的应用中已被许多人用来测量冲击波的传播[14, 23-24]，并且在弹道试验中非常有效[22]。

BOS 技术是一种纯数字成像技术，它通过背景图案的失真来可视化折射率梯度[25]。该技术由 Dalziel 和 Raffel 等[26-27]同时开发，这项技术因其简单，只需要一台摄像机和一个背景，越来越多地应用于炸药领域，如图 2.2 所示。在实验室实验中，背景通常是打印或绘制在表面上的随机的点[25]，背景也可以是随机的自然模式[25,28]。自然背景是理想的，因为大多数测试地点的环境背景是相对随机的，包含必要的高对比度变化。因此，对于爆炸试验，BOS 产生近乎无限大的视场[29-30]。这项技术本质上是一种应用于高速图像的数字分析技术，通过对随机背景的变形分析可以更好地显示爆炸冲击波，而传统实验使用条纹背景来执行相同的可视化操作[5-6]。这项技术与现场爆炸试验最相关，而且由于只需对高速图像数据进行数字分析，因此使用频率更高。

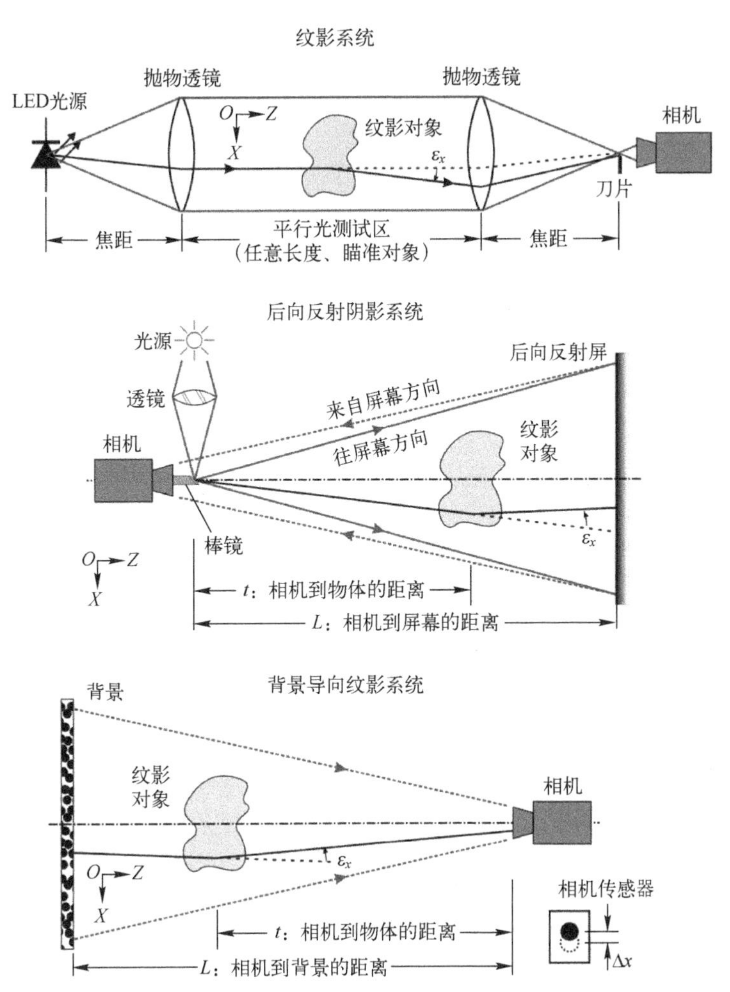

图2.2　屈光干扰显示的纹影系统、后向反射阴影系统和背景导向纹影系统的示意图

爆炸试验BOS技术的适用性和多功能性如图2.3所示。这些图像是从一张简易木桌上碎片爆炸物爆炸中获得的。所用的BOS处理技术是一种变化检测算法，可检查高速图像之间像素强度的变化[29]；算法将爆炸前的图像［图2.3（a）］与爆炸后3ms的图像［图2.3（b）］进行比较，生成BOS图像［图2.3（c）］。BOS图像清楚地显示了球形冲击波，包括地面的反射，

由于冲击波表面光的折射，两幅原始高速图像间的像素强度值略有变化。一些碎片及其相关的斜向冲击波通过它们的背景形变在 BOS 图像中显示出来。经过简单的处理后可清晰地显示图像中的冲击波，并可以通过随后的高速视频帧图跟踪冲击波。

(a) (b) (c)

图 2.3　记录爆炸碎片的高速数字图像

（冲击波通过对背景形变实现可视化，这导致在激波位置处图像（a）和（b）之间的像素强度发生变化。这些图像是从用 Photron SA-X2 以 10000 帧/s、16μs 曝光的高速数字视频记录中提取的）

（a）爆炸前瞬间；（b）爆炸后 3ms 与爆炸前对比；（c）冲击波产生的 BOS 图像。

这种简单的 BOS 处理技术可以应用到任何数字图像序列。因此，将任何处理爆炸过程成像的高速摄像机变成折射成像相机，均可以得到冲击波的定量信息。

光学干涉测量是一种激光照明技术，可以进行密度测量，它类似纹影，但具有更复杂的光学设置[10]。因此，它在爆炸试验领域中的应用有限，但可用于实验室中有限范围炸药的测量[12,31]。由于该技术较复杂，限制了其在爆炸试验中的广泛应用，文献［32］对 Kleine 等的工作进行了较全面的综述，展示了几个爆炸的例子，同时将成像与干涉测量、纹影、阴影进行了比较[32]。

折射成像技术主要用于激波传播的可视化，为爆炸产生的冲击波传播提供了爆炸当量或 TNT 当量的详细测量[13]。一旦使用这些技术成像，冲击波半径 R 与时间 t 就符合 Dewey 提出的一般形式[33]：

$$R=A+Ba_0t+C\ln(1+a_0t)+D\sqrt{\ln(1+a_0t)} \tag{2.1}$$

式中：a_0为空气环境中的声速；A、B、C 和 D 为曲线拟合系数。

然后，将半径与时间的数据进行微分，以产生冲击波速度，并最终求得马赫数作为时间和距离的函数。冲击波马赫数 Ma 定义为冲击波传播速度除以周围环境空气声速。整个空间的冲击波马赫数是描述爆炸冲击波强度的理想定量方法。马赫数通过传统的气体动力学与超压 p_{over} 直接关联[8]：

$$\frac{p_{over}}{p_{atm}}=\frac{2\gamma[(Ma)^2-1]}{\gamma+1} \tag{2.2}$$

式中：γ 为环境气体的比热比；p_{atm} 为环境压强。

因此，冲击波马赫数给出了整个爆炸场的压力，甚至可以用来确定反射压力[8]。

给定炸药的冲击波马赫数剖面 Sachs 比例[13-14]，鉴别某炸药的 TNT 当量，是通过改变 TNT 质量来规范 TNT 特征马赫数分布，直到所研究炸药在相同的半径处获得相同的冲击波马赫数。炸药的 TNT 当量值随距离的变化而变化，表示不同距离处产生相同超压时的气流速度标度。

当气体动力学假设成立时，测量冲击波可给出炸药远场压力特性。因此，这种分析常应用在远离炸药的地方，并与传统压力测试进行比较[29]。测量装药表面处的冲击波，利用冲击波速度可以推断炸药的爆轰特性。Biss[34] 用高速条纹相机测量了装药表面爆炸附近的冲击波速度，证明了这种方法的有效性，并且发现测量结果与其他爆速测量结果一致。

光学冲击波跟踪也可以在透明固体材料内部进行类似的分析。为了确定桥丝[35]和雷管[36-37]的爆炸作用，研究者进行了多次试验。该方法还可用于测量固体材料的 Hugoniot 关系[38]。最终，测量冲击波可用于表征含能材料（尤其是炸药）的能量输出，也可用于烟火剂的能量输出[39]。

2.4　压力和脉冲测量

炸药爆炸所产生的压力和冲击特性对于确定整个爆炸场的性能具有重要意义。传统上将压力计布置在整个爆炸场以测量冲击波入射压力和反射压力。量具在固定位置进行逐点测量，并外推爆炸场或复杂几何体中的数据，这是有问题的，需要大量的单点测量数。而使用光学技术可直接测量和量化复杂场（包括来自多个表面的冲击反射）的数据。

如上所述，测量的冲击波传播速度允许通过气体动力学关系确定静态和反射超压。一些研究人员将冲击波速度转换为压力，并与传统压力计测量峰值和反射超压进行了直接比较证实[13,16,29-30]。光学测量的缺点是，计算压力的误差通常大于典型的压力计值。光学技术依赖对冲击波马赫数（速度）的精确测量，然后用式（2.2）进行平方运算，以获得压力。因此，马赫数中的微小不确定性会扩大成较大的压力不确定性。用式（2.1）拟合激波位置数据可以减小马赫数误差，但对于复杂的几何体难以奏效。还可以通过提高图像分辨率来减小误差，而像素分辨率通常会减小高速相机的视场。通常，高速视频的时间分辨率不是受限制的因素，即使帧速率仅为每秒数千帧。

超压持续时间，是指冲击波通过后，静压保持在环境压力以上的时间，是定义爆炸性能的另一个关键参数。通常，超压持续时间是根据压力计测量并记录的[8]。Hargather 首次尝试了超压持续时间的光学测量，并结合 Kinney 和 Graham 提出的假设解决了冲击波马赫数与半径间的问题[14]。该假设是超压恢复到大气压的时候应该以受到冲击的周围空气的局部声速从爆炸中传播开来。Hargather 和 Settles [14]利用冲击波马赫数与半径分布和一维气体动力学关系，确定了整个爆炸区域的温度场，从而可以预测大气压力中传播的速度。冲击波传播速度和大气压力中传播的差异是超压持续时间，它是爆炸距离的函数。后来，Hargather[29]将这一分析应用于大规模现场爆炸，并获得了表压测量值，即一个数量级内的超压估计值。这种估算技术还需要进一步发展，但如果能精确测量冲击波马赫数的传播，则对于爆炸试验具有潜在的应用价值。

Biss 和 McNesby[19]还尝试利用纹影光学装置和克量级炸药装药直接测量爆炸脉冲。纹影系统是通过校准成像像素强度与折射率梯度间相关性，来定量测量密度分布的光学技术[18]。图 2.4 是通过带有定量纹影校准透镜的平板测得的爆炸驱动冲击波的纹影图像，以及图像沿一条线的像素强度。冲击波的像素强度与密度梯度和在爆炸驱动冲击波上的预期静压分布具有定性相似的趋势。通过定量纹影分析，将局部像素强度转换为密度场。压力的测量是由 Biss 和 McNesby 根据理想气体，假设冲击波后面的温度固定，由特定位置的冲击波马赫数得到的。这些数据产生了压力随时间变化的轨迹，与用量具测量的结果相似，从而验证了爆炸冲击波的光学测量方法的可行性。

最近，Tobin 和 Hargather[20]扩展了 Biss 和 McNesby 的工作，用定量纹影系统测量了冲击波温度分布和压力-时间历程。他们的工作检验了计算模拟和 Taylor[40]的爆炸相似解，推断了横穿冲击波的密度、压力和温度分布应在相同的时间尺度上变化。这相较于 Biss 和 McNesby 使用了更好的温度假设，从而导致更好的压力和脉冲测量。Tobin 和 Hargather 在他们的工作中没有评论是否能从光学数据中测量超压持续时间。他们的分析认为，压力和密度应该在同一时间段内衰减，但是，直接从光密度测量超压衰减时间，而不需要对温度曲线进行任何假设。爆炸驱动冲击波的定量分析应进一步探索和扩展，如果有足够的图像分辨率，使用本质定量的 BOS 技术，可以将这些光学测量用于这一测试领域。

目前的定量分析仅限于对从驱动爆炸气体中分离出来的简单几何形状的冲击波进行分析，无法适应气体成分的变化分析。因此，只能在环境空气中进行测量，而不能在爆炸气体云团的内部或对面进行测量。这需要发展的断层扫描重建技术对复杂三维几何体中的冲击波传播进行分析[25]。

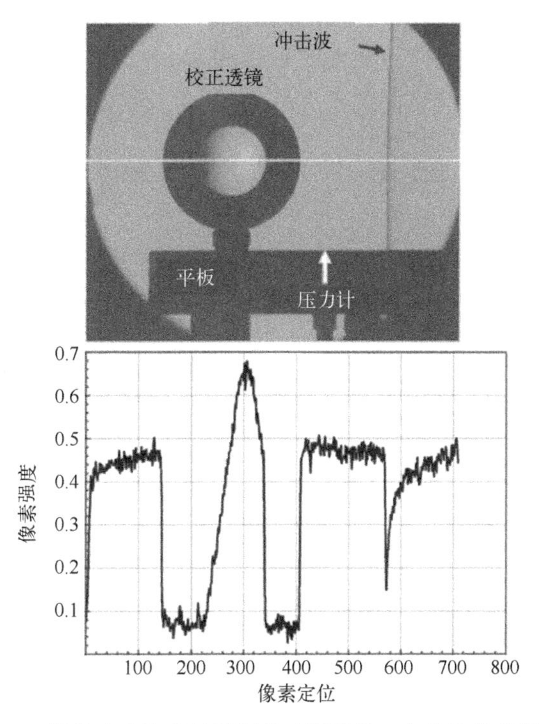

图 2.4　爆炸冲击波的纹影图像和图像沿一条线的像素强度

（一个爆炸驱动的冲击波在平板上从右向左传播的纹影图像，沿着白线绘制像素强度。该图像中的校正透镜用于将像素强度与折射率梯度相联系，然后利用该梯度来确定冲击波前后的折射率梯度和最终密度分布。冲击波上的强度分布与预期的压力场定性相似）

2.5　爆炸火球及温度场测量

爆炸火球的分析对于确定火球在爆炸近场的传播范围和内部环境具有重要意义。爆炸火球的范围很容易用直接的高速成像显示出来。图 2.3 中的 BOS 处理中使用的图像处理技术可以很容易地实现火球边缘的可视化，从而实现自动跟踪。然而，对火球内部的分析并不是那么简单。

利用光学光谱仪和高速数码相机对爆炸火球内的温度进行试验测量。测量的主要困难在于爆炸火球的光学厚度非常大[41]，导致光学测量仅局限于爆炸性火球外部的几英寸。激光光谱技术一直是首选的光学温度测量方法，Glumac 是开展过一系列炸药研究的主要研究者和前辈[41-44]。激光光谱测量包括物质浓度测量和爆炸产物气体的温度测量。

光学高温计也被用来研究爆炸性火球温度[43,45-47]。通过高温计进行温度测量时，假设有宽带光辐射，其强度在两个或三个特定波长处测量。然后，在特定波长处的强度测量值与黑体发射光谱拟合，可以推断发射产物气体云的温度。这些高温测量本质也受到爆炸产物气体的光学深度限制，但是可以实现对外部火球表面温度的估计。Densmore 等将彩色高速数码摄像机作为高温计[47]，用红色、绿色、蓝色三种颜色通道的像素强度作为三色高温计，测定了爆炸产物气体的温度分布。

在某些炸药配方中，爆炸产物气体和空气界面的湍流混合特性是有意义的，并且是一个活跃的研究领域。光学诊断包括纹影、阴影图和光谱，在湍流成像及表征中起着重要作用。目前，新墨西哥矿业技术学院探索性研究了湍流混合，并使专用的爆炸驱动激波管方向与光学诊断方向交叉。图 2.5 显

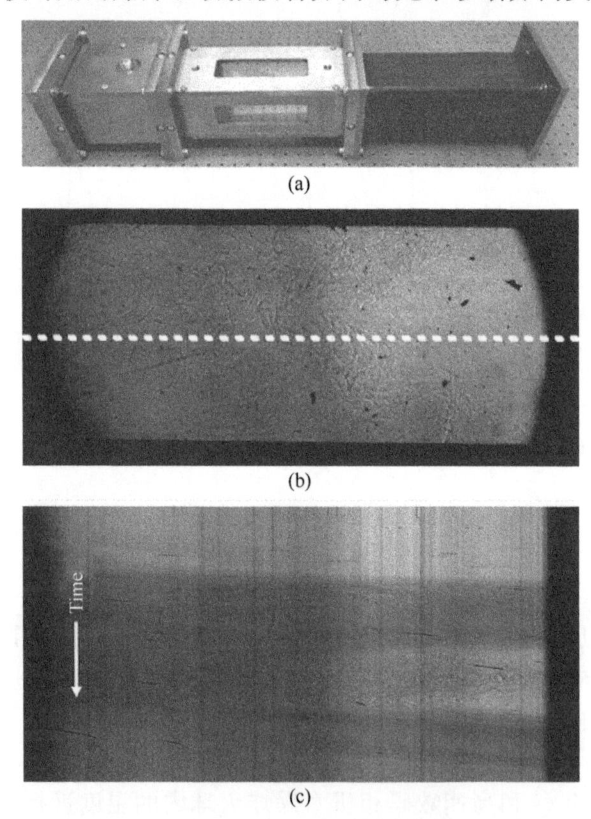

图 2.5　爆炸驱动激波管及获得的条纹图像

(a) 具有光学通道的爆炸驱动激波管（能够测量爆炸期间的激波和产物气体运动）；(b) 单个纹影图像显示湍流结构；(c) 创建条纹图像以测量特征传播速度。

示了激波管的光学诊断装置及在测试过程中记录的纹影图像，以及从高速视频记录中获得的条纹图像。条纹图像显示了产品气相区内湍流运动结构随时间的变化，目前正在对其进行研究和量化[48-51]。在这个方向上未来研究将会用于火球边缘的湍流混合量化，并希望提供更多的信息，用于如何定量地测量产品气体云内的物种、温度场或密度场。

2.6　圆筒膨胀和碎片测量

爆炸性能其中一个指标是炸药加速物体的能力。这种特性通常称为金属驱动能力，可以通过试验进行表征，包括圆柱体膨胀试验和 Gurney 能量的计算[9]。

膨胀试验是测定产品气体爆轰特性和状态方程的经典测量技术[52-53]。试验用一根铜管装满研究的炸药，然后从一端引爆，以铜管膨胀量随时间的变化规律为主要数据。传统上这种铜管膨胀是用条纹相机测量的，现代测量使用的是数字条纹相机、超高速数字成帧相机或 PDV 技术。

PDV 是通过运动表面反射光的多普勒频移来测量表面的运动。该技术类似 VISAR（反射器的速度干涉系统），但具有较高的分辨率。PDV 技术对炸药研究非常重要，并且正在被越来越多地用于测量炸药的爆轰特性、Gurney 能量，也成为圆筒膨胀试验的主要诊断方法[54-56]。

光学成像诊断在描述远场（不在炸药表面附近）中爆炸驱动碎片方面发挥了更大的作用。开发用于追踪爆炸碎片的程序和系统是当前研究发展的一个领域。大多数特征描述方法都试图利用粒子图像测速技术（PIV）的高速图像跟踪碎片。在 PIV 中，使用各种相关算法在连续高速图像之间跟踪单个粒子，以形成局部流速信息[57]。因此，当碎片在视场中传播时，高速视频记录可以测量碎片速度。由于碎片密度、尺寸和三维位置的变化，爆炸现场的测量变得复杂。目前的方法是使用多个摄像机和三角剖分算法识别独特碎片的三维位置，然后进行三维空间中的跟踪。一些方法（如通过跟踪碎片）将折射成像技术（如阴影图）与斜激波和初级激波同时成像。由于对爆炸试验碎片追踪是一个较难的研究领域，因此，可获得的公开的研究资料有限。图 2.6 来自 Hargather 等的工作，其用逆反射阴影成像研究了冲击波和碎片传播[50]。图 2.6（a）中的全场成像显示出 100g 炸药产生的冲击波和碎片，视场约为 2.4m²。碎片上的冲击波是可视化的，通过冲击波角度直接测量碎片速度。在图 2.6（a）中圈出的碎片在稍后的时间图 2.6（b）~（d）中也有，两个图像之间的时间差为 70μs。破片速度如图 2.6（e）所示，通过跟踪碎片穿过图像并测量破片速度来计算。对碎片衰减速度的测量是这些光学测量技术所独有的，在传统的测量方法中通常没有记录。

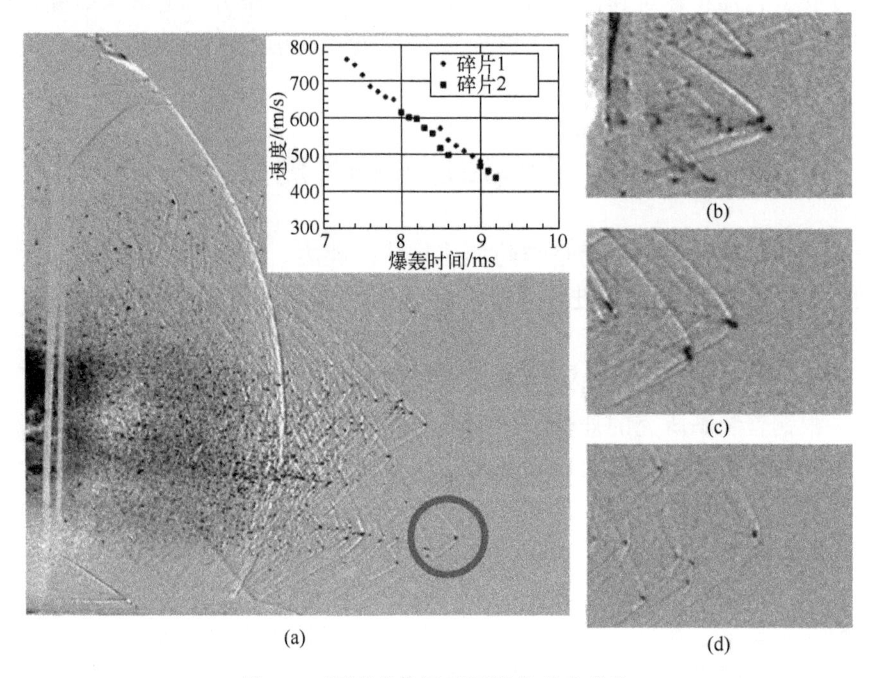

图 2.6　阴影成像用于可视化破碎弹头

2.7　结论与展望

光学成像是试验测试中表征炸药效应的关键技术。高速数字摄像机使测试方法发生了革命性的变化，并增加了光学方式获得定量数据。使用这些摄像机的便利特性使折射成像技术在爆炸现场和实验室测试中得到了更多的应用。这些技术与记录图像的数字分析相结合，可以进行广泛的定量测量。

纹影术、阴影术和 BOS 技术为爆炸过程中产生的冲击波和可压缩流动特征提供了一系列成像方法。纹影技术是定量测量最好的技术，但由于需要精确的光学设置和对准要求，通常仅限于实验室应用。反光阴影照相术可以应用在任何规模的试验中，需要建立一个适当的屏幕或背景，该技术对可视化冲击波和湍流运动的研究很理想，但不能进行密度场的定量测量。BOS 技术是一种全数字式成像方法，视场几乎无限制，具有广阔的应用前景，有望成为今后爆炸试验诊断的首选技术。

折射成像技术特别适用于通过高速图像跟踪冲击波，可作为炸药性能的首选定量技术。冲击波的传播速度决定了超压的大小、持续时间和最终的冲量。可以使用光学技术进行详细的压力测量，包括使用定量纹影术直接进行压力定量测量。

光谱成像是折射成像技术的自然补充，因为它可以识别流场中存在的化学物质。折射成像技术只能识别密度变化，但不能区分不同的化学气体种类，这使得在混合气体环境中进行定量测量变得困难，甚至不可能。通过成像光谱仪的直接集成，可以在特定情况下识别单个化学物质的位置。

目前，大多数定量测量都受限于所用相机像素分辨率。更高的像素分辨率可以在爆炸过程中获得更宽的视场，也可以更详细地测量折射率场，从而更直接地测量爆炸中的密度场。折射成像和光谱等多种光学诊断技术的集成，也有可能促进爆炸场中的定量测量，提供更深入的认知。利用多个高速摄影机从不同角度拍摄，从多个视角的折射图像计算或层析重构爆炸场密度，将成为一种标准方法。三维重构与传统的逐点测量相比，能使现场测量更详细，并提供更量化的爆炸性能。

参考文献

[1] A. S. Katayama. Visualization techniques for temporally acquired sequences of images, 1994. US Patent number 5294978.

[2] V. Sridhar, H. Kleine, and S. L. Gai. Visualization of wave propagation within a supersonic two-dimensional cavity by digital streak schlieren. *Experiments in Fluids*, 56: 152, 2015.

[3] T. Handa, H. Miyachi, H. Kakuno, and T. Ozaki. Generation and propagation of pressure waves in supersonic deep cavity flows. *Experiments in Fluids*, 53: 1855-1866, 2012.

[4] M. J. Hargather, G. S. Settles, and S. Gogineni. Optical diagnostics for characterizing a transitional shear layer over a supersonic cavity. *AIAA Journal*, 51 (12): 2977-2982, 2013.

[5] J. M. Dewey. Air velocity in blast waves from TNT explosions. *Royal Society Proceedings Series A*, 279 (1378): 366-385, 1964.

[6] J. M. Dewey. The properties of a blast wave obtained from an analysis of the particle trajectories. *Proceedings of the Royal Society of London Series A—Mathematical and Physical Sciences*, 324 (1558): 275-299, 1971.

[7] W. E. Baker. *Explosions in Air*. University of Texas Press, Austin, TX, 1973.

[8] G. F. Kinney and K. J. Graham. *Explosive Shocks in Air*. Springer-Verlag, Berlin, Germany, 1985.

[9] P. W. Cooper. *Explosives Engineering*. Wiley-VCH, New York, 1996.

[10] G. S. Settles. *Schlieren and Shadowgraph Techniques: Visualizing Phenomena in Transparent Media*. Springer-Verlag, Berlin, Germany, 2001.

[11] G. S. Settles and M. J. Hargather. A review of recent developments in schlieren and shadowgraph techniques. *Measurement Science and Technology*, 28 (4): 042001, 2017.

[12] H. Kleine, E. Timofeev, and K. Takayama. Laboratory-scale blast wave phenomena—Optical diagnostics and applications. *Shock Waves*, 14 (5-6): 343-357, 2005.

[13] H. Kleine, J. M. Dewey, K. Ohashi, T. Mizukaki, and K. Takayama. Studies of the TNT equivalence of silver azide charges. *Shock Waves*, 13 (2): 123-138, 2003.

[14] M. J. Hargather and G. S. Settles. Optical measurement and scaling of blasts from gram-range explosive charges. *Shock Waves*, 17: 215-223, 2007.

[15] M. M. Biss and G. S. Settles. On the use of composite charges to determine insensitive explosive material properties at the laboratory scale. *Propellants, Explosives, Pyrotechnics*, 35 (5): 452-460, 2010.

[16] S. Rahman, E. Timofeev, and H. Kleine. Pressure measurements in laboratory-scale blast wave flow fields. *Review of Scientific Instruments*, 78 (12), 2007.

[17] K. L. McNesby, M. M. Biss, R. A. Benjamin, and R. A. Thompson. Optical measurement of peak air shock pressures following explosions. *Propellants, Explosives*, Pyrotechnics, 39 (1): 59-64, 2014.

[18] M. J. Hargather and G. S. Settles. A comparison of three quantitative schlieren techniques. *Optics and Lasers in Engineering*, 50: 8-17, 2012.

[19] M. M. Biss and K. L. McNesby. Laboratory-scale technique to optically measure explosive impulse for energetic-material air-blast characterization. Technical Report ARL-TR-6185, Army Research Laboratory, Aberdeen Proving Ground, MD, 2012.

[20] J. D. Tobin and M. J. Hargather. Quantitative schlieren measurement of explosivelydriven shock wave density, temperature, and pressure profiles. *Propellants, Explosives, Pyrotechnics*, doi: 10.1002/prep.201600097, 2016.

[21] H. E. Edgerton. Shockwave photography of large subjects in daylight. Review of Scientific Instruments, 29 (2): 171-172, 1958.

[22] M. J. Hargather and G. S. Settles. Retroreflective shadowgraph technique for largescale visualization. *Applied Optics*, 48: 4449-4457, 2009.

[23] B. J. Steward, K. C. Gross, and G. P. Perram. Optical characterization of large caliber muzzle blast waves. *Propellants, Explosives, Pyrotechnics*, 36 (6): 564-575, 2011.

[24] P. M. Giannuzzi, M. J. Hargather, and G. C. Doig. Explosive-driven shock wave and vortex ring interaction with a propane flame. *Shock Waves*, 26 (6): 851-857, 2016.

[25] M. Raffel. Background-oriented schlieren (BOS) techniques. *Experiments in Fluids*, 56 (60): 1-17, 2015.

[26] S. B. Dalziel, G. O. Hughes, and B. R. Sutherland. Synthetic schlieren. In G. M. Car-

lomagno, editor, *Proceedings of the 8th International Symposium on Flow Visualization*, p. 62, Sorrento, Italy, 1998.

[27] M. Raffel, H. Richard, and G. E. A. Meier. On the applicability of background oriented optical tomography for large scale aerodynamic investigations. *Experiments in Fluids*, 28 (5): 477-481, 2000.

[28] M. J. Hargather and G. S. Settles. Natural-background-oriented schlieren. *Experiments in Fluids*, 48 (1): 59-68, 2010.

[29] M. J. Hargather. Background-oriented schlieren diagnostics for large-scale explosive testing. *Shock Waves*, 23: 529-536, 2013.

[30] T. Mizukaki, K. Wakabayashi, T. Matsumaura, and N. Nakayama. Background-oriented schlieren with natural background for quantitative visualization of open-air explosions. *Shock Waves*, 24: 69-78, 2014.

[31] L. M. Barker. Laser interferometry in shock-wave research. *Experimental Mechanics*, 12: 209-215, 1972.

[32] H. Kleine, H. Gronig, and K. Takayama. Simultaneous shadow, schlieren, and interferometric visualization of compressible flows. *Optics and Lasers in Engineering*, 44: 170-189, 2006.

[33] J. M. Dewey. Explosive flows: Shock tubes and blast waves. In *Handbook of Flow Visualization*, Wen-Jei Yang (Ed.), Chapter 29, pp. 481-497. Hemisphere Publishing Corp., New York, 1st edition, 1989.

[34] M. M. Biss. Energetic material detonation characterization: A laboratory scale approach. *Propellants, Explosives, Pyrotechnics*, 38: 477-485, 2013.

[35] M. J. Murphy, R. J. Adrian, D. S. Stewart, G. S. Elliot, K. A. Thomas, and J. E. Kennedy. Visualization of blast waves created by exploding bridge wires. *Journal of Visualization*, 8 (2): 125-135, 2005.

[36] S. A. Clarke, C. A. Bolme, M. J. Murphy, C. D. Landon, T. A. Mason, R. J. Adrian, A. A. Akinci, and M. E. Martinez. Using schlieren visualization to track detonator performance. *AIP Conference Proceedings*, 955 (1): 1089-1092, 2007.

[37] M. J. Murphy and R. J. Adrian. Particle response to shock waves in solids: Dynamic witness plate/PIV method for detonations. *Experiments in Fluids*, 43: 163-171, 2007.

[38] F. R. Svingala, M. J. Hargather, and G. S. Settles. Optical techniques for measuring the shock Hugoniot using ballistic projectile and high-explosive shock initiation. *International Journal of Impact Engineering*, 50: 76-82, 2012.

[39] M. N. Skaggs, M. J. Hargather, and M. A. Cooper. Characterizing pyrotechnic igniter output with high-speed schlieren imaging. *Shock Waves*, doi: 10.1007/s00193-016-0640-5, 2016.

[40] G. I. Taylor. The formation of a blast wave by a very intense explosion: Theoretical discussion. *Proceedings of the Royal Society of London Series A - Mathematical and Physical*

Sciences, 201 (1065): 159–174, 1950.

[41] J. M. Peuker, P. Lynch, H. Krier, and N. Glumac. Optical depth measurements of fireballs from aluminized high explosives. *Optics and Lasers in Engineering*, 47: 1009–1015, 2009.

[42] N. Glumac. Absorption spectroscopy measurements in optically dense explosive fireballs using a modeless broadband dye laser. *Applied Spectroscopy*, 63: 1075–1080, 2009.

[43] P. Lynch, H. Krier, and N. Glumac. Emissivity of aluminum–oxide particle clouds: Application to pyrometry of explosive fireballs. *Journal of Thermophysics and Heat Transfer*, 24 (2): 301–308, 2010.

[44] N. Glumac. Early time spectroscopic measurements during high–explosive detonation breakout into air. *Shock Waves*, 23: 131–138, 2013.

[45] S. Goroshin, D. L. Frost, J. Levine, A. Yoshinaka, and F. Zhang. Optical pyrometry of fireballs of metalized explosives. *Propellants, Explosives, Pyrotechnics*, 31 (3): 169–181, 2006.

[46] M. R. Weismiller, J. G. Lee, and R. A. Yetter. Temperature measurements of Al con–taining nano–thermite reactions using multi–wavelength pyrometry. *Proceedings of the Combustion Institute*, 33: 1933–1940, 2011.

[47] J. M. Densmore, M. M. Biss, K. L. McNesby, and B. E. Homan. High–speed digital color imaging pyrometry. *Applied Optics*, 50 (17): 2659–2665, 2011.

[48] J. L. Smith. Design and construction of a fixture to examine the explosive effects of Al/I2O5. Master's thesis, New Mexico Institute of Mining and Technology, 2016.

[49] J. Anderson, J. L. Smith, and M. J. Hargather. Optical diagnostics to quantify turbulent mixing in post–blast environment. 63*rd JANNAF Propulsion Conference*, Newport News, VA, May 2016.

[50] M. J. Hargather, J. L. Smith, J. Anderson, and K. Winter. Optical diagnostics for energetic materials research. *ASME IMECE*, paper IMECE2016–67372, 2016.

[51] J. Anderson. Study of turbulent mixing in a post detonation environment using schlieren and imaging spectroscopy. Master's thesis, New Mexico Institute of Mining and Technology, 2017.

[52] H. Hornberg and F. Volk. Cylinder test in the context of physical detonation measurement methods. *Propellants, Explosives, Pyrotechnics*, 14 (5): 199–211, 1989.

[53] I. F. Lan, S. C. Hung, C. Y. Chen, Y. M. Niu, and J. H. Shiuan. An improved simple method of deducing JWL parameters from a cylinder expansion test. *Propellants, Explosives, Pyrotechnics*, 18: 18–24, 1993.

[54] K. T. Lorenz, E. L. Lee, and R. Chambers. A simple and rapid evaluation of explosive performance the disc acceleration experiment. *Propellants, Explosives, Pyrotechnics*, 40: 95–108, 2015.

[55] M. Briggs, L. Hull, M. A. Shinas, and D. Dolan. Applications and principles of photon–

doppler velocimetry for explosive testing. 14*th International Detonation Symposium*, Coeur d' Alene, ID, April 2010.

[56] C. G. Rumchik, R. Nep, G. C. Butler, B. Breaux, and C. M. Lindsay. The miniaturization and reproducibility of the cylinder expansion test. *In* 17*th American Physical Society Shock Compression of Condensed Matter Conference*, June 26–July 1, Chicago, IL, 2011.

[57] M. Raffel, C. E. Willert, S. T. Wereley, and J. Kompenhans. *Particle Image Velocimetry: A Practical Guide*. Springer, New York, 2nd edition, 2007.

第3章　有机含能材料的溶解热力学

桑乔伊·K. 巴塔查里亚，纳齐尔·侯赛因，布兰登·L. 威克斯，陈秋铉

3.1 引　　言

基于第一性原理的过程建模与仿真是现代化学的一种工程技术，能够极大地减少昂贵且耗时的试验和中试试验。分子热力学模型的正确开发和验证，决定了热物性计算的准确性和过程建模与模拟的有效性[1]。分子热力学模型已有应用实例，如相平衡计算、反应速率和结晶动力学计算、单元操作和工艺流程图的热质平衡计算。在过去的几十年里，分子热力学的发展已经产生了许多状态方程和活度系数模型，这有助于成功地建模并模拟石油、天然气、石化、化工和制药工业中的化学过程[2-3]。开发验证含能材料的分子热力学模型，是将基于第一性原理的过程建模与仿真技术应用于含能材料化学过程的前提。

有机含能材料广泛应用于工业、采矿、推进和军事领域。季戊四醇四硝酸酯（PETN）、环三亚甲基三硝胺（RDX）和环四亚甲基四硝胺（HMX）是最常用的有机含能材料。PETN、RDX 和 HMX 的分子结构如图 3.1 所示[4]。PETN、RDX 和 HMX 是在溶液中合成的，通过溶液结晶得到这些材料纯的构型[5]。为了正确选择溶剂和反溶剂并计算结晶速率，必须了解其在纯溶剂和混合溶剂中的溶解度。同样，评估这些含能材料的环境性能需要了解它们在水中的溶解度。然而，测量含能材料在各种溶剂和混合溶剂中的溶解度是非常昂贵且耗时的。

文献很少有关于含能材料热力学溶解度模型研究的报道。最近关于 RDX、HMX、三硝基甲苯（TNT）、六硝基六氮杂异伍兹烷（CL-20）等一些常见炸药水中溶解度的模拟研究，以及其他真实溶剂类导体屏蔽模型（COSMO-RS）活度系数模型是一些例外[6-8]，发现 COSMO-RS 为含能材料的溶解度提供了定性预测。

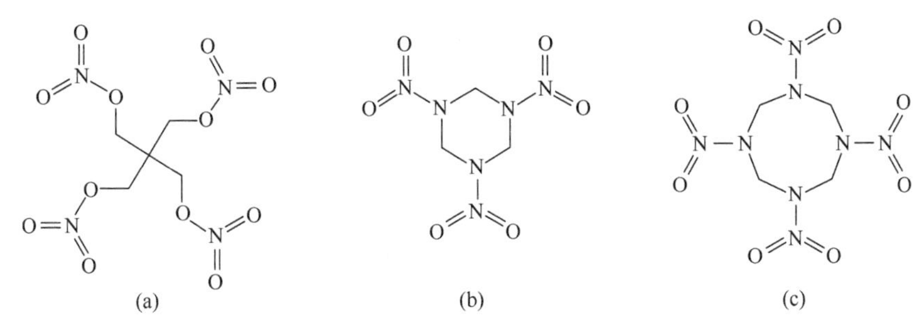

图3.1　PETN、RDX和HMX的分子结构
(a) PETN；(b) RDX；(c) HMX。

除了COSMO-RS之外，还提出了许多用于热力学溶解度模拟的活度系数模型。其中，UNIquac功能-群活性系数（UNIFAC）[9]，类导体屏蔽模型-段活度系数（COSMO-SAC）[10]和非随机双液段活度系数（NRTL-SAC）[11]是工业上广泛应用的最成功的预测活度系数模型。UNIFAC最初是基于官能团可加性规则为简单的线性有机分子开发的。COSMO-SAC是COSMO-RS的变种形式，基于量子化学计算提供了有益的预测能力。NRTL-SAC模型在预测之前，需要从实验数据中取得分子参数[12]。

在本章中，我们展示了COSMO-SAC模型和NRTL-SAC模型在PETN、RDX和HMX热力学溶解度建模中的应用。不考虑UNIFAC，因为不存在正确表征这3种含能材料所需的UNIFAC官能团。本章首先介绍了COSMO-SAC和NRTL-SAC的溶解热力学和公式，展示了COSMO-SAC的σ曲线，描绘了这3种含能材料的NRTL-SAC分子参数。然后将溶解度模拟结果与纯溶剂和二元溶剂中的试验溶解度数据，以及辛醇-水的分配系数的文献值进行了比较。

3.2　溶解热力学

Prauznitz等详细讨论了固-液相平衡的溶解度热力学[13]。在固-液相平衡时，组分I在液相中的逸度（f_I^l）等于固态的逸度（f_I^s）：

$$f_I^l = f_I^s \tag{3.1}$$

液相逸度可以表示为

$$f_I^l = x_I^{\text{sat}} \gamma_I^{\text{sat}} f_I^{0l} \tag{3.2}$$

式中：x_I^{sat}为饱和浓度；γ_I^{sat}为由分子大小、形状和相互作用差异引起的液相非理想活度系数；f_I^{0l}为参照状态液相逸度。

组分I从固体到液体相变的摩尔吉布斯自由能变化（ΔG）为

$$\Delta G=\Delta H-T\Delta S \tag{3.3}$$

$$\Delta G=RT\ln\frac{f_I^{0l}}{f_I^s} \tag{3.4}$$

式中：R 为通用气体常数；T 为系统温度；ΔH 和 ΔS 分别为组分 I 从固相到液相的焓变和熵变。

这些参数的具体表达式如下：

$$\Delta H=\Delta H_{\text{fus}}+\int_{T_m}^{T}\Delta c_p \mathrm{d}T \tag{3.5}$$

$$\Delta S=\Delta S_{\text{fus}}+\int_{T_m}^{T}\frac{\Delta c_p}{T}\mathrm{d}T \tag{3.6}$$

$$\Delta S=\frac{\Delta H_{\text{fus}}}{T_m} \tag{3.7}$$

式中：T_m为熔点；ΔH_{fus}为熔融焓；ΔS_{fus}为熔融熵；Δc_p为液相和固相中不同组分的热容。

基于液相和固相热容相同的假设，通过忽略热容差项，将式（3.1）~式（3.7）合并给出以下形式：

$$\ln x_I^{\text{sat}}\gamma_I^{\text{sat}}=\frac{\Delta H_{\text{fus}}}{R}\left(\frac{1}{T_m}-\frac{1}{T}\right) \tag{3.8}$$

因此，根据式（3.8），熔融焓和熔点是固-液相平衡的关键热力学参数。表 3.1 显示了本研究中所考虑的 PETN、RDX 和 HMX 特定多晶型的熔点和熔融焓[14]。

表 3.1 PETN-Ⅰ、α-RDX 和 β-HMX 的熔点和熔融焓

多　晶　型	熔点/K	熔融焓/(kJ/mol)
PETN-I①	413.85±0.7	50.4±1.7
α-RDX①	477.05±0.2	34.5±1.0
β-HMX②	554.45±0.3	31.9±3.9

注：① 升温速率为 15K/min 时差示扫描量热试验数据[14]；

② 文献［14］中报道的平均值。

注意，当无法获得组分 I 的 ΔH_{fus}和 T_m的试验数据时，可用组分 I 的产物溶解常数 K_{sp}获得这些溶解度数据，如下所示：

$$\ln K_{\text{sp}}=\ln x_I^{\text{sat}}\gamma_I^{\text{sat}}=A+\frac{B}{T} \tag{3.9}$$

$$\Delta H_{\text{fus}}=-BR \tag{3.10}$$

$$T_m = -\frac{B}{A} \tag{3.11}$$

在这项工作中，用 COSMO-SAC 和 NRTL-SAC 计算 γ_I^{sat}。这两种模型都将活度系数计算按照两个项的组合来进行：①组合项 γ_l^C，表示分子大小和形状；②剩余项 γ_l^R，表示分子间的相互作用。

$$\ln\gamma_l = \ln\gamma_l^C + \ln\gamma_l^R \tag{3.12}$$

3.2.1　COSMO-SAC 活度系数模型

COSMO-SAC 根据溶液中分子的溶剂化自由能来计算活度系数[10]。分子被认为是分子表面碎片和表面电荷的总和。分子表面的电荷密度分布称为 σ 分布，是 COSMO-SAC 模型的关键输入项。

分子的表面碎片数 n_I 通过定义有效段的面积 a_{eff} 得到，如果一个分子总的表面积为 A_I，则碎片的数量将是 $n_I = A_I/a_{eff}$，纯流体中电荷密度为 σ 的碎片出现的概率为

$$P_I(\sigma) = \frac{n_I(\sigma)}{n_I} = \frac{A_I(\sigma)}{A_I} \tag{3.13}$$

式中：$n_I(\sigma)$ 为电荷密度为 σ 的碎片数量；$A_I(\sigma)$ 为电荷密度为 σ 的碎片表面积。

混合物的 σ 分布可以通过对所有成分的 σ 分布进行平均得到，如下所示：

$$P_S(\sigma) = \frac{\sum_I x_I n_I P_I(\sigma)}{\sum_I x_I n_I} = \frac{\sum_I x_I A_I P_I(\sigma)}{\sum_I x_I A_I} \tag{3.14}$$

COSMO-SAC 使用 Staverman-Guggenheim 模型计算组合项，如下所示：

$$\ln\gamma_l^C = \ln\gamma_{I/S}^{SG} = \ln\frac{\phi_I}{x_I} + \frac{z}{2}q_I\ln\frac{\theta_I}{\phi_I} + l_I - \frac{\phi_I}{x_I}\sum_J x_J l_J \tag{3.15}$$

其中

$$l_I = \frac{z}{2}(r_I - q_I) - (r_I - 1)\,(z = 10) \tag{3.16}$$

$$\theta_I = \frac{q_I x_I}{\sum_J q_J x_J},\quad \phi_I = \frac{r_I x_I}{\sum_J r_J x_J},\quad r_I = \frac{V_I}{66.69\text{Å}^3},\quad q_I = \frac{A_I}{79.53\text{Å}^2} \tag{3.17}$$

式中：x_I 为分子 I 的摩尔分数；θ_I 为面积分数；ϕ_I 为体积分数；V_I 为腔体体积；A_I 为腔体表面积。

COSMO-SAC 的剩余项如下：

$$\ln\gamma_i^R=\ln\gamma_{I/S}=\frac{\Delta G_{I/S}^{*\text{res}}-\Delta G_{I/I}^{*\text{res}}}{RT} \tag{3.18}$$

分子的存储自由能 $\Delta G^{*\text{res}}$ 由碎片的化学势得到，计算式如下：

$$\frac{\Delta G_{I/I}^{*\text{res}}}{RT}=n_I\sum_{\sigma_m}P_I(\sigma)\ln\Gamma_I(\sigma_m) \tag{3.19}$$

$$\frac{\Delta G_{I/S}^{*\text{res}}}{RT}=n_I\sum_{\sigma_m}P_S(\sigma)\ln\Gamma_S(\sigma_m) \tag{3.20}$$

式中：$\Gamma_I(\sigma_m)$ 和 $\Gamma_S(\sigma_m)$ 分别为带有电荷密度 σ_m 的碎片在纯液体和溶液中的活度系数。

碎片的活度系数（SAC）表示如下：

$$\ln\Gamma_I(\sigma_m)=-\ln\left\{\sum_{\sigma_n}P_I(\sigma_n)\Gamma_I(\sigma_n)\exp\left[\frac{-\Delta W(\sigma_m,\sigma_n)}{RT}\right]\right\} \tag{3.21}$$

$$\ln\Gamma_S(\sigma_m)=-\ln\left\{\sum_{\sigma_n}P_S(\sigma_n)\Gamma_S(\sigma_n)\exp\left[\frac{-\Delta W(\sigma_m,\sigma_n)}{RT}\right]\right\} \tag{3.22}$$

$\Delta W(\sigma_m,\sigma_n)$ 是使用式（3.23）计算的交换能：

$$\Delta W(\sigma_m,\sigma_n)=\frac{\sigma'}{2}(\sigma_m+\sigma_n)^2C_{\text{hb}}\max[0,\sigma_{\text{acc}}-\sigma_{\text{hb}}]\min[0,\sigma_{\text{don}}-\sigma_{\text{hb}}] \tag{3.23}$$

式中：σ' 为失配能量常数；C_{hb} 为氢键相互作用能量常数；σ_{acc} 和 σ_{don} 分别为 σ_m 和 σ_n 的较大值和较小值；σ_{hb} 为氢键相互作用的临界值，max 和 min 返回其参数的最大值和最小值。

目前，有针对溶剂和小分子的 σ 文件的开源数据库 VT-2005 和 VT-2006[15-16]。这些数据库是根据密度泛函理论[17-19]使用 Accelrys Materials Studio 软件的 DMol3 模块[20]构建的。然而，Islam 和 Chen[21]报道，可以不需要量子化学计算的概念碎片生成 σ 轮廓。

3.2.2 NRTL-SAC 活性系数模型

用 NRTL-SAC 代替 COSMO-SAC 中定义的具有特定电荷密度的分子表面碎片，可以将分子表面碎片分为四种类型的概念分子碎片，每种都具有独特的表面相互作用特征，例如疏水性（X）、极性吸引性（Y^-）、极性排斥性（Y^+）和亲水性（Z）[11]。然后将基于链段的聚合物 NRTL-SAC[22]与概念性分子链段结合使用，以推导 NRTL-SAC 方程。

组合术语 NRTL-SAC 的熵贡献，是用 Flory-Huggins 表达式计算的，其中概念性碎片标号（X、Y^-、Y^+和 Z）表示组件的大小，如下所示：

$$\ln\gamma_I^C = \ln\frac{\phi_I}{x_I} + 1 - r_I\sum_J\frac{\phi_J}{r_J} \tag{3.24}$$

$$r_I = \sum_m r_{m,I} \tag{3.25}$$

$$\phi_I = \frac{r_I x_I}{\sum_J r_J x_J} \tag{3.26}$$

式中：r_I为段总数；m为概念段指数；$r_{m,I}$为组分I中概念段m的数量；ϕ_I为组分I的概念段摩尔分数。

NRTL-SAC的残差项通过聚合物NRTL方程对局部组成的相互作用贡献，由式（3.27）计算[22]：

$$\ln\gamma_I^R = \ln\gamma_I^{lc} = \sum_m r_{m,I}[\ln\Gamma_m^{lc} - \ln\Gamma_m^{lc,I}] \tag{3.27}$$

$$\ln\Gamma_m^{lc} = \frac{\sum_j x_j G_{jm}\tau_{jm}}{\sum_k x_k G_{km}} + \sum_{m'}\frac{x_{m'}G_{mm'}}{\sum_k x_k G_{km'}}\left(\tau_{mm'} - \frac{\sum_j x_j G_{jm'}\tau_{jm'}}{\sum_k x_k G_{km'}}\right) \tag{3.28}$$

$$\ln\Gamma_m^{lc,I} = \frac{\sum_j x_{j,I} G_{jm}\tau_{jm}}{\sum_k x_{k,I} G_{km}} + \sum_{m'}\frac{x_{m',I}G_{mm'}}{\sum_k x_{k,I} G_{km'}}\left(\tau_{mm'} - \frac{\sum_j x_{j,I} G_{jm'}\tau_{jm'}}{\sum_k x_{k,I} G_{km'}}\right) \tag{3.29}$$

$$G_{ij} = \exp(-\alpha_{ij}\tau_{ij}) \tag{3.30}$$

$$x_j = \frac{\sum_J x_J r_{j,J}}{\sum_I\sum_i x_I r_{i,I}} \tag{3.31}$$

$$x_{j,I} = \frac{r_{j,I}}{\sum_i r_{i,I}} \tag{3.32}$$

式中：i、j、k、m和m'为碎片指数；I和J为组分指数；x_J为组分J的摩尔分数；x_j为溶液中段j的摩尔分数；$x_{j,I}$为中段j在组分I中的摩尔分数；Γ_m^{lc}为概念段m在溶液中的活度系数；$\Gamma_m^{lc,I}$为仅包含在组分I中的概念段m的活度系数；τ_{ij}为碎片互动参数；$\alpha_{ij}=(\alpha_{ji})$为非随机因子参数。

3.3　PETN、RDX和HMX的多晶性

含能材料的多晶性涉及含能材料的密度、撞击感度、引发、安全性和处置。从溶解度模拟角度来看，每个多晶型物质代表不同热力学性质的特定分

子实体。

PETN 有两种晶型：PETN-Ⅰ和 PETN-Ⅱ；两种晶型的熔点几乎相同[23]。PETN-Ⅰ在低于熔点时是稳定的[24]，而 PETN-Ⅱ晶型是亚稳态的，它是由过冷的 PETN 的熔体结晶形成的。PETN-Ⅱ在低于 403K 时转化为 PETN-Ⅰ[25]。

RDX 存在多种晶型，包括α、β、γ、δ和ε-RDX。α-RDX 是最常见的晶型，在大气压和室温下稳定。在 475~477K 和大气压下，α-RDX 转换为β-RDX[26]。β-RDX 是从沸腾的溶剂（如百里香酚、丁二腈和硝基苯）结晶形成的[27]。但是，β-RDX 非常不稳定，当存在α-RDX 颗粒时，通过搅拌容易转化为α-RDX[28]。γ和δ等其他晶型会在高压和室温下出现，而ε-RDX 在极高的温度和压力下才出现。当在室温下以高于 4.0GPa 压缩α-RDX 时，就会出现γ-RDX，当压力高达 17.8GPa 时都会保持这种晶型[29]。当室温下高于 17.8GPa 压力时，δ-RDX 开始出现[29]。随着温度和压力升高，在 500K 和 5.5GPa 下出现了一种新的晶型ε-RDX[30]。

HMX 有四种晶型：α、β、γ和δ[31]。在这些晶型中，β-HMX 是室温下最稳定的[32]，可以长时间保存而不发生相变[33]。其他晶型在较高温度下存在，例如，在温度超过 433K 时发生β到δ的相变，具体取决于环境压力下的升温速率[34]。温度低于γ-HMX 的常压熔点时，其处于亚稳态[35]。α和γ晶型都是从热饱和溶液中结晶 HMX 产生的[36]。

总之，PETN-Ⅰ、α-RDX 和β-HMX 是最稳定和最常见的晶型，用于现实生活中。本节陈述了这些多晶型物质的热力学溶解度模型。

3.4 溶解度数据综述

文献中能用的有机含能材料的溶解度数据非常有限。表 3.2 汇总了本研究中收集和使用的溶解度数据。Robert 和 Dinegar[37] 报道了 288.2~333.2K 范围内 PETN 在丙酮、乙酸乙酯、苯、乙醇和丙酮-水混合溶剂中溶解度。虽然文章没有提供有关 PETN 的晶型信息，但是根据文章中描述的提纯过程，认为溶解度研究用的 PETN 是 PETN-Ⅰ晶型。PETN 通过从 PETN-丙酮溶液重结晶来提纯，如其他研究所描述的[24]，该溶液会产生 PETN-Ⅰ晶型。PETN 极难溶于水，在 293K 时，在水中的溶解度据报道有两个数量级的差异[38,39]。

表3.2　PETN、RDX和HMX的理论溶解度

组分	溶　剂	文献	热力学温度范围/K	数据点数/个	MRD①	
					COSMO-SAC	NRTL-SAC
PETN	丙酮	[37]	288.2~323.2	6	0.14	0.02
	苯		293.2~333.2	5	1.20	0.05
	乙醇			5	1.33	0.03
	乙酸乙酯			4	0.08	0.07
	水	[39]	293.15	1	2.90	1.21
	水	[33]		1	1.07	0.61
	丙酮-水	[37]	293.15~333.15	24	0.12	0.02
RDX	丙酮	[42]		3	0.71	0.10
	丙酮	[40]		2	0.81	0.08
	丙酮	[43]		5	0.82	0.13
	乙腈	[47]		4	0.70	0.25
	苯	[40]		3	1.15	0.18
	乙醇			3	2.10	0.35
	甲苯			3	1.15	0.47
	三氯乙烯			2	0.36	0.16
	水	[44]	278.15~333.15	7	1.23	0.07
	丙酮-水	[43]		15	2.32	0.28
HMX	丙酮	[45]		4	1.41	0.16
	醋酸			7	2.07	1.65
	四氯化碳			4	0.42	0.66
	环己烷			4	1.07	0.23
	乙酸乙酯			4	1.88	0.66
	甲酸乙酯			4	1.76	0.98
	甲醇			4	3.05	0.96
	乙酸甲酯			4	1.80	0.81
	丁酮			6	1.55	0.33
	吡啶			7	1.40	0.16
	水	[44]		7	2.20	0.39
	醋酸-水	[40]	313.15	1	1.53	0.38
	丙酮-水			1	1.98	0.58

注：① MRD(平均相对偏差) $= \dfrac{\sum_i^n \left| \lg x^{\exp} - \lg x^{\text{model}} \right|}{n}$。

Gibbs收集了293.15~333.15K范围内RDX在苯、乙醇、甲苯、三氯乙烯和丙酮等常见溶剂中的溶解度[40]；Slitzmann等报告了298.15~353.15K范围

内 RDX 在丙酮和乙腈中的溶解度[41,42]。此外，Kim 等[43]报道了 273.15~313.15K 范围内 RDX 在丙酮-水混合溶剂中的溶解度，Monteil-Rivera 等[44]报道了 278.15~333.15K 范围内 RDX 在水中的溶解度。这些关于 RDX 溶解度的研究，都没有报道与溶解度测量相关的晶型。我们假设 α-RDX 为最常见和最稳定的晶型，被用于所有溶解度研究中。

Singh 等[45]报道了 293.15~353K 范围内 β-HMX 在丙酮、乙酸、四氯化碳、乙酸乙酯、乙酸乙酯、甲酸乙酯、甲醇、乙酸甲酯、甲乙酮和吡啶中的溶解度。Gibbs[40]报道了 313.15K 时 HMX 在丙酮-水和乙酸-水混合溶剂中的溶解度。Monteil-Rivera 等[44]报道了 278.15~333.15K 范围内 HMX 的水溶性。Gibbs 和 Monteil-Rivera 等没有说明 HMX 的特定晶型，我们假设与溶解度测量相关的可能是最稳定的晶型 β-HMX。

3.5 COSMO-SAC 模型结果

可使用 DMol3 软件生成 PETN、RDX 和 HMX 的 σ 剖面和腔体体积，图 3.2 和表 3.3 分别给出了 PETN、RDX 和 HMX 的 σ 曲线和腔体体积。在建模中使用的所有溶剂的 Sigma 配置文件出自 ASPEN 数据库[46]。

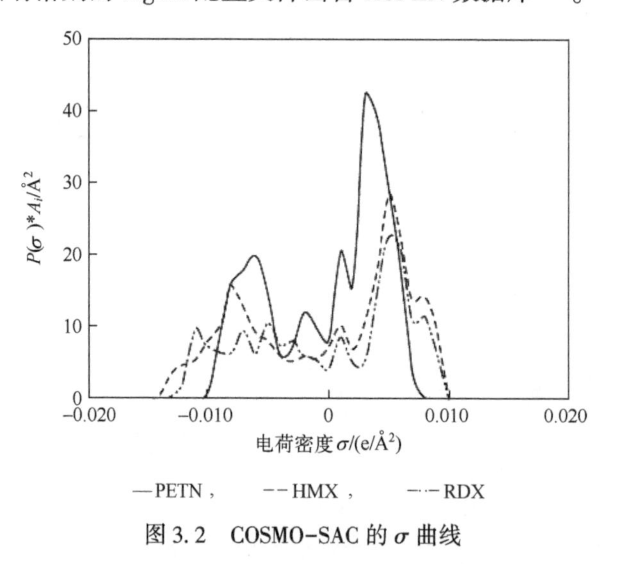

图 3.2 COSMO-SAC 的 σ 曲线

图 3.3 (a)~(c) 分别显示了 COSMO-SAC 预测的 PETN-I、α-RDX 和 β-HMX 溶解度。COSMO-SAC 预测的 PETN-I 在丙酮和乙酸乙酯中的溶解度［图 3.3(a)］与试验值非常吻合，但 COSMO-SAC 预测的 PETN-I 在苯和乙

醇中的溶解度过高。COSMO-SAC 通常对大多数溶剂的 α-RDX 溶解度［图 3.3（b）］和 β-HMX 溶解度［图 3.3（c）］预测过高。表 3.2 总结了 COSMO-SAC 试验数据 MRD 表明，该模型会过高估计这些化合物在大多数溶剂中的溶解度。这些发现与之前发现的 COSMO-SAC 会过高地预测药物化合物溶解度的研究结果一致[16]。

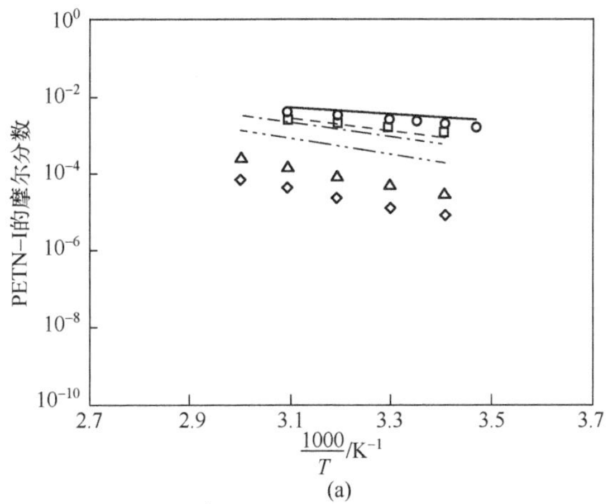

(a)

○丙酮，□乙酸乙酯，△苯，◊乙醇，——丙酮，—·—乙酸乙酯，—···—苯，---乙醇

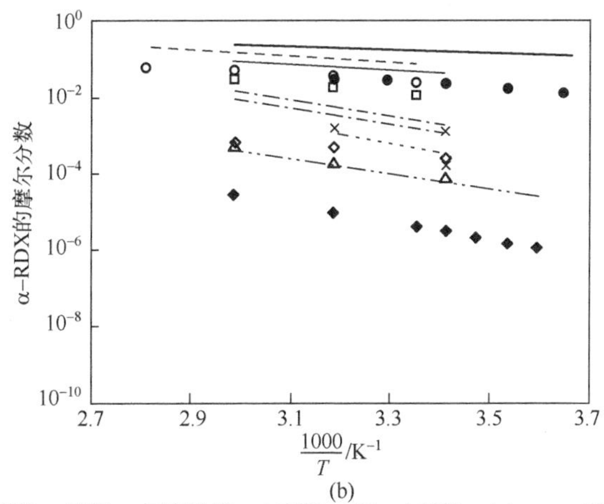

(b)

○丙酮，●乙酸乙酯，□乙腈，×三氯乙烯，◊乙醇，*苯，△甲苯，+水，——丙酮，— —乙腈，---三氯乙烯，·····乙醇，—·—苯，—·—甲苯，—···— 水

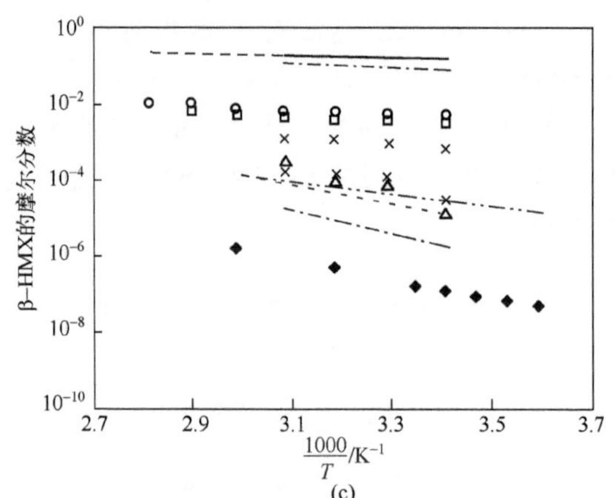

(c)

◊ 丙酮，○吡啶，□甲乙酮，*乙酸乙酯，△环己烷，×四氯化碳，+水，—— 丙酮，— — 吡啶，
…. 甲乙酮，-·-乙酸乙酯，—·-环己烷，--- 四氯化碳，-···- 水

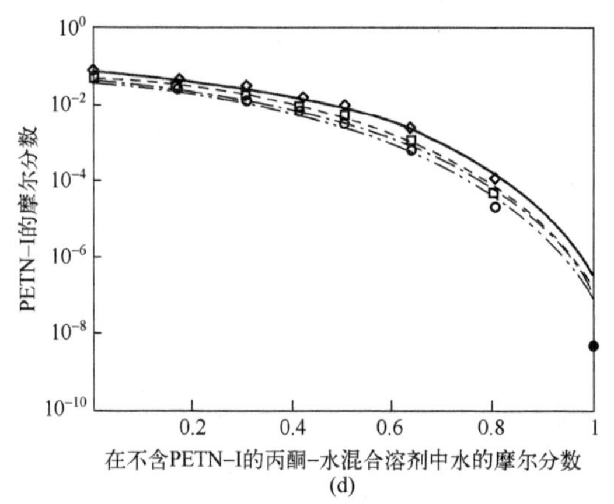

(d)

○293K，●293K，△298K，□303K，◊313K，-··-293K，—·-298K，— —303K，——313K

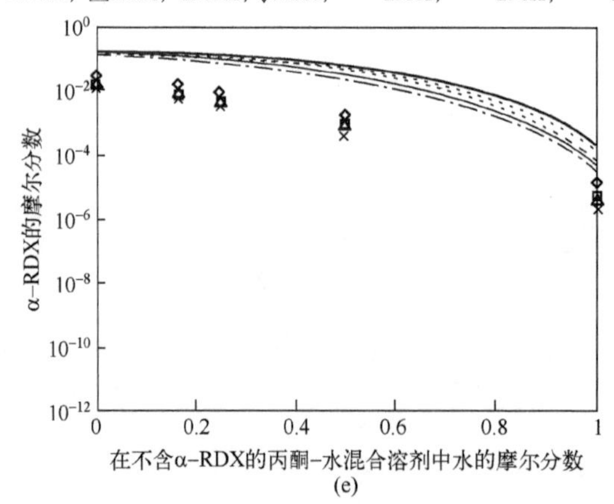

(e)

×273.15K，○283.15K，△293.15K，□303.15K，◊313.15K，—·-273.15K，·····283.15K，---293.15K，
— —303.15K，——313.15K

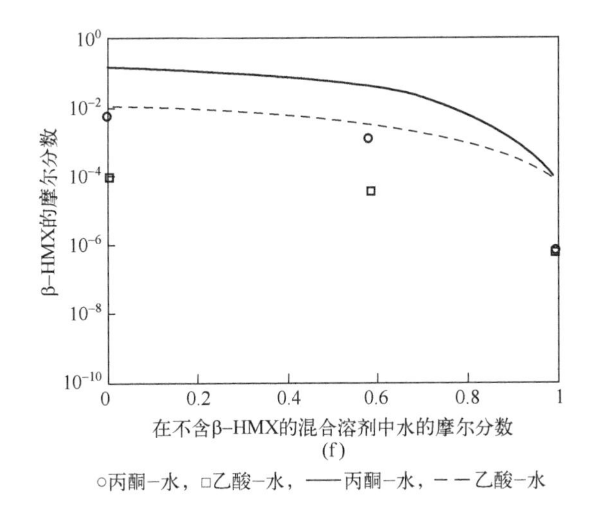

图 3.3 COSMO-SAC 预测的 PETN-I、α-RDX 和 β-HMX 在各种溶剂中的溶解度

(a) PETN-Ⅰ在纯溶剂中溶解度的预测试验数据（符号）与 COSMO-SAC 模型结果（线条）的比较；(b) α-RDX 在纯溶剂中溶解度的预测试验数据（符号）与 COSMO-SAC 模型结果（线条）的比较；(c) β-HMX 在纯溶剂中溶解度的预测试验数据（符号）与 COSMO-SAC 模型结果（线条）的比较；(d) PETN-Ⅰ在丙酮-水混合溶剂中溶解度的预测试验数据（符号）与 COSMO-SAC 模型结果（线条）的比较；(e) α-RDX 在丙酮-水混合溶剂中溶解度的预测试验数据（符号）与 COSMO-SAC 模型结果（线条）的比较；(f) 313.15K 下 β-HMX 在混合溶剂中溶解度的预测试验数据（符号）与 COSMO-SAC 模型结果（线条）的比较。

表 3.3 PETN、RDX 和 HMX 的空腔体积

组　　分	空腔体积/$Å^3$
PETN	301.25
RDX	212.40
HMX	279.49

图 3.3 (d)~(f) 显示了 COSMO-SAC 预测的 PETN-Ⅰ、α-RDX 和 β-HMX 在混合溶剂中溶解度结果。如图 3.3 (d) 所示，PETN-Ⅰ在丙酮-水混合溶剂中的溶解度预测良好，结果与图 3.3 (a) 中 PETN-Ⅰ在丙酮中的溶解度预测结果一致。如图 3.3 (e)、(f) 所示，α-RDX 和 β-HMX 在同一混合溶剂中的溶解度预估值偏高。模型预估的 β-HMX 在乙酸-水混合溶剂中的溶解度也过高 [图 3.3 (f)]。总之，COSMO-SAC 预估的 PETN-Ⅰ、α-RDX 和 β-HMX 在大多数纯溶剂和混合溶剂中的溶解度过高。

3.6 NRTL-SAC 模拟结果

通过回归纯溶剂中的溶解度数据，确定了 PETN、RDX 和 HMX 的 NRTL-SAC 模型中的分子参数。需要注意的是，用 NRTL-SAC 作为纯溶剂中溶解度的关联模型，了解试验溶解度数据的不确定性，对于正确识别分子参数非常重要。表 3.4 总结了确定的 PETN、RDX 和 HMX 的 NRTL-SAC 分子参数；溶剂的 NRTL-SAC 分子参数可直接从文献［47］中检索。

表 3.4 PETN、RDX 和 HMX 的 NRTL-SAC 分子参数

组　分	X	Y^-	Y^+	Z
PETN	0.686±0.019	0.654±0.022	3.880±0.074	0
RDX	0	0.287±0.065	3.006±0.120	0
HMX	0.336±0.064	0	1.791±0.220	0

图 3.4（a）~（c）显示了在纯溶剂中 PETN-Ⅰ、α-RDX 和 β-HMX 的 NRTL-SAC 模拟的溶解度结果及试验数据。图 3.4（a）显示了 PETN-Ⅰ在丙酮、乙酸乙酯、苯和乙醇中 NRTL-SAC 模拟的溶解度的结果；NRTL-SAC 模拟与试验数据之间有极好的一致性。

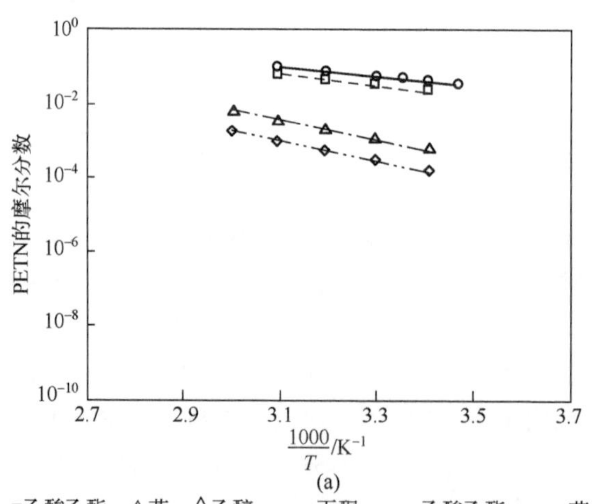

(a)

○丙酮，□乙酸乙酯，△苯，◇乙醇，——丙酮，---乙酸乙酯，—·—苯，—··—乙醇

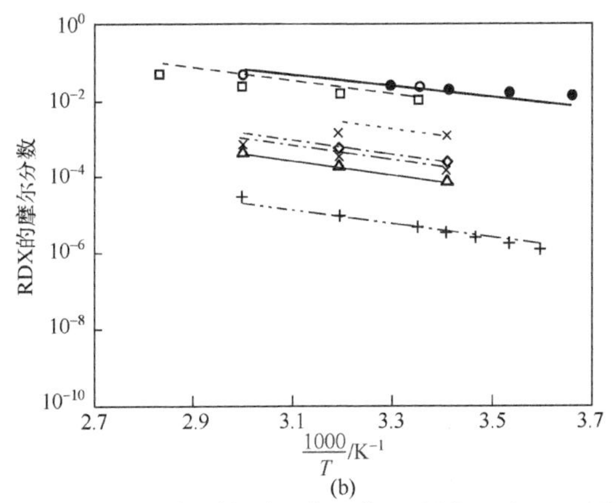

(b)

○丙酮，●乙酸乙酯，□乙腈，×三氯乙烯，◊乙醇，*苯，△甲苯，+水，——丙酮，— —乙腈，- - -三氯乙烯，·····乙醇，—·—苯，—·—甲苯，—···—水

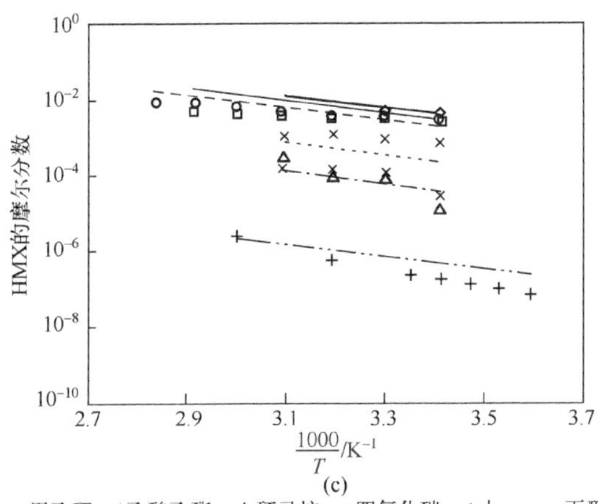

(c)

◊丙酮，○吡啶，□甲乙酮，*乙酸乙酯，△环己烷，×四氯化碳，+水，——丙酮，— —吡啶，····甲乙酮，—·—乙酸乙酯，—·—环己烷，- - -四氯化碳，—···—水

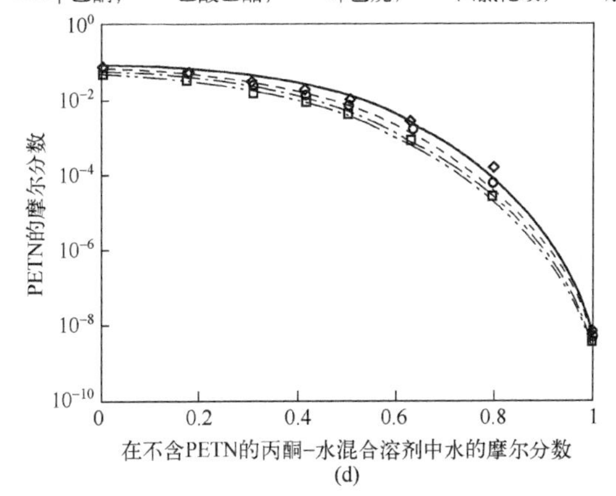

(d)

○293K，●293K，△298K，□303K，◊313K，—···—293K，—·—298K，— —303K，——313K

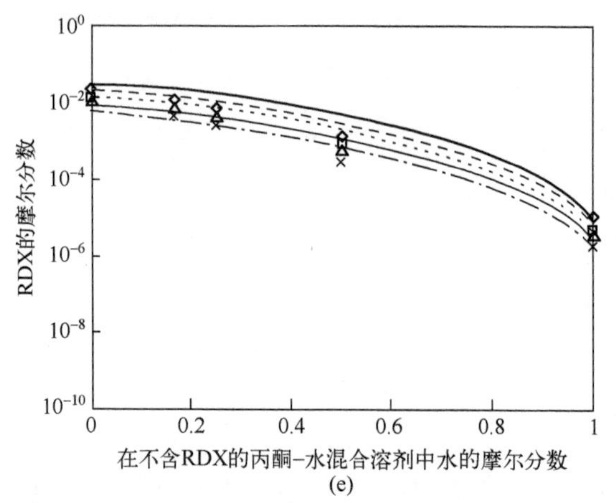

×273.15K，○283.15K，△293.15K，□303.15K，◊313.15K，—·—273.15K，·····283.15K，---293.15K，——303.15K，——313.15K

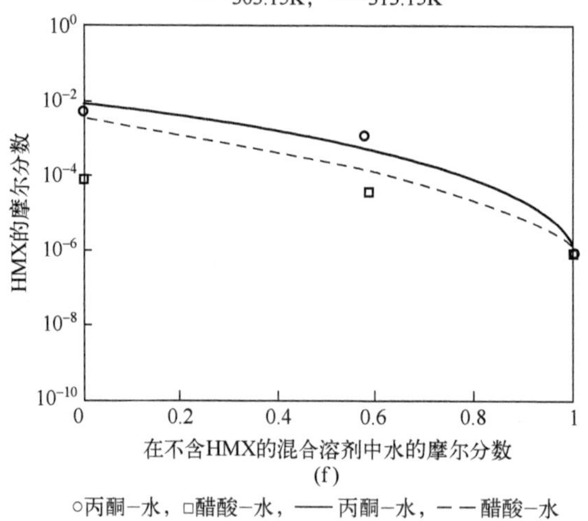

图 3.4　PETN-I、α-RDX 和 β-HMX 在各种溶剂中试验数据和 NRTL-SAC 模拟结果

（a）纯溶剂中 PETN-Ⅰ溶解度的试验数据（符号）与 NRTL-SAC 模拟结果（线条）的相关性比较；（b）α-RDX 在纯溶剂中溶解度的试验数据（符号）与 NRTL-SAC 模型结果（线条）的相关性比较；（c）β-HMX 在纯溶剂中溶解度的相关性试验数据（符号）与 NRTL-SAC 模型结果（线条）的比较；（d）PETN-Ⅰ在丙酮-水混合溶剂中溶解度的预测试验数据（符号）与 NRTL-SAC 模型结果（线条）的比较；（e）α-RDX 在丙酮-水混合溶剂中溶解度的试验数据（符号）与 NRTL-SAC 模拟结果（线条）的比较；（f）313.2K 下 β-HMX 在混合溶剂中溶解度的试验数据（符号）与 NRTL-SAC 模拟结果（线条）的比较

图 3.4（b）显示 NRTL-SAC 模拟的 α-RDX 在丙酮、乙腈、三氯乙烯、乙醇、苯、甲苯和水中的溶解度结果。显然，NRTL-SAC 能很好地预示 α-RDX 在纯溶剂中的溶解度。

图3.4（c）显示NRTL-SAC模拟结果与β-HMX在水、丙酮、甲乙酮、吡啶和环己烷中的溶解度一致。然而，NRTL-SAC模拟的β-HMX在四氯化碳和乙酸乙酯中的溶解度过高。总的来说，NRTL-SAC模拟值与β-HMX在纯溶剂中的溶解度有很好的相关性。

通过计算PETN-Ⅰ、α-RDX和β-HMX在混合溶剂中的溶解度，验证了NRTL-SAC的预测能力。PETN-Ⅰ和α-RDX在丙酮-水混合溶剂中的溶解度如图3.4（d）、（e）所示；β-HMX在丙酮-水和乙酸-水混合溶剂中的溶解度如图3.4（f）所示，可通过NRTL-SAC进行合理预测。表3.2给出了NRTL-SAC模拟的PETN-Ⅰ、α-RDX和β-HMX在纯溶剂和混合溶剂中溶解度的MRD值，结果表明，NRTL-SAC模拟值与含能材料在纯溶剂中的溶解度有很好的相关性，为含能材料在混合溶剂中的溶解度提供了可靠的预测能力。

3.7　辛醇-水分配系数

COSMO-SAC和NRTL-SAC均可用于预估含能材料的辛醇-水分配系数。辛醇-水分配系数是分子疏水性的量度，其定义[48]如下：

$$K_{\mathrm{ow}}=\frac{8.37x_I^{\mathrm{o}}}{x_I^{\mathrm{w}}} \tag{3.33}$$

式中：x_I^{o}和x_I^{w}分别为辛醇相和水相中组分I的平衡浓度；在液-液平衡下，组分I在辛醇相中的逸度（f_I^{o}）等于水相中的逸度值（f_I^{w}）；

$$f_I^{\mathrm{o}}=f_I^{\mathrm{w}} \tag{3.34}$$

这些逸度可以表示为

$$f_I^{\mathrm{o}}=x_I^{\mathrm{o}}\gamma_I^{\mathrm{o}}f_I^{\mathrm{o}} \tag{3.35}$$

$$f_I^{\mathrm{w}}=x_I^{\mathrm{w}}\gamma_I^{\mathrm{w}}f_I^{\mathrm{o}} \tag{3.36}$$

式中：f_I^{o}为参考态液相的逸度；γ_I^{o}为浓度x_I^{o}下辛醇相中的活度系数；γ_I^{w}为浓度x_I^{w}下水相中的活度系数。

K_{ow}的表达式可以使用式（3.33）至式（3.36）获得无限稀释时的浓度：

$$K_{\mathrm{ow}}=\frac{8.37r_I^{\mathrm{w},\infty}}{55.5r_I^{\mathrm{o},\infty}} \tag{3.37}$$

式中：$\gamma_I^{\mathrm{w},\infty}$和$\gamma_I^{\mathrm{o},\infty}$分别为组分$I$在水相和辛醇相中无限稀释时的活度系数。可用COSMO-SAC和NRTL-SAC计算式（3.37）中的活度系数。

辛醇-水分配系数通常在文献中报道为$\log K_{\mathrm{ow}}$，有限的文献报道了这3种含能材料的分配系数[44,49]。表3.5总结了文献中报道的用两个模型估算的

PETN、RDX 和 HMX 的分配系数。

表 3.5　PETN、RDX 和 HMX 的辛醇相-水相中分配系数

组　分	热力学温度/K	$\log K_{ow}$		
		COSMO-SAC	NRTL-SAC	文　献
PETN	295.15	3.20	3.22	2.04①[49]
RDX	294.15	1.03	-0.32	0.90±0.03[44]
HMX	294.15	1.20	1.12	0.16±0.006[44]

注：① 未报道数据不确定性。

这两种模型预测了 PETN 的 $\log K_{ow}$ 分别为 3.20 和 3.22，远高于文献［49］中的值 2.04。这种偏离可能是由于 PETN-Ⅰ在水中测量的溶解度不准确；PETN-Ⅰ几乎不溶于水，PETN-Ⅰ在 293K 水中溶解度的文献值与前面提到的值相差两个数量级。用 COSMO-SAC 预测的 RDX 的 $\log K_{ow}$ 值（1.03）与文献［44］中的值 0.90±0.03 吻合较好，而用 NRTL-SAC 预测的（-0.32）太低。这两种模型预测 HMX 的 $\log K_{ow}$ 均分别为 1.20 和 1.12，明显高于文献［44］中的值 0.16±0.006。研究者对 HMX 的 $\log K_{ow}$ 文献值持怀疑态度，因为它表明 HMX 比 RDX 的疏水性要小得多，而图 3.4（b）、（c）中的水溶性数据则相反。此外，NRTL-SAC 预测的 HMX 的 $\log K_{ow}$ 值（1.12）高于 RDX 的（-0.32），这与水溶性数据是一致的。

3.8　结　论

利用 COSMO-SAC 和 NRTL-SAC 活度系数模型对三种常见含能材料的热力学溶解度进行了综合模拟。基于计算化学，COSMO-SAC 得到了正确的定性结果，但通常对在各种溶剂中的溶解度的预测会过高。另外，NRTL-SAC 将半定量可用的溶解度数据关联起来，然后根据关联数据确定的分子参数可预测其在其他溶剂和溶剂混合物中半定量的溶解度。随着化学工程师致力于开发新一代含能材料安全高效的化学过程，含能材料精确的热力学溶解度模型是前提，而 NRTL-SAC 则是实现这一目标的有效工程工具。

参考文献

[1] Chen, C.-C., and P. M. Mathias. 2002. Applied thermodynamics for process modeling. *AIChE J.* 48 (2): 194-200.

[2] Mathias, P. M. 2005. Applied therm odynamics in chemical technology: Current practice and

future challenges. Fluid phase Equilibr. 228-229: 49-57.

[3] Chen, C. -C. 2006. Toword development of activity coefficient models for process and product desigh of complex chemical systems. Fluid phase Equilibria 241 (1-2): 103-112.

[4] NIST webbook. 2016, http: //webbook. nist. gov/ (accessed June 27, 2016).

[5] Akhavan, J. 2004. *The Chemistry of Explosives*, Manchester, London, Royal Society of Chemistry.

[6] Toghiani, R. K., H. Toghiani, S. W. Maloney, and V. M. Boddu. 2008. Prediction of physicochemical properties of energetic materials. *Fluid Phase Equilibr.* 264 (1-2): 86-92.

[7] Kholod, Y. A., G. Gryn'ova, L. Gorb, F. C. Hill, and J. Leszczynski. 2011. Evaluation of the dependence of aqueous solubility of nitro compounds on temperature and salinity: A COSMO-RS simulation. *Chemosphere* 83 (3): 287-294.

[8] Alnemrat, S., and J. P. Hooper. 2014. Predicting solubility of military, homemade, and green explosives in pure and saline water using COSMO-RS. *Propellants Explos. Pyrotech.* 39 (1): 79-89.

[9] Fredenslund, A., R. L. Jones, and J. M. Prausnitz. 1975. Group-contribution estimation of activity coefficients in nonideal liquid mixtures. *AIChE J.* 21 (6): 1086-1099.

[10] Lin, S. T., and S. I. Sandler. 2002. A priori phase equilibrium prediction from a segment contribution solvation model. *Ind. Eng. Chem. Res.* 41 (5): 899-913.

[11] Chen, C.C., and Y. Song. 2004. Solubility modeling with a nonrandom two-liquid segment activity coefficient model. *Ind. Eng. Chem. Res.* 43 (26): 8354-8362.

[12] Chen, C. -C. 2010. Molecular thermodynamics for pharmaceutical process modeling and simulation. In *Chemical Engineering in the Pharmaceutical Industry*, (ed.) D. J. Am Ende, pp. 505-519. Hoboken, NJ, John Wiley & Sons.

[13] Prausnitz, J. M. R. L. Lichtenthaler, and E. G. de Azevedo. 1999. *Molecular Thermodynamics of Fluid-phase Equilibria.* Upper Saddle River, NJ, Prentice Hall PTR.

[14] Bhattacharia, S. K., B. L. Weeks, and C. -C. Chen. 2017. Melting behavior and heat of fusion of compounds that undergoes simultaneous fusion and decomposition: An investigation with HMX. *J. Chem. Eng. Data* 62 (3): 967-972.

[15] Mullins, E., R. Oldland, Y. A. Liu, S. Wang, S. I. Sandler, C.C. Chen, M. Zwolak, and K. C. Seavey. 2006. Sigma-profile database for using COSMO-based thermodynamic methods. *Ind. Eng. Chem. Res.* 45 (12): 4389-4415.

[16] Mullins, E., Y. A. Liu, A. Ghaderi, and S. D. Fast. 2008. Sigma profile database for predicting solid solubility in pure and mixed solvent mixtures for organic pharmacological compounds with COSMO-based thermodynamic methods. *Ind. Eng. Chem. Res.* 47 (5): 1707-1725.

[17] Delley, B. 1990. An all-electron numerical method for solving the local density functional for polyatomic molecules. J. Chem. Phys. 92 (1): 508-517.

[18] Delley, B. 1991. Analytic energy derivatives in the numerical local-density-functional ap-

proach. *J. Chem. Phys.* 94 (11): 7245-7250.

[19] Politzer, P., and J. M. Seminario. 1995. *Modern Density Functional Theory: A Tool for Chemistry*. Vol. 2: Amsterdam, The Netherlands, Elsevier.

[20] DMol3, Materials Studio 7.0. 2014. San Diego, CA, Accelrys Software.

[21] Islam, M. R., and C. C. Chen. 2015. COSMO-SAC sigma profile generation with conceptual segment concept. *Ind. Eng. Chem. Res.* 54 (16): 4441-4454.

[22] Chen, C.-C. 1993. A segment-based local composition model for the Gibbs energy of poly-mer solutions. Fluid Phase Equilibria 83: 301-312.

[23] Cady. H. H., and A. C. Larson. 1975. Petaerythritol tetranitrate Ⅱ: Its Crystal structure and transformation to PETN Ⅰ: An algorithm for refinement of crystal structures with poor data. Acta cryst. B31: 1864-1869.

[24] Bernstein, J. 2007. *Polymorphism in Molecular Crystals*. Vol. 14: New York, Oxford University Press.

[25] Rogers, R. N., and R. H. Dinegar. 1972. Thermal analysis of some crystal habits of pentaerythritol tetranitrate. *Thermochim.* Acta 3 (5): 367-378.

[26] Infante-Castillo, R., L. C. Pacheco-Londoño, and S. P. Hernández-Rivera. 2010. Monitoring the α→β solid-solid phase transition of RDX with Raman spectroscopy: A theoretical and experimental study. *J. Mol. Struct.* 970 (1-3): 51-58.

[27] McCrone, W. C. 1950. Crystallographic data. 32. RDX (cyclotrimethylenetrinitramine). *Anal. Chem.* 22 (7): 954-955.

[28] Karpowicz, R. J., and T. B. Brill. 1984. Comparison of the molecular structure of hexahydro-1, 3, 5-trinitro-s-triazine in the vapor, solution and solid phases. *J. Phys. Chem.* 88 (3): 348-352.

[29] Ciezak, J. A., T. A. Jenkin, Z. Liu, and R. J. Hemley. 2007. High-pressure vibrational spectroscopy of energetic materials: Hexahydro-1, 3, 5-trinitro-1, 3, 5-triazine. *J. Phys. Chem. A* 111 (1): 59-63.

[30] Millar, D. I. A., I. D. H. Oswald, D. J. Francis, W. G. Marshall, C. R. Pulham, and A. S. Cumming. 2009. The crystal structure of β-RDX-an elusive form of an explosive revealed. *Chem. Commun.* 7 (5): 562-564.

[31] Cady, H. H., and L. C. Smith. 1962. *Studies on the Polymorphs of HMX*. Vol. 2652: Los Alamos, NM, Los Alamos Scientific Laboratory of the University of California.

[32] Brill, T. B., and C. O. Reese. 1980. Analysis of intra-and intermolecular interactions relating to the thermophysical behavior of α-, β-, and δ-octahydro-1, 3, 5, 7-tetranitro-1, 3, 5, 7-tetraazocine. *J. Phys. Chem.* 84 (11): 1376-1380.

[33] Weeks. B. L., C. M. Ruddle, J. M. Zaug, and D. J. Cook. 2002. Monitoring high-temperature solid-solid phase transitions of HMX with atomic force microscopy. Ultramicroscopy 93 (1): 19-23.

[34] Weese, R. K., J. L. Maienschein, and C. T. Perrino. 2003. Kinetics of the β→δ solid-solid phase transition of HMX, octahydro-1, 3, 5, 7-tetranitro-1, 3, 5, 7-

tetrazocine. Thermochim. Acta 401 (1): 1-7.

[35] Main, P., R. E. Cobbledick, and R. W. H. Small. 1985. Structure of the fourth form of 1, 3, 5, 7-tetranitro-1, 3, 5, 7-tetraazacyclooctane (γ-HMX), $2C_4H_8N_8O_8 \cdot 0.5H_2O$. *Acta Cryst.* C 41: 1351-1354.

[36] Herrmann, M., W. Engel, and N. Eisenreich. 1993. Thermal analysis of the phases of HMX using X-ray diffraction. *Zeitschrift für Kristallographie* 204 (1-2): 121-128.

[37] Roberts, R. N., and R. H. Dinegar. 1958. Solubility of pentaerythritol tetranitrate. J. *Phys. Chem.* 62 (8): 1009-1011.

[38] Merrill, E. J. 1965. Solubility of pentaerythritol tetranitrate-1, 2-^{14}C in water and saline. J. Pharm. Sci. 54 (11): 1670-1671.

[39] Budavari, S. 1989. *The Merck Index*, Rahway, NJ, Merck & Co. Cady, H. H., and A. C. Larson. 1975. Pentaerythritol tetranitrate Ⅱ: Its crystal structure and transformation to PETN Ⅰ: An algorithm for refinement of crystal structures with poor data. Acta Cryst. B31: 1864-1869.

[40] Gibbs, T. R. 1980. *LASL Explosive Property Data*. Vol. 4: Berkley, CA, University of California Press.

[41] Sitzmann, M. E., S. Foti, and C. C. Misener. 1973. *Solubilities of High Explosives: Removal of High Explosive Fillers from Munitions by Chemical Dissolution. DTIC Document.* White Oak, MD, Naval Ordance Laboratory.

[42] Sitzmann, M. E., and S. C. Foti. 1975. Solubilities of explosives-dimethylformamide as general solvent for explosives. *J. Chem. Eng. Data* 20 (1): 53-55.

[43] Kim, D. Y., and K. J. Kim. 2007. Solubility of cyclotrimethylenetrinitramine (RDX) in binary solvent mixtures. *J. Chem. Eng.* Data 52 (5): 1946-1949.

[44] Monteil-Rivera, F., L. Paquet, S. Deschamps, V. K. Balakrishnan, C. Beaulieu, and J. Hawari. 2004. Physico-chemical measurements of CL-20 for environmental applications: Comparison with RDX and HMX. *J. Chromatogr.* A 1025 (1): 125-132.

[45] Singh, B., L. K. Chaturvedi, C. M. P. Kujur, P. S. Bhatia, and P. N. Gadhikar. 1976. Solubility of cyclotetramethylenetetranitramine (HMX) in organic-solvents. *Indian J. Technol.* 14: 675-677.

[46] Aspen Physical Property System, V8.4, 2013. Burlington, MA, Aspen Technology, Inc.

[47] Chen, C.-C., and P. A. Crafts. 2006. Correlation and prediction of drug molecule solubility in mixed solvent systems with the nonrandom two-liquid segment activity coefficient (NRTL-SAC) model. *Ind. Eng.* Chem. Res. 45 (13): 4816-4824.

[48] Hsieh, C. M., S. Wang, S. T. Lin, and S. I. Sandler. 2010. A predictive model for the solubility and octanol-Water partition coefficient of pharmaceuticals. J. *Chem. Eng. Data* 56 (4): 936-945.

[49] Quinn, M. J., L. C. B. Crouse, C. A. McFarland, E. M. La-Fiandra, and M. S. Johnson. 2009. Reproductive and developm ental effects and physical and chemical properties of pentaerythritol tetranitrate (PETN) in the rat. Birth Defects Res. B Dev. Reprod. Toxicol. 86 (1): 65-71.

第4章 结晶和重结晶过程的数值模拟与实验研究

保罗·雷德纳，内巴哈特·德吉尔门巴西，拉尔夫·谢弗兰，
艾琳·海德，马克·J. 梅兹格，史蒂文·M. 尼科里奇，
苏潘·科文克利奥卢，迪尔汉·M. 卡利恩

4.1 用于控制多晶型的溶液重结晶：分子动力学和实验方法的数学建模

通过计算[1]和实验分析，可以研究各种硝胺的重结晶以形成不同晶型的再结晶过程。微晶化、X 射线粉末衍射和 Rietveld 分析、差示扫描量热法（DSC）、热重分析（TGA）、偏光显微镜和扫描电子显微镜（SEM）[2]是一些可用的晶型分析实验方法。缺陷类型和密度也可以进行表征，如 CL-20[3]。

4.1.1 引言

多晶型和晶体密度决定了含能晶体的各种性能，包括爆轰速度和燃烧过程中的压强[4-11]。每种多晶体的体积密度、机械强度、敏感度、存储和处理方式都可能有很大的不同。溶液结晶可以选择性获得理想的多晶型[12-13]。可以限定晶体生长条件以获得特定晶体形状和大小分布[14-15]。控制纯度的相态特征和限定粒径分布的动力学在含能粒子的设计中至关重要。控制相态特征最复杂的步骤是选择合适的溶剂/反溶剂和它们的混合物以及热力学条件。

理想的含能晶体应有高密度值[16]。但是，目前的挑战在于密度与结晶化过程中产生的多晶型密切相关。例如，3，3，7，7-四（二氟氨基）八氢-1，5-二硝基-1，5-二氮嘧啶（HNFX）的密度可低至 $1807kg/m^3$，这是与 HNFX 和溶剂相互作用有关的特定晶体堆积的结果[16]。

基于分子动力学的计算有助于预测含能晶体的晶体结构[17-18]。确定能选择性地产生所需结晶相的合适溶剂或溶剂混合物，并提供足够的溶解度，这

是计算的重要挑战。例如，ε-CL-20 高度溶解于含羰基的溶剂，而不溶于碳氢化合物与含醚键的溶剂[19]。

4.1.2　多晶型预测的计算机建模

最近，计算化学迅速发展，使用计算机进行多晶型预测已变得很流行，可基于材料的分子结构来预测可能的多晶型形态[20]。基本上，一个多晶型预测器可生成一个分子所有的晶型，根据晶格能对它们进行排序，并估计其在各种结晶条件下最有可能形成的特定晶体结构[21]。有多种方法可以通过分子结构预测有机化合物的多种晶型，一种可能的过程如下：

（1）采用蒙特卡罗-模拟退火在可能的晶体堆积替代方案中搜索超曲面晶格能，通常会生成数千种可能的结构。

（2）这些可能的结构根据堆积相似性分组。

（3）各结构在所有自由度方面均最小化。

（4）最小化的结构再次聚类以删除重复项。

（5）最终结构根据其晶格能进行排序。

所得的低能晶体结构是潜在的多晶型。然而，使用多晶型预测方法有很多限制。首先，从头算筛选仅适用于非离子刚性分子；其次，计算机功能通常不足以处理非常大且复杂的分子多晶型预测，并且没有世界公认的程序[22]；最后，多晶型预测的常规技术在真空条件下进行。因此，它们不同于包含溶剂的实际结晶条件。Ammon 等在编辑出版物中[18]指出，在真空条件下使用分子模拟只取得了部分成果。

剑桥晶体学数据中心的一项双盲研究对各种晶体结构预测技术进行了比较，以测试当仅提供有机化合物的原子连接时，目前可用的晶体结构是否可预测计算方法的效果[22]。在 11 名参与者中，有 7 名参与者使用不同的方法可预测出与实验值接近的结构，并将其归类为正确的结构。但是，已确定许多结构彼此之间的变化仅在几千卡/摩尔之内（在全局最小值附近），因此，在 2000 年的这项研究中测试的任何方法都不能产生始终正确的结果[22]。这表明所用程序的细节，例如，所使用的力场和参数化方法会影响预测结构的能量排序，在某些情况下会产生不同的结果。

4.1.2.1　无溶剂条件下 HNFX 的多晶型预测

本节中对各种预测 HNFX 结构的方法与文献中的结果（在真空下）进行了比较。Chapman 等报道了从剑桥晶体数据中心（CCDC）资源中获得的 HNFX 晶体结构，并使用 Encifer 软件进行读取[16]。从中提取了 HNFX 的原子结构，并用 C2 Crystal Builder 构造了 HNFX 的晶胞（图 4.1）。将原子结构最小化后，使用多晶型预测器预测了晶体结构[23]。分子结构在某种程度上取决于所使用的力场。力场包含键伸缩、键角、弯曲、分子键扭转和离平面弯曲能等力常数，以及针对非键能项和最小化算法的数值收敛和截断标准[24-25]。

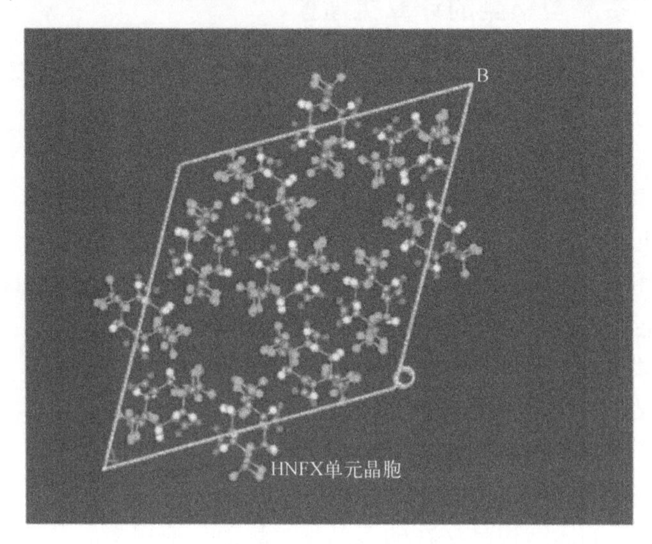

图 4.1　C2 晶体建立器构建的 HNFX 单元晶胞[1]

通常使用 DREIDING2.21 和用于原子模拟研究的凝聚相优化分子势（COMPASS）两个力场[26]。多晶型预测模块包括三个顺序：蒙特卡罗模拟、聚类分析和能量最小化。多晶型预测顺序的第一部分是对每个选定空间群进行系统热力学的蒙特卡罗模拟。模拟（模拟退火）包括两相：加热和冷却。Metropolis 算法用于确定生成的试验结构是否可以接受。在 C2 中，将蒙特卡罗方法与搜索参数和空间群中的约束条件结合使用，以减少模拟时间。否则，多晶型预测将在模拟过程中合并扫描所有可能的空间群。

多晶型预测的第二部分包括确定具有最低能量结构的聚类分析。聚类分析的好处在于可以根据搜索级别和参数进行更改。多晶型预测程序的最后阶段是能量最小化，这是针对所有自由度对结构进行的最小化和优化。

无溶剂（真空）下的多晶型预测结果列于表 4.1 中。C2 多晶型预测了 HNFX 四个最有利的不同空间群，为 $Pca2_1$，$P2_1/c$，Cc，$P2_12_12_1$。它们的预测晶格能值分别为 -37.6kJ/mol、-42.08kJ/mol、-43.51kJ/mol 和 -42.99kJ/mol。当使用 DREIDING 2.21 力场时，预测多晶型的密度在 1.843 ~ 1.892g/cm^3 之间。此外，COMPASS 力场用于优化最终结构并提供介于 2.057 ~ 2.123g/cm^3 的更高的堆积密度。这些结果也包含在表 4.1 中。各种预测的多晶型的晶格能量（在文献［1］中给出）很容易与已确定的晶格能量对比[18]。

表 4.1　无溶剂下的多晶型预测结果（真空）[1]

几何模型	晶体对称性	空间群	晶格 E/(kJ/mol)	密度①/(g/cm³)	密度②/(g/cm³)
C_i模型	斜方晶体	$Pca2_1$	-37.6	1.874	2.108
C_i模型	单斜晶体	$P2_1/c$	-42.08	1.892	2.117
C_i模型	单斜晶体	Cc	-43.51	1.843	2.057
C_i模型	斜方晶体	$P2_12_12_1$	-42.99	1.858	2.078
C_1模型	单斜晶体	$P2_1/c$	-42.50	1.869	2.123

注：① 采用 Dreiding 力场；

② 采用 COMPASS 力场对 C2 变形预测模块给出的结构进行优化。

图 4.2 展示了 HNFX 的 R-3 多晶型的典型预测角度构象。基于 N—F 键的构象，每个多晶型中 HNFX 分子的构象不同，这些键在不同的空间群中由对称平面向外或向内展开程度不同。每个图中都包括了预测可能发生的 R-3 多晶型的 N—F 键角（F—N—F 角度）的测量。

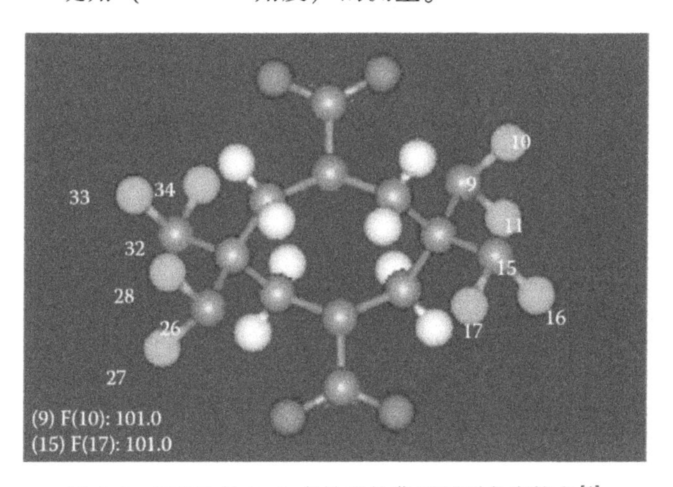

图 4.2　HNFX 的 R-3 多晶型的典型预测角度构象[1]

4.1.2.2　有溶剂时 HNFX 最可能的多晶型预测

液相和固液界面的分子动力学（MD）模拟已被证明适用于各种材料[27]。MD 方法也已用于模拟聚合物的成核和结晶[28]，可以在各种成核剂的存在下监测聚合物链的构象变化。相似的技术用来模拟 HNFX 和 CL-20 在不同溶剂中的结晶过程，其目的是为 HNFX 结晶选择合适的溶剂，并确定最有可能产生特定多晶型的溶剂。使用 MD 模拟技术，并监测结晶过程中可能发生的构象变化和溶剂-溶质的相互作用。MD 模拟后，计算每个溶剂-溶质系统的能量。

从每种溶质-溶剂系统的相互作用和能量差异中，选择用于结晶的溶剂和反溶剂。通过执行相同类型的 MD 计算（溶质-溶剂系统）来确定每种溶剂最可能生成的多种晶型，其中溶质为先前使用 C2 多晶型预测器预测的 HNFX 或 CL-20 多晶型，溶剂为待筛选溶剂中的一种。对每种测试的溶剂重复该过程，要考虑非周期性和周期性条件。

4.1.2.2.1 HNFX 的非周期性条件

非周期性条件是指在一个非晶态晶胞中进行模拟，即溶质被无边界的溶剂分子包围的模型。典型地，在非周期性结构选项下加载了 HNFX 分子和适量的溶剂分子（32），力场为 DREIDING 2.21 或 COMPASS（主要为 DREIDING 2.21）。用于计算静电相互作用的 Ewald 长程加和法采用公开的力场。基于电负性和几何结构，使用电荷平衡方法计算电荷。通过 Smart Minimizer 对能量最小化（约迭代 10 000 次）。动力学模拟 NVT（MD，恒定体积/恒定温度动力学）初始条件为 300K、5000 步迭代。在 NVT 之后应用 NVE（恒定体积/恒定能量动力学）使系统达到平衡状态。最小化最终结构可以计算模型在不改变原子位置和零开尔文的当前构象下的能量。

在非周期性条件下，用 7 种不同的溶剂对 HNFX 进行 MD 模拟。每种溶剂（丙酮、氯仿、苯乙酮、环已酮、二氯甲烷、乙醇和乙酸乙酯）的 32 个分子用于预测 HNFX 的多晶型。在每次非周期性 MD 运行之后进行能量计算，以使系统更好地弛豫。图 4.3 显示了 HNFX 被丙酮包围的典型情况。表 4.2 展示了在非周期性条件下使用 7 种溶剂的 HNFX 模拟结果。

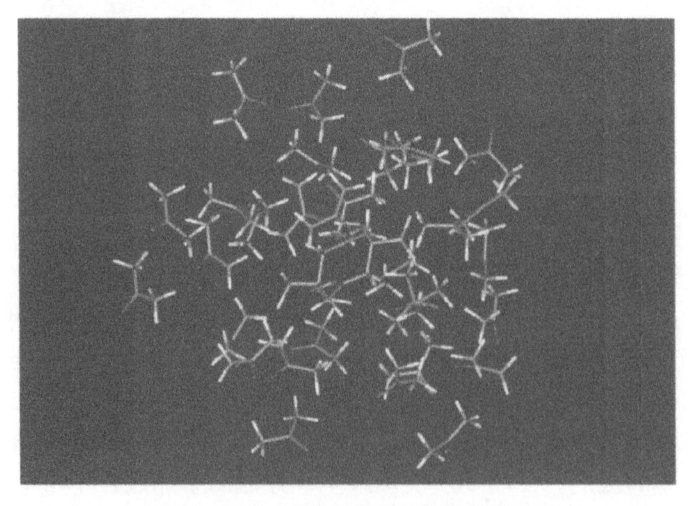

图 4.3 HNFX 与丙酮的非周期性条件[1]

表4.2的第一列显示了在分子动力学模拟后，7种溶剂中HNFX（R-3）分子的最小能量。多晶型的相对稳定性可以由给定温度和压力下的吉布斯自由能的变化值（ΔG）确定，$\Delta G=\Delta H-T\Delta S$，其中$\Delta H$是焓变，$T$是温度，而$\Delta S$是系统的熵变。$-\Delta G$表示生成既定多晶型的过程可能为自发过程。众所周知，熵值始终为正，这意味着ΔH实际上是多晶型稳定性的决定因素[23]。

表4.2　非周期性条件下HNFX在溶剂中的分子动力学模拟[1]

溶剂①	HNFX R-3 实验值	多晶型			
		$Pca2_1$	$P2_1/c$	Cc	$P2_12_12_1$
丙酮（CH_3COCH_3）	-335.921	-352.050	-347.237	-524.953	-340.866
苯乙酮（$C_6H_5COCH_3$）	-778.196	-703.556	-763.605	-752.275	-730.289
氯仿（$CHCl_3$）	-386.539	-390.090	-370.679	-290.252	-421.723
环己酮（$C_6H_{10}O$）	-787.848	-661.868	-726.342	-812.731	-705.417
二氯甲烷（CH_2Cl_2）	-485.024	-473.349	-453.864	-446.314	-546.951
乙醇（C_2H_5OH）	-658.253	-781.180	-393.630	-612.732	-440.363
乙酸乙酯（$CH_3COOC_3H_5$）	-884.139	-855.010	-828.980	-861.798	-781.836

注：① 每种情况下使用32个溶剂分子。

当模拟不同配比的溶剂和多晶型以确定其能量构型时，较低的能量表明形成稳定晶型的可能性更大。例如，如果考虑使用乙酸乙酯溶剂，与其他晶型相比，乙酸乙酯和HNFX R-3的计算结果会产生最低的能量态。这表明当使用乙酸乙酯作为溶剂时，最可能的晶型将是HNFX当前普遍的晶型（已通过实验验证）。当使用苯乙酮时也是如此。表4.2还表明，HNFX R-3的预测能量非常接近另外五种溶剂的最低能量状态。但是，在某些情况下，其他晶型中可产生更低的能态，这表明当使用乙酸乙酯和苯乙酮以外的溶剂时，有可能形成其他晶型。总体而言，在非周期性条件下获得的这些结果表明，R-3晶型（原样中HNFX的晶型）通常被预测为主要晶型。

4.1.2.2.2　HNFX的周期性边界条件

在具有周期性边界条件的MD模拟中，模拟是在3D单元（模拟盒子）内的溶质-溶剂系统中进行的，溶质为HNFX，溶剂是变化的，模拟箱是由C^2非晶态生成器，并在三个方向上都进行了复制。模拟所用的方法为5000步的NVT和NVE，以使系统能量降至最低。可将多晶型预测轨迹利用相同的步骤可重复应用于所有预测的晶型中。

结合周期性条件，分析了23种不同的溶剂，其中包括极性溶液、偶极非质子溶剂和非极性非质子溶剂。例如，图4.4显示了在模拟盒子中，一个HNFX分子被10个乙酸乙酯（ETAC）分子包围的典型情况。尽管在这些模拟上花费了大量精力，但仍无法确定倾向于HNFX特定多晶型的趋势。

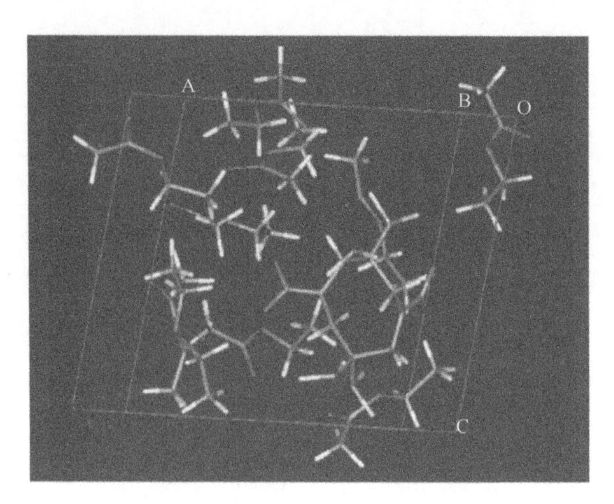

图4.4　周期性边界条件下的HNFX与乙酸乙酯[1]

4.1.3　CL-20结晶的分子动力学计算

CL-20是含有六硝基的笼状结构有机分子，每个ε-CL-20分子中的两个硝基向外展开。在恒定的体积和恒定的能量条件下，在300K下进行了CL-20分子的气相MD模拟，以使五边形环中四个硝基的振动运动相对较强，并且四个稳定的晶型包含了这些硝基的不同取向。

图4.5显示了使用周期性边界条件进行CL-20重结晶典型而逼真的模拟，在该条件下，立方盒内的模拟分子在每个方向上自我复制。所用溶剂为乙酸乙酯，反溶剂为聚二甲基硅氧烷（PDMS），每摩尔中溶剂和反溶剂混合物各占50%。假定CL-20成核过程中，分子在溶液中保持稳定构象。多晶型的相对分布如图4.5所示。结果表明存在三种不同的多晶型，其分别为ε-(6)、α-(1)和β-(1)。因此，可以预测在乙酸乙酯和PDMS中形成ε相的概率为75%（6/8），在Peralta-Inga等的文章中可以找到针对不同溶剂系统的其他结果[1]。

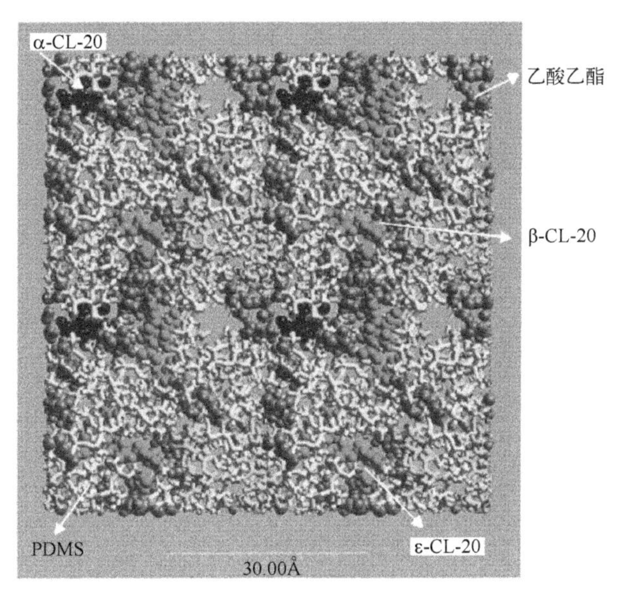

图 4.5 当 $t=10$ps 时，50%的乙酸乙酯-PDMS 中 CL-20 分子动力学表明ε相优先形成[1]

4.1.4 HNFX 重结晶的实验结果

溶解度：在两种温度下表征了 HNFX 在 21 种溶剂中的溶解度，其中包括三类溶剂（极性、偶极非质子和非极性非质子溶剂）（结果可在 Peralta-Inga 等[1]的研究中获得）。HNFX 在丙酮、苯乙酮、乙腈、乙酸、苯甲醇、环己酮、二甲基亚砜（DMSO）、乙酸乙酯、乙醇、甲酸、四氢呋喃（THF）和乳酸中溶解度相对较高；在苯、氯仿、二氯甲烷甲酰胺和甲苯中的溶解度适中；即使是在更高的温度下，HNFX 在庚烷、正己烷和水中的溶解度也低。

微晶实验：微晶实验与溶剂筛选模拟和数值模拟验证同时进行。该实验旨在确定最佳的结晶溶剂系统，以获得更高密度的晶型。冷却、溶剂蒸发、蒸汽扩散和液-液扩散是其中的一些方法。重结晶实验包括冷冻干燥[29]和使用常用修饰剂[30-33]进行重结晶，其中包括水合硼酸钠、乙二胺四乙酸（EDTA）、柠檬酸钠和苹果酸。在另一组微晶实验中，以不同的微混合方式，暴露于紫外线和微波下[34]，并在高分子聚合物的存在下进行重结晶。

Miniflex Rigaku X 射线衍射仪与 Jade 3.1 一起用于晶体的粉末衍射分析及其多晶型的表征。为消除纹理和角度效应，在做 XRD 之前重结晶的 HNFX 均要先研磨。Rietveld 分析用于验证粉末衍射实验的结论（图 4.6）。Rietveld 方法使用最小二乘法进行优化，直到观察到的粉末衍射图样整体上与基于同时细化的晶体结构模型的整个计算模式之间获得最佳拟合为止。因此，Rietveld分析代表了理论与实验研究之间的联系，它清楚地提供了结构-性能关系，并允许使用实验数据对结构模型进行进一步精修，并精确确定具有多种晶型的样品的结构参数和相的相对比例或含有多晶型的杂质。对于 Rietveld 分析，使用了 Cerius2 的 Rietveld 模块。其他表征方法包括 TGA、差示扫描量热法、SEM 和偏光显微镜，用于表征 HNFX 晶体的形态和多晶型类型及其分解特性[1]。

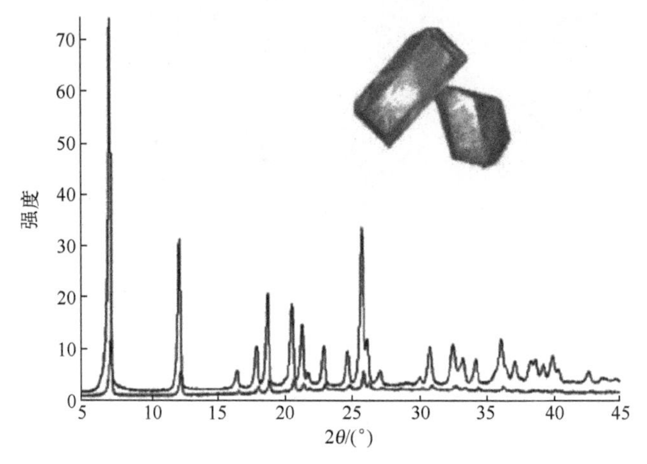

图 4.6 从苯溶液中结晶的 HNFX 的 XRD 图谱与标准的 HNFX 的 XRD 图谱的比较[2]

不管使用何种结晶方法，或使用何种溶剂/反溶剂，粉末衍射图谱和随后的 Rietveld 分析都始终表明，HNFX 的结晶仅以 Ci R-3 晶型的形式出现。这是与原始 HNFX 相同的晶型，用其进行了重结晶实验。用溶剂苯获得的典型粉末衍射图和晶体形状如图 4.6 所示。在这些结果中，对于重结晶中使用的其余 21 种溶剂，也获得了相似的结果，粉末衍射图谱结合 Rietveld 分析表明，仅获得了 HNFX 的 R-3 晶型。

4.1.5 CL-20 的实验结果

图 4.7~图 4.9 显示了四种已知 CL-20 晶型的纯样品 X 射线衍射数据，其中包括ε、α 和 β 晶型，以及三种晶型的 X 射线粉末衍射模拟图。模拟的粉末衍射图和实验所得的粉末衍射图一致。这些结果可作为检测和确定不同类型的、估计会以高概率出现的晶型的基础，并且可能选出重结晶的条件，这将更有可能产生所需的 CL-20 纯的ε晶型。校准样品由三种不同浓度的多晶混合物组成，这有助于确定结晶过程中生成的多晶型杂质的百分比[1]。

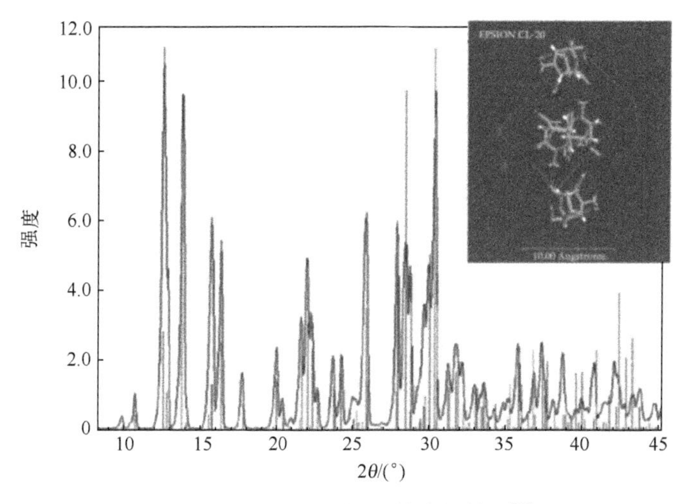

图 4.7　ε-CL-20 的 X 射线衍射图[2]

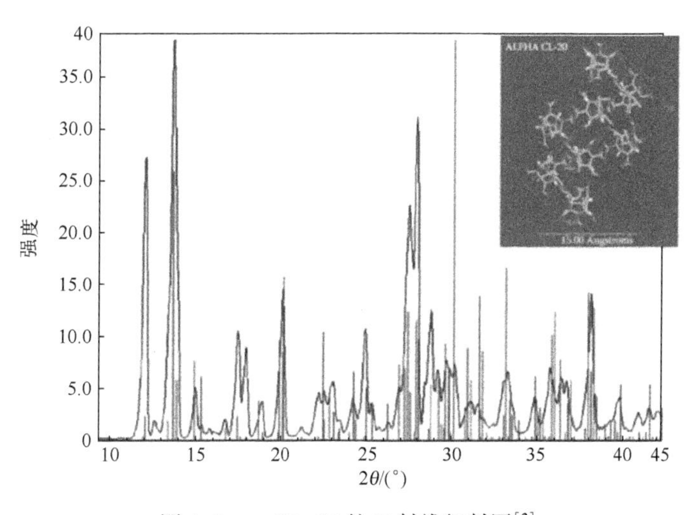

图 4.8　α-CL-20 的 X 射线衍射图[2]

这些方法随后可用于确定相对纯的 CL-20 晶型的结晶条件。例如，要考虑一组实验两种结晶条件，使用两种不同的溶剂苯乙酮和二甲苯，两个实验的反溶剂都是高相对分子质量聚合物 PDMS，结晶温度为 10℃，都包含有与晶种相同数量的ε-CL-20。但是，在第一个实验中使用了更多的 PDMS（5 倍多），在第二个实验中使用了更多的二甲苯，总结晶时间也不同（实验 2 的结晶持续时间比实验 1 的结晶时间长了 2~3 倍）。图 4.10 和图 4.11 中所示的 X 射线衍射结果表明，第二个实验产生了 CL-20 的 α 晶型杂质，而第一个实验

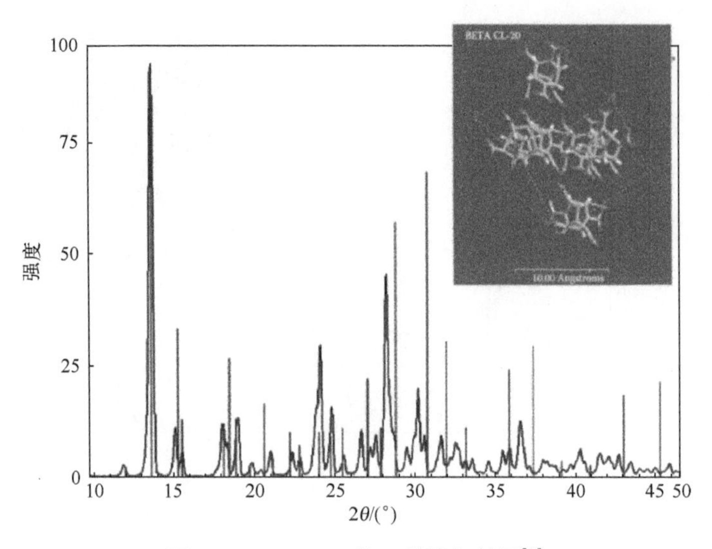

图 4.9　β-CL-20 的 X 射线衍射图[2]

产生了相对纯（检测不到 α 晶型）的ε晶型。这些实验表明，仔细调整结晶条件确实可以消除多晶型杂质。

4.2　预测粒径分布的结晶总体平衡模型

在分批结晶过程中，由溶剂和含能材料组成的热溶液在所设定的温度和一定的速率下析晶。结晶容器的夹套方便控制结晶温度。结晶器通常装有水，使添加的溶解液高度过饱和，从而诱发结晶。结晶器也可以先用结晶物冷凝，需要仔细选择进料速率、过饱和条件（包括反溶剂的浓度和温度）以及晶种的数量等结晶参数，以达到含能晶体的目标粒度分布。这个过程的动力学还受到过程控制器及其运行时所选择的参数影响，以控制过程控制器[35-36]。如 4.2.1 节和 4.2.2 节中所述，过程的实际数学模型可以提供对过程动力学及其合成结果尺寸分布的预测性理解[37]。总体平衡模型[37-40]可用于预测分散在溶剂/反溶剂混合物中的晶体的总体分布。

4.2.1　程序模型

模拟分批加料进程的问题涉及两个不同的系统：①结晶器动力学和结晶器进料系统的溶解液排出；②结晶器在结晶过程中体积随时间变化[35-36]。动力学问题涉及结晶器物料平衡、能量平衡、冷却套和过程控制方程的联立求解。对于相对短时间增量内，可以将结晶器建模视为恒定体积的批处理过程。

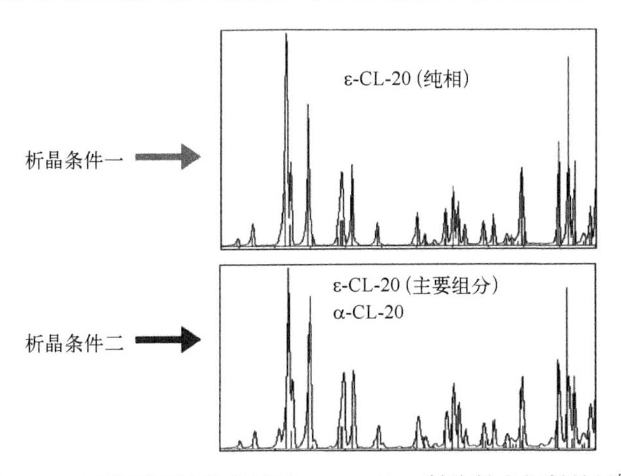

图4.10　两种不同结晶条件下CL-20的X射线粉末衍射结果[2]

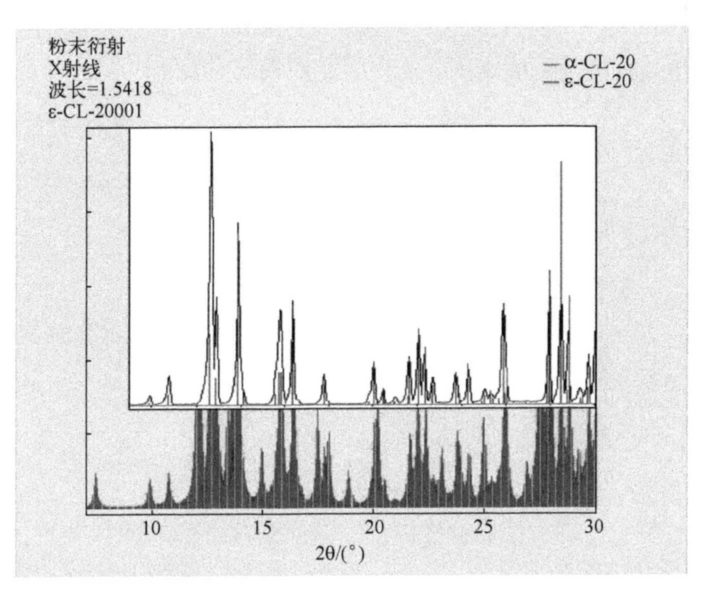

图4.11　α-CL-20和ε-CL-20的模拟X射线粉末衍射图样与实验数据对比[2]

这些方程都必须与一组支持方程同时求解，例如，平均热容、平均密度和含能材料在混合物中的溶解度，都随过程的状态变化而变化，也可避免同时求解这组方程，但前提是假设这两个主要系统在单个步长中彼此独立，因此，可以依次求解。一种可行的解决方法步骤如下[35]。

（1）设置动力学方程和批处理结晶器的初始条件（晶种）。

（2）针对单个时间步长，求解动力学方程。

(3) 用动力学方程的解计算溶液过饱和度，计算结晶器的生长速率和成核速率。

(4) 求解此时间步长的结晶器方程。

(5) 在计算中使用分布函数的第三阶矩阵计算溶液中晶体的质量，并用动力学方程调整物料平衡计算。

该解通过递增到下一个步长并以当前解作为初始条件。

4.2.2 结晶过程动力学

对结晶过程动力学问题的求解涉及将描述方程作为时间函数的联立求解。这些方程如下[35]。

总物料守恒方程为

$$\rho A \frac{\mathrm{d}h}{\mathrm{d}t}=F_D \tag{4.1}$$

式中：ρ 为结晶器中溶液的密度；A 为结晶器的横截面积；h 为结晶器中液面的高度；F_D为溶解器的进料速率。

结晶器组分守恒方程为

溶剂

$$\rho A \frac{\mathrm{d}(x_a h)}{\mathrm{d}t}=y_a F_D \tag{4.2}$$

溶质

$$\rho A \frac{\mathrm{d}(x_s h)}{\mathrm{d}t}=y_s F_D \tag{4.3}$$

反溶剂

$$x_a+x_s+x_w=1 \tag{4.4}$$

式中：x_a、x_s和 x_w分别为结晶器中溶剂、溶质和反溶剂的质量分数；y_a和 y_s为溶解器中溶质和溶剂的质量分数。

结晶器的能量平衡方程为

$$\rho A h c_c \frac{\mathrm{d}T_C}{\mathrm{d}t}=F_D c_D(T_D-T_C)-Q_W-\lambda y_s F_D \tag{4.5}$$

式中：c 和 T 为结晶器和溶解器的特定热量和温度；下标 C 和 D 区分结晶器与溶解器；Q_W为冷却剂带走的热量；λ 为溶质的溶化热。

冷却剂的能量守恒方程为

$$Q_W=F_W c_W(T_{WI}-T_{WO}) \tag{4.6}$$

$$Q_W=UA(T_c-T_{W_{\mathrm{avg}}}) \tag{4.7}$$

式中：F_W为冷却剂流速；T_{WI}和 T_{WO}为出口和入口处冷却剂的温度；$T_{W_{avg}}$为冷却剂的平均温度；U 为结晶器内物质和冷却剂之间的总传热系数。

PI 控制器-速度形式：

$$p=p_0+k_c\left[(e-e_0)+\frac{\Delta t}{\tau}e\right] \tag{4.8}$$

式中：k_c和 τ 为标准 PI 控制器的调节参数，即增益和微分时间设置；e 和 p 为控制器误差和输出的当前时间值，当下标为 0 时，它们指前面得到的时间步值；Δt 是指一个时间步的长度。

控制器设定点误差：

$$e=T_{\mathrm{SET}}-T_C \tag{4.9}$$

控制器误差被定义为设定点温度 T_{SET}和结晶器温度 T_C之间的差异。

控制阀方程为

$$F_D=K_Vp \tag{4.10}$$

式中：K_V为一个线性阀常数。

上述 10 个方程中相应未知参数如下：

F_D为物料流出溶解器的流速；h 为结晶器中液面的高度；x_a为结晶器中溶剂的质量分数；x_s为结晶器中溶质（液体）的质量分数；x_W为结晶器中水的质量分数；T_C为结晶器中液体的温度；T_{WO}为流出结晶器的冷却水的温度；Q_W为冷却液负荷；p 为控制器输出；e 为控制器设定点误差。

这 10 个方程式包括线性方程式、非线性方程式和微分方程式。在求解方法中，所有导数都写为时间上的反向差分。通过将一个时间步长代入下一步就可反复求解。求解技术需要为所有导数提供初始条件。在第一个步长中，初始条件必须由外部提供，但对于每个后续步长，初始条件是上一个步长的解。当方程在任意步长以数值形式编写时，它们将成为一组由 10 个非线性方程组成的方程组，并可以通过 Newton-Raphson 方法求解。

4.2.3　批处理结晶器方程

批处理结晶器建模的基础是 Randolph 开发的著名的偏微分方程，该方程将晶体的数量分布函数 n、特征长度 l 与时间 t 关联起来，如下所示[35]：

$$\frac{\partial n}{\partial t}+\frac{\partial(gn)}{\partial l}=0 \tag{4.11}$$

假设团聚、破裂和附加成核的影响可以忽略不计。比较模型预测值与结晶过程中所收集的粒度分布时间相关数据后，可将这些关系用于各个过程。分布函数 n 被定义为 $\mathrm{d}N/V\mathrm{d}l$，其中 N 是单位体积的晶体数，l 和 V 分别是特征长度和结晶速率，晶体的生长速率 g 被定义为 dl/dt。该参数可从实验数据中获得，常以式（4.12）给出的 Arrhenius 形式关联：

$$g=a_g\Delta C^{b_g} \tag{4.12}$$

式中：a_g和 b_g为实验决定参数；ΔC 为过饱和度，即溶液浓度与其溶解度之间的差值。

成核速率 b 被定义为 $(dN/dt)_{l=0}$，并常以式（4.13）给出的 Arrhenius 形式关联，其中 a_b和 b_b是由实验决定的参数：

$$b=a_b\Delta C^{b_b} \tag{4.13}$$

求解 Randolph 方程需要有作为晶种分布函数给出的初始条件，以及在 $l=0$ 时分布函数的边界条件。在边界处此方程成立，其中 n^0是核分布函数：

$$b=n^0 g \tag{4.14}$$

在这个公式中，假定溶质和溶剂/反溶剂混合物的浓度在空间上的变化可以忽略不计。结晶器中的流体力学具有尺度效应，并在此分析中也被忽略。此方程可写成便于数值求解的离散隐式形式。所得解可视为数字矩阵形式，其中时间沿 y 轴增加，特征长度沿 x 轴增加。下列导数公式在每个步长上提供了一组线性联立方程。对于$\partial n/\partial l$，中心差分可以写为

$$\frac{\partial n}{\partial l}=\frac{n_{t,l+\Delta l}-n_{t,l-\Delta l}}{2\Delta l} \tag{4.15}$$

对于$\partial n/\partial t$，向后差分可写为

$$\frac{\partial n}{\partial l}=\frac{n_{t,l}-n_{t-\Delta t,l}}{2\Delta l} \tag{4.16}$$

将中心差分公式代入 Randolph 方程：

$$\frac{g\Delta t}{2\Delta l}n_{t,l+\Delta l}+n_{t,l}-\frac{g\Delta t}{2\Delta l}n_{t,l-\Delta l}=n_{t-\Delta t,l} \tag{4.17}$$

该式表明，典型时间点上的所有离散点仅依赖其相邻点的长度和上一个时间点。但是，因为最后一个长度点不存在，不能采用 $l+\Delta l$ 表示。因此，将$\partial n/\partial l$ 的中心差分近似值替换为反向差分，如下所示：

$$\frac{\partial n}{\partial l}=\frac{n_{t,l}-n_{t,l-\Delta t}}{\Delta l} \tag{4.18}$$

Randolph 方程变为

$$\left(1+\frac{g\Delta t}{2\Delta l}\right)n_{t,l}-\frac{g\Delta t}{2\Delta l}=n_{t-\Delta t,l} \tag{4.19}$$

这些方程式适用于任何时间点，它们都采用熟悉的三对角线形式。这个方程组可以通过 Thomas 算法轻松求解。

完整的解需要同时求解动力学方程和结晶方程。在动力学方程的第一步结束时，评估材料平衡产生的 ΔC、b 和 g。在求解当前时间步长结晶器方程的三对角矩阵时要用到这些值。然后，使用分布函数的第三阶矩阵［式（4.20)］计算出结晶材料的 M_T：

$$M_T = \alpha\rho_c \int_0^\infty nl^3 \mathrm{d}l \tag{4.20}$$

M_T用于校正结晶器中溶液的组成，以便启动下一步动力学。

4.2.4　方案实施

编写源代码以合并先前描述的方程组[35]。根据 Arrhenius 公式，用单独的子程序计算成核和生长速率。但是，由于 ΔC 最初实际上为零，因此使用全局 Arrhenius 型相关公式进行生长和成核是不可信的。类似地，溶质在溶剂和反溶剂混合物中的溶解度由子程序可以计算。溶质的溶化潜热、溶质溶剂的其他热性能以及冷却套和盘管的总传热系数必须事先确定。除了这些数据外，还必须以分布函数的形式提供晶体的粒度分布数据。

图 4.12 展示了典型结晶过程中 RDX 晶体（以丙酮传送）的尺寸分布随时间的变化过程（在相对较短的时间跨度内）。

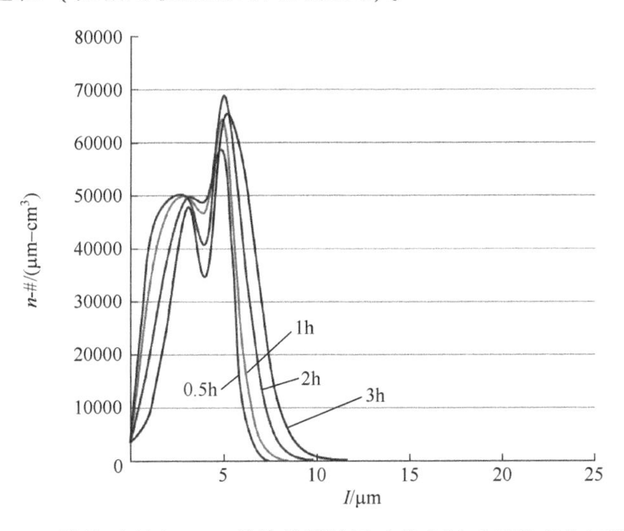

图 4.12　结晶过程中 XRD 晶体的颗粒尺寸分布随时间的变化函数[35]

此方法具有很大的自由度，允许操作参数的变化，并且在结晶过程中制定控制参数以实现目标粒径分布。这些结果表明，基于总平衡法的模型能够在工业结晶器中调整粒径分布，此粒径分布是工艺条件和控制器调整参数的函数，应促进它们在含能材料结晶中应用。

参考文献

[1] Z. Peralta-Inga, N. Degirmenbasi, U. Olgun, H. Gocmez, and D. Kalyon, Recrystallization of CL-20 and HNFX from solution for rigorous control of the polymorph type: Part Ⅰ, mathematical modeling using molecular dynamics method, *Journal of Energetic Materials*, 24, 69-101, 2006.

[2] N. Degirmenbasi, Z. Peralta-Inga, U. Olgun, H. Gocmez, and D. Kalyon, Recrystallization of CL-20 and HNFX from solution for rigorous control of the polymorph type: Part Ⅱ, experimental studies, *Journal of Energetic Materials*, 24, 103-139, 2006.

[3] R. Yazici and D. Kalyon, Microstrain and defect analysis of CL-20 crystals by novel X-ray methods, *Journal of Energetic Materials*, 23, 43-58, 2005.

[4] M. J. Kamletand S. Jacobs, The chemistry of detonations. 1. A simple method for calculating detonation properties of CHNO explosives, Defense Technical Information Center document NOLTR 67-66, US Naval Ordnance Laboratory, White Oak, MD, August 1967.

[5] J. H. Kim, Y. C. Park, Y. J. Yim, and J. S. Han, Crystallization Behavior of Hexanitrohexaazaisowurtzitane at 298K and quantitative analysis of mixtures of its polymorphs by FTIR, *Journal of Chemical Engineering of Japan*, 31, 478-481, 1998.

[6] U. Teipel, T. Heintz, and H. H. Krause, Crystallization of spherical ammonium dinitramide (ADN) particles, *Propellants, Explosives, Pyrotechnics*, 25, 81-85, 2000.

[7] A. E. van der Heijden and R. H. Bouma, Crystallization and characterization of RDX, HMX, and CL-20, *Crystal Growth & Design*, 4, 999-1007, 2004.

[8] A. van der Heijden, J. T. Horst, J. Kendrick, K. J. Kim, H. Krober, F. Simon, et al., Crystallization of energetic materials, in *Energetic Materials: Particle Processing and Characterization*, U. Teipel, Ed., John Wiley & Sons, Weinheim, Germany, 2006.

[9] H. Kröber and U. Teipel, Crystallization of insensitive HMX, *Propellants, Explosives, Pyrotechnics*, 33, 33-36, 2008.

[10] D. Spitzer, C. Baras, M. R. Schäfer, F. Ciszek, and B. Siegert, Continuous crystallization of submicrometer energetic compounds, *Propellants, Explosives, Pyrotechnics*, 36, 65-74, 2011.

[11] R. Kumar, P. F. Siril, and P. Soni, Preparation of nano-RDX by evaporation assisted solvent-antisolvent interaction, *Propellants, Explosives, Pyrotechnics*, 39, 383-389, 2014.

[12] S. Khoshkhoo and J. Anwar, Crystallization of polymorphs: The effect of solvent, *Journal of Physics D: Applied Physics*, 26, B90, 1993.

[13] A. Y. Lee, I. S. Lee, S. S. Dette, J. Boerner, and A. S. Myerson, Crystallization on confined engineered surfaces: A method to control crystal size and generate different poly-

morphs, *Journal of the American Chemical Society*, 127, 14982-14983, 2005.

[14] V. Stepanov, V. Anglade, W. A. Balas Hummers, A. V. Bezmelnitsyn, and L. N. Krasnoperov, Production and sensitivity evaluation of nanocrystalline RDX-based explosive compositions, *Propellants, Explosives, Pyrotechnics*, 36, 240-246, 2011.

[15] R. Kumar, P. F. Siril, and P. Soni, Optimized synthesis of HMX nanoparticles using antisolvent precipitation method, *Journal of Energetic Materials*, 33, 277-287, 2015.

[16] R. D. Chapman, R. D. Gilardi, M. F. Welker, and C. B. Kreutzberger, Nitrolysis of a highly deactivated amide by protonitronium. Synthesis and structure of HNFX1, *The Journal of Organic Chemistry*, 64, 960-965, 1999.

[17] D. C. Sorescu, B. M. Rice, and D. L. Thompson, Isothermal-isobaric molecular dynamics simulations of 1, 3, 5, 7-tetranitro-1, 3, 5, 7-tetraazacyclooctane (HMX) crystals, *The Journal of Physical Chemistry B*, 102, 6692-6695, 1998.

[18] H. L. Ammon, J. R. Holden, and Z. Du, Structure and density predictions for energetic materials, in *Energetic Materials Design for Improved Performance/Low Life Cycle Cost Kick-off Meeting*, Aberdeen Proving Ground, MD, 2002.

[19] E. Von Holtz, D. Ornellas, M. F. Foltz, and J. E. Clarkson, The solubility of ε-CL-20 in selected materials, *Propellants, Explosives, Pyrotechnics*, 19, 206-212, 1994.

[20] S. R. Vippagunta, H. G. Brittain, and D. J. Grant, Crystalline solids, *Advanced Drug Delivery Reviews*, 48, 3-26, 2001.

[21] R. Payne, R. Roberts, R. Rowe, and R. Docherty, Examples of successful crystal structure prediction: Polymorphs of primidone and progesterone, *International Journal of Pharmaceutics*, 177, 231-245, 1999.

[22] J. P. Lommerse, W. S. Motherwell, H. L. Ammon, J. D. Dunitz, A. Gavezzotti, D. W. Hofmann et al., A test of crystal structure prediction of small organic molecules, *Acta Crystallographica Section B: Structural Science*, 56, 697-714, 2000.

[23] F. J. Leusen, S. Wilke, P. Verwer, and G. E. Engel, Computational approaches to crystal structure and polymorph prediction, in *Implications of Molecular and Materials Structure for New Technologies*, J. Howard, F. Allen and G. Shields, Eds., Springer, The Netherlands, 1999, pp. 303-314.

[24] J. Kendrick, E. Robson, W. Leeming, G. Leiper, A. Cumming, and C. Leach, Molecular modelling of novel energetic materials, *Waste Management*, 17, 187-189, 1998.

[25] J. C. Givand, R. W. Rousseau, and P. J. Ludovice, Characterization of L-isoleucine crystal morphology from molecular modeling, *Journal of Crystal Growth*, 194, 228-238, 1998.

[26] S. W. Bunte and H. Sun, Molecular modeling of energetic materials: The parameterization and validation of nitrate esters in the COMPASS force field, *The Journal of Physical Chemistry B*, 104, 2477-2489, 2000.

[27] A. Aabloo, M. Klintenberg, and J. O. Thomas, Molecular dynamics simulation of a poly-

mer-inorganic interface, *Electrochimica Acta*, 45, 1425-1429, 2000.

[28] K. Nagarajan and A. S. Myerson, Molecular dynamics of nucleation and crystallization of polymers, *Crystal Growth & Design*, 1, 131-142, 2001.

[29] J. W. Snowman, *Downstream Processes: Equipment and Techniques*, *Alan R. Liss.*, New York, 315-351, 1988.

[30] R. J. Davey, The role of additives in precipitation processes, in *Industrial Crystallization 81*, S. J. Jancic and E. J. de Jong, Eds., North-Holland publishing Co., Amsterdam, the Netherlands, 1982, pp. 431-479.

[31] L. Addadi, Z. Berkovitch-Yellin, I. Weissbuch, J. van Mil, L. J. Shimon, M. Lahav et al., Growth and dissolution of organic crystals with "Tailor - Made" inhibitors - implications in stereochemistry and materials science, *AngewandteChemie International Edition in English*, 24, 466-485, 1985.

[32] J. W. Mullin, *Crystallization*, Butterworth-Heinemann, Boston, MA, 1997.

[33] A. Myerson, *Handbook of Industrial Crystallization*, Butterworth - Heinemann, Boston, MA, 2002.

[34] A. Bose, M. Manhas, B. Banik, and E. Robb, Microwave-induced organic reaction enhancement (more) chemistry: Techniques for rapid, safe and inexpensive synthesis, *Research on Chemical Intermediates*, 20, 1-11, 1994.

[35] R. Schefflan, S. Kovenklioglu, D. Kalyon, P. Redner, and E. Heider, Mathematical model for a fed-batch crystallization process for energetic crystals to achieve targeted size distributions, *Journal of Energetic Materials*, 24, 157-172, 2006.

[36] R. Schefflan, S. Kovenklioglu, D. Kalyon, M. Mezger, and M. Leng, Formation of aluminum nanoparticles upon condensation from vapor phase for energetic applications, *Journal of Energetic Materials*, 24, 141-156, 2006.

[37] J. B. Rawlings, S. M. Miller, and W. R. Witkowski, Model identification and control of solution crystallization processes: A review, *Industrial & Engineering Chemistry Research*, 32, 1275-1296, 1993.

[38] T. Canning and A. Randolph, Some aspects of crystallization theory: Systems that violate McCabe's delta L law, AIChE Journal, 13, 5-10, 1967.

[39] A. D. Randolph and M. A. Larson, *Theory of Particulate Processes*, Academic Press, New York, 1988.

[40] M. Hounslow, R. Ryall, and V. Marshall, A discretized population balance for nucleation, growth, and aggregation, *AIChE Journal*, 34, 1821-1832, 1988.

第5章　含能材料的动力学特性

婆罗门南达·普拉马尼克

5.1 引　　言

在各种武器系统中，低感度、高爆轰性能的含能材料被视为理想的含能添加物。这些材料对武器应用的适用性取决于它们的机械和物理特性。为了使含能材料在极端环境下按预期的形式运行，例如在宽范围的机械撞击、温度和压力下，它们的机械特性通常是非线性的并且与温度密切相关，但必须保持结构的完整性。这就提出了在宽应变速率和温度条件下表征含能材料动态力学性能的必要性。在这种条件下本构模型的建立对于预测在这种极端条件下的动态力学行为具有重要意义。

为了开发和验证计算模型，必须了解含能材料的敏感度和引发特性。因此，需要一种用于评估材料动态特性的综合方法来预测变形行为，包括破坏的阈值和冲击造成的破裂强度。损伤机制会改变含能材料的燃烧响应。材料的结构损伤可能引起各种反应，从轻度爆燃到剧烈爆炸。为了预测含能材料对各种刺激的反应，需要识别材料累积损伤和这些极端反应的产生，其中包括在加工和处理操作过程中的低水平撞击和维持枪支发射时的高加速度。为了建立和验证本构模型，在预测断裂起始和断裂强度的过程中，需要一种表征炸药损伤机制的定量方法。

近几十年，研究人员已经完成了许多有关表征含能材料（包括推进剂、烟火药和炸药）的动态力学性能的研究[1-10]。大家一致认为，含能材料的动态和静态力学性能差异很大[5]。研究人员更加关注温度对动态机械响应的影响[6-14]。在不同的温度和应变速率下测试了PBX9501和mock9501的应力应变响应[6]。格雷等介绍了一种经过适当修改的分离式霍普金森压杆（SHPB）装置，用于在宽温度范围内获得两种不同含能材料的动态压缩特性[7]。这项研究表明，不同炸药的动态强度是可变的，并且取决于应变率和温度[7-8]。为了改进含能材料，在设计工艺参数时考虑温度和应变速率影响的本构关系的研究也受到了重视。

5.1.1 撞击感度

一种含能材料的放热响应高度依赖机械冲击或撞击。材料的加工、处理、包装、运输和存储受到不可预期的强烈的机械力，都可能意外地引爆材料。诸如泵送、研磨和微粉化之类的加工操作的能量也足可以起爆。在操作过程中，管道、过滤器等的固定粗糙表面也会产生热能，从而产生摩擦力，导致意外发生。

因此，表征含能材料在冲击、撞击和摩擦下的敏感性对于确定最有效的加工技术、包装和运输规程是必不可少的。

5.1.2 落锤试验

德国材料测试研究所（BAM）提出的 BAM 落锤测试是识别和测量含能材料的撞击敏感性最常用的测试方法[15]。该方法可测量固体炸药对落锤撞击的敏感性，并验证该物质可安全运输和安全处理的资质。测试设备和附件如图 5.1 所示。

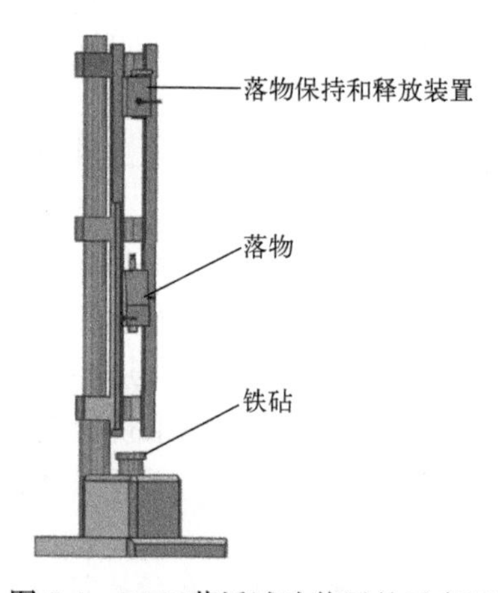

图 5.1　BAM 落锤试验装置的示意图

该撞击测试仪是根据多种国际测试标准设计的[15-18]。固体样品为粉末形式，并通过 0.5mm 的孔过筛。将样品（约为 40mm^3）放入中间砧座上的定位环内的固定夹具中（图 5.2）。置于上部的钢柱仅为接触样品。装有样品的撞击装置轴向放置在安全盖内的主砧上。悬挂在一定高度的重物被释放。利用六种预定义的冲击能量完成六次试验，能量从 10J 开始按降序或升序进行。

在此撞击感度研究中，用三种不同的测试观察方法（爆炸、分解和无反应）确定极限冲击能量。撞击能量可以通过改变落锤的质量、高度或两者而改变。如果 10J 撞击能量导致爆炸，则试验中撞击能量按降序继续进行；如果在 10J 冲击下样品分解或无反应，则设置撞击能量递增的试验。然后，测试将确定导致爆炸的最低撞击能量。观察到在不到 2J 的冲击下爆炸的材料被认为太危险，以至于无法运输和处理。

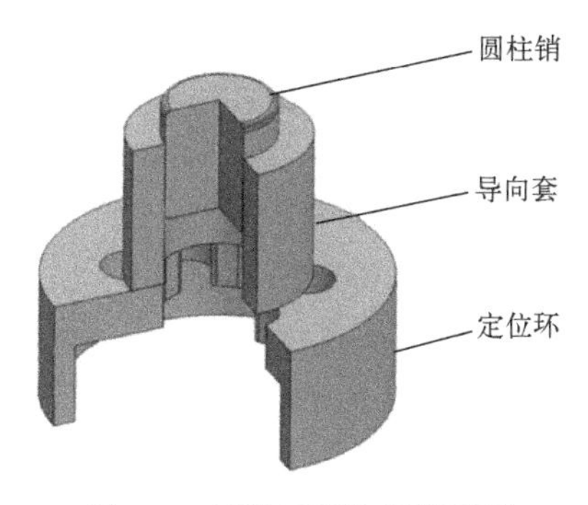

图 5.2　试样固定装置剖面图

在爆炸物通过泵、搅拌器、手动操作、研磨、铣削、微粉化和其他单元操作进行处理的工业场合中，必须根据具体情况评估冲击力和能量的影响。然而，在一般操作中，通常可以安全地处理撞击能超过 60J 的敏感材料。

5.1.3　摩擦感度

表征物质对摩擦刺激敏感性的最常用的测试方法是 BAM 的摩擦测试设备，如图 5.3 所示[15]。

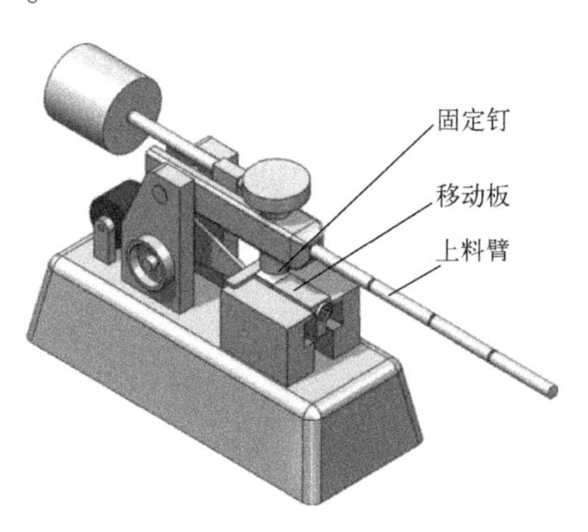

图 5.3　BAM 摩擦测试装置的示意图

在该测试方法中使用了由陶瓷制成的固定钉和移动板，样品放在固定钉和移动板之间。在每个摩擦循环中，将六个不同的力施加到样品上，最大为360N，直到爆炸。记录发生爆炸时的最低摩擦载荷。如果小于80N的摩擦载荷引起爆炸，则材料可归类为在其试验条件下太敏感而无法运输[15]。在运输或搬运过程中，没有爆炸则表明材料在摩擦中是安全的。

5.1.4 动态特性

动态特性可解释变形行为，包括高速冲击事件导致的破坏机制和破碎强度。动态试验参数对于建立和验证基于材料物理本构模型至关重要，这些将确保含能材料的安全和性能。

为了改进粉末炸药，高应变率变形现象有助于优化喷雾条件[19]。巴西使用的准静态测试和动态拉伸测试是最简单的方法之一[20]，其中高脆性圆盘试样由于在压缩下产生的横向拉伸应力而分裂。试样在承受直接拉伸载荷与保持类似试样有关的问题，消除了产生高脆性拉伸试样的复杂性。这项测试技术已被用于高敏感性聚合物黏结炸药（PBX）的高应变速率表征过程中[21]。应变速率、应变硬化和温度相关的机械响应可为PBX本构模型的发展奠定基础[22]。

研究者不仅要严格注意含能材料的感度，而且要注意爆炸引起的冲击影响也是烟火、约束设计中一个极具挑战的问题[23]。在爆炸中，含能碎片比惰性碎片传递更多的能量和更多的有害性。Ames开发了一种表征爆炸物含能碎片的测试方法。当炸药被装在通风的房间中并以不同的速度受到弹道冲击时，含能碎片的高速影像便会被捕获到。使用应变压力传感器测量腔室压力。利用一维（1D）冲击波理论得出飞行碎片产生的临界能量。

在炸药动态特性的分析验证上已尝试使用反应动力学（RD）模拟器[24]。通过施加反作用力场，模拟了高速率压缩/膨胀下含能材料的分析响应。高能晶体基于极限压缩比（LCR）在高压缩率下分解为初级产物或初级和次级产物。压缩比CR低于LCR，仅引起初级分解，而CR同时产生的初级和次级副产物更高于LCR。

为了提高产品性能和信赖度，烟火技术或装甲设计要求进行实验研究，并进行分析/数字验证。激光冲击实验是一种选择[25]。薄层装甲样品经受高功率脉冲激光束会产生反应性压缩脉冲，该脉冲通常比常规炸药加载或板撞击产生的脉冲高2~3个数量级。在这种情况下，假设具有单轴应变的平面波前结合三角压力曲线通过样品理想的传播。当材料熔化时，峰值压力下降。来自自由表面的冲击波反射产生了与入射卸载波相互作用的微滴。如果材料已经在压缩状态下熔化，则散裂会导致材料分离成细小液滴，这些细小液滴会以微喷射的形式喷出。在后期的破碎过程中，未剥落的熔融层分离成大的球形液滴。可以使用整体能量方法对微液滴进行建模，如果应变势能克服了有限的表面能，液态金属就会碎裂。

5.2 结　论

本章重点介绍了含能材料的动力学特性领域中的研究以及对炸药的高力学性能的最新研究。介绍了各种试验技术，包括分离式霍普金森压杆、冲击、碰撞、摩擦和落锤测试。概述了试验和诊断技术的研究进展。讨论了极限负荷条件下含能材料动态行为的损伤模拟的作用。通过试验获得的与炸药动态力学行为相关的定量信息，可为设计更有效的新型炸药及其在可预测的安全条件下改进加工、包装和运输技术提供重要的信息。

参考文献

[1] R. L. Peeters, 1982, Characterization of plastic bonded explosives, *Journal of Reinforced Plastics and Composites*, 1 (2), 131-140.

[2] J. E. Field, S. J. Palmer, and P. H. Pope, 1985, Mechanical properties of PBX's and their behaviour during drop-weight impact, in *Proceedings of the 8th International Detonation Symposium*, Albuquerque, NM, July.

[3] S. J. Palmer, J. E. Field, and J. M. Huntley, 1993, Deformation, strengths and strainsto failure of polymer bonded explosives, *Proceedings of the Royal Society A*, 440, 399-419.

[4] D. R. Drodge, J. W. Addiss, D. M. Williamson, and W. G. Proud, 2007, Hopkinson barstudies of a PBX simulation, *AIP Conference Proceedings*, 955 (1), 513-516.

[5] G. T. Gray Ⅲ, W. R. Blumenthal, D. J. Idar, and C. M. Cady, 1998, Influence of temperature on the high-strain-rate mechanical behavior of PBX, 9501, *Aip Conference Proceedings*, 429 (1), 583-586.

[6] W. R. Blumenthal, G. T. Gray Ⅲ, and D. J. Idar et al., 2000, Influence of tempera-tureand strain rate on the mechanical behavior of PBX, 9502 and Kel-F 800TM, *Aip Conference Proceedings*, 505 (1), 671-674.

[7] G. T. Gray Ⅲ, D. J. Idar, W. R. Blumenthal, C. M. Cady, and P. D. Peterson, 1998, Highand-low strain rate, compression of several energetic material composites as a function of strain rate and temperature, in *Proceedings of the 11th International Detonation Symposium*, Snowmass, CO.

[8] R. K. Govier, G. T. Gray Ⅲ, and W. R. Blumenthal, 2008, Comparison of the influence of temperature on the high-strain-rate mechanical responses of PBX 9501 and EDC37, *Metallurgical and Materials Transactions A: Physical Metallurgy and Materials Science*, 39 (3), 535–538.

[9] C. M. Cady, W. R. Blumenthal, G. T. Gray Ⅲ, and D. J. Idar, 2006, Mechanical properties of plastic-bonded explosive binder materials as a function of strain-rate and temperature, *Polymer Engineering and Science*, 46 (6), 812–819.

[10] D. M. Williamson, C. R. Siviour, W. G. Proud et al., 2008, Temperature-time response of a polymer bonded explosive in compression (EDC37), *Journal of Physics D: Applied Physics*, 41 (8), Article ID 085404, 10.

[11] J. Li, F. Lu, J. Qin et al., 2011, Effects of temperature and strain rate on the dynamic responses of three polymer-bonded explosives, *The Journal of Strain Analysis for Engineering Design*, 47 (2), 104–112.

[12] J. Li, F. Lu, R. Chen et al., 2011, Dynamic behavior of three PBXs with different temperatures, in *Dynamic Behavior of Materials*, Vol. 1, Conference Proceedings ofthe Society for Experimental Mechanics (June 2011), Uncasville, CT, pp. 135–140, Springer.

[13] J. Qin, Y. Lin, F. Lu, Z. Zhou, R. Chen, and J. Li, 2011, Dynamic compressive properties of a PBX analog as a function of temperature and strain rate, in *Dynamic Behavior of Materials*, Vol. 1, Conference Proceedings of the Society for Experimental Mechanics (June 2011), Uncasville, CT, pp. 141–146, Springer.

[14] D. G. Thompson, R. Deluca, and G. W. Brown, 2012, Time-temperature analysis, tensionand compression in PBXs, *Journal of Energetic Materials*, 30 (4), 299–323.

[15] UN Recommendation on the Transport of Dangerous Goods, Manual of Tests and Criteria, 6th Edition, United Nations, New York, ISBN 978-92-1-139155-8, 2015.

[16] EN 13631-4: 2002 Explosives for civil uses. High explosives Part 4: Determination of sensitiveness to impact of explosives, British Standard Institute, ISBN 0-580-42007-8, 2003.

[17] NATO STANAG 4489, Document information: Explosives, impact sensitivity tests, 1999.

[18] European Commission Directive 92/69/EEC, method A14: Explosive properties, *Official Journal*, 1992.

[19] T. Schmidt, F. Gartner, and H. Kreye, 2003, High strain rate deformation phenomena in explosive powder compaction and cold gas spraying, *TSS ASM International*, 10, 9–18.

[20] B. Pramanik, P. R. Mantena, T. Tadepalli, and A. M. Rajendran, 2014, Indirect tensile characterization of graphite platelet reinforced vinyl ester nano-composites at high-strain rates, Open Journal of Composite Materials, 4, 201–214.

[21] S. G. Grantham, C. R. Siviour, W. G. Proud, and J. E. Field, 2004, High-strain rate Brazilian testing of an explosive simulant using speckle metrology, *Measurement Science*

and Technology, 15 (9), 1867-1870.

[22] Y. Lin, B. Xu, R. Chen, J. Qin, and F. Lu, 2014, Dynamic mechanical properties and constitutive relation of an aluminized polymer bonded explosive at low temperatures, *Shock and Vibration*, 2014 (2014), Article ID 918103, 6.

[23] P. Luo, Z. Wang, C. Jiang, L. Mao, and Q. Li, 2015, Experimental study on impact-initiated characters of W/Zr energetic fragments, *Materials and Design*, 84, 72-78.

[24] L. Zhang, V. Z. Sergey, C. T. V. Adri, and A. G. William, 2010, Modeling high rate impact sensitivity of perfect RDX and HMX crystals by ReaxFF reactive dynamics, *Journal of Energetic Materials*, 28, 92-127.

[25] T. Resseguier, L. Signor, A. Dragon, and G. Roy, 2010, Dynamic fragmentation of laser shock-melted tin: Experiment and modelling, *International Journal of Fracture*, 163, 109-119.

第6章　高能炸药的可持续发展

诺亚·利布，内哈·梅塔，卡尔·D. 奥勒，金伯利·耶里克·斯潘格勒

6.1 引　　言

高能炸药继续在全球范围内的战场和商业领域发挥着举足轻重的作用。这些材料每年都会被大量生产；在美国，用于军事目的的高能炸药每年的生产总量达数百万磅[1]。绝大多数情况下，所使用的爆炸物和配方不是新材料；它们是在几十年前研发的（有时甚至是几个世纪前），当时环境和毒性的影响通常不是材料选择考虑的首要因素。但是，由于美国环境保护局（EPA）制定了日益严格的环境法规以及欧盟（EU）制定的化学品限制（REACH）法规[2]，因此发展更具可持续性、环保性炸药及其配方的需求更为迫切。

在分类方面，高能炸药被定义为在受到刺激时能够爆炸的物质（意味着它们可以分解产生以超音速传播的冲击波）。根据其性质和预期作用，它们可以粗略地分为不同的子类别，通常为第一级（起爆）炸药或第二级（猛）炸药。在这些炸药中，第一级炸药是最敏感的、能量较低。它们的作用是将热能或机械能（例如撞针的撞击）转换为能够触发能量更高但感度较低的二级炸药[3]。将第二级炸药设计得尽可能不敏感，同时保持炸药的爆炸性能，以便最大限度地减少在生产或现场事故中意外引爆的可能性。实际上，在现代炸药领域中，大量研究与开发不敏感弹药（IM），其目的是高度防止诸如子弹/碎片撞击、火灾、附近其他炸药爆炸等事件发生[3]。

6.1.1 高能炸药发展的历史概述

黑火药（火药）是木炭、硝酸钾和硫黄的混合物，其可追溯到公元1000年，在含能材料的大部分历史都占据上风[4]。黑火药可用作推进剂、烟火药和爆炸物（包括第一代和第二代炸药）中。作为炸药，它通常只能在受到严格限制的情况下才能很好地发挥作用，一般不是特别有效。直到19世纪30

年代，法国化学家 Henri Braconnot 首次用植物淀粉和硝酸合成硝基淀粉，才研发出现代第二代高能炸药[5]。随后，阿尔弗雷德·诺贝尔（Alfred Nobel）发明了商业炸药，通过将先前有害的硝化甘油（NG）吸收到硅藻土中使其稳定下来。19 世纪末，苦味酸（一种可熔化的高能炸药）得到了广泛使用，因为它适用于将炸药直接熔入炮弹中的新工艺[6]。德国在 20 世纪初开始使用 TNT（2,4,6-三硝基甲苯），可以说它是最著名的高爆炸性化合物；在此之前，TNT 的最佳用途是在染料行业。该炸药具有与苦味酸相同的可熔铸能力，在第一次世界大战和第二次世界大战中被大量使用。在第二次世界大战的后期，1,3,5-三硝基-1,3,5-三氮杂环己烷（RDX）被加入军事用炸药配方中。第二次世界大战后，硝胺化合物 RDX 及其更高能的相关化合物 1,3,5,7-四硝基-1,3,5,7-四氮杂环辛烷（HMX）已成为生产量最大的军事用高能炸药（图 6.1）。尽管用 RDX 和 HMX 的熔点高而无法进行熔铸，但它们相较于 TNT 具有更强的爆炸威力。美国军方继续使用 TNT，但几乎从未将其单独使用。取而代之的是，它通常与 RDX 一起用于一种称为 B 炸药（Comp B）的通用配方中。该配方在熔融 TNT 中利用 RDX 的高溶解度进行可熔融浇注的炸药填充。现代高能炸药研究的重点是通过调控 HMX 或 RDX 的配方组成或通过替代炸药来改善高能炸药配方的钝感特性。

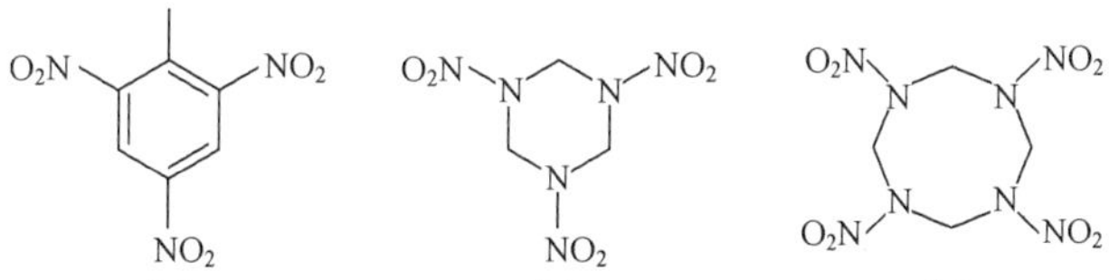

图 6.1　常用的第二代高爆炸药结构

（a）TNT；（b）RDX；（c）HMX。

起爆药的发展过程与猛炸药相似。最早替代黑火药作为起爆药的很可能是雷汞。它是 19 世纪初开始作为冲击起爆药配方的关键成分发展起来的[7]，后来在 1867 年诺贝尔把它作为第一个商业火帽的基料。之后，它成为雷管引爆的首选炸药以及用于小型武器的撞击火帽中的烟火剂组分，逐渐确立了自己的地位。雷汞远非一个完美的化合物，它难以储存，且价格相对昂贵，即使在 20 世纪初，汞本身就具有很高的毒性[9]。由于这些原因，在 20 世纪 20 年代前后叠氮化铅逐渐取代了雷管中的雷汞。

叠氮化铅由于与铜及其合金的化学不相容性等原因（例如，子弹盒外壳中常用的黄铜），而不适用于火帽配方[10]。相反，另一种铅基起爆药的组合——斯蒂酚酸铅和四氮烯［1-(5-四唑基)-3-胍基四氮烯水合物］在撞击火帽中非常有效，并且是自第二次世界大战以来大多军事和民用小武器弹药的基础[7]。今天，叠氮化铅和斯蒂酚酸铅仍然是军事和民用应用中最常用的主要炸药，每种化合物都有几种变体（图 6.2）。

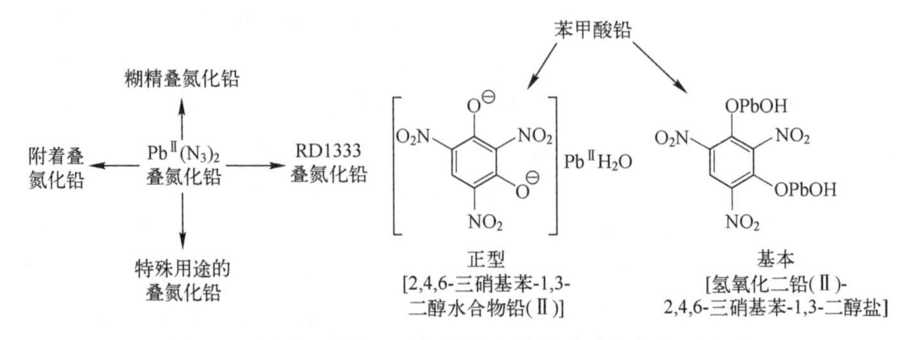

图 6.2　铅基起爆药、叠氮化铅和斯蒂酚酸铅的常见品种

叠氮化铅通常与各种添加剂或聚合物涂层结合可以控制感度。一些更常见的类型如下：糊精叠氮化铅（DLA），涂有糖基聚合物糊精；附着叠氮化铅（SLA），其中含有碳酸钠作为添加剂，可以避免敏感的晶体形态；特殊用途的叠氮化铅（SPLA），涂有羧甲基纤维素（CMC）聚合物；RD1333 叠氮化铅，也涂有 CMC，但其工艺与 SPLA 略有不同[11]。斯蒂酚酸铅具有两种不同的化学形式，均在商业上生产，即正型［2,4,6-三硝基苯-1,3-二醇水合物铅(Ⅱ)］和基本型［氢氧化二铅(Ⅱ)-2,4,6-三硝基苯-1,3-二醇盐］[9-10]。

6.1.2　对绿色炸药的需求

美国军事和商业部门每年消耗大量炸药，这意味着这些材料可能对环境和人类健康造成严重影响。目前，特别令人关注的是含铅的起爆药、叠氮化铅和斯蒂酚酸铅，以及最常用的猛炸药 RDX。当这些材料首次被用于武器系统时，没有一种材料被广泛认为具有毒性或对环境有害。从历史上看，铅被认为是一种常见的、无害的、廉价的金属，从水管到油漆，它被广泛使用。大多数人还认为 RDX 在生态上无害，其报道的毒性作用是有意摄入引起的。这一发现主要来自越南战争期间一些美国士兵嚼口香糖[5]。

后来的评估证明这些假设是错误的，特别是铅。20 世纪 80 年代，铅暴露出与人类尤其是儿童的重大急性和慢性健康问题有关，因此，铅已成为高度管制的物质[12]。具体来说，美国 1963 年的《清洁空气法》和 1972 年的《清洁水法》都将铅列为有毒污染物[10,13]。有关铅的法规在不断增加。在过去 10 年中，EPA 将铅的国家环境空气质量标准（NAAQS）降至 0.15μg/m^3，与之前的值相比降低了一个数量级。

该限制不仅适用于美国，根据REACH法规，叠氮化铅和斯蒂酚酸铅被列为备受关注的物质，将来其他国家也可能会受到使用限制。2013年，美国国家科学院发布了一项研究，发现美国职业安全与健康管理局（OSHA）制定的当前铅的职业暴露水平（OEL）不能保护陆军射击场和射击范围的工人和士兵。工人在正常操作中经常暴露于不安全的铅水平中。因此，陆军公共卫生中心的任务是开发修订OEL，最早在2016年执行。2015年，俄勒冈州国民警卫队关闭了所有的12个室内射击场，原因是在小口径弹药训练中释放出大量铅尘[14]。一般而言，美军的目标是根据2015年第13693号行政命令的规定，减少或消除在联邦设施使用的所有有害物质。

相对较高的RDX急性口服剂量会引起人癫痫发作，并因长期低水平的口服暴露会引起动物癫痫发作[1,15]。尽管EPA已确定RDX为潜在的人类致癌物，但长期、低水平暴露于人类的影响尚不清楚[1,16]。在环境运输方面，RDX可以通过对有机碳的低亲和力和有限的水溶性进入地下水（在20℃的水中溶解度为38~60mg/L)[1]，这表明其具有中等到很高的土壤迁移能力，且生物降解过程非常缓慢。当前EPA关于生活饮用水健康建议RDX在饮用水中溶解度是2μg/L[17]。研究还表明，其对其他野生动物的不良影响，如鸟类、爬行动物、两栖动物、鱼类和无脊椎动物的口腔接触相对较大[18]。在植物中的研究表明，RDX可能在植物和果实中生物积累，达到植物蒸发转运速率的大致相当水平[1]。EPA正在开发修订版的RDX综合风险信息系统毒理学评论，并于2016年3月发布了公众意见草案以供审查。继续使用RDX和铅基弹药进行训练具有非常明显的影响。除了靶场清理和补救要求外，1997年，EPA还由于污染（例如可测量的RDX、铅、高氯酸盐）通过SDWA 1-97-1030（AO2）行政命令，限制了马萨诸塞州军事保留区（MMR）的所有实弹训练[19]。截至2016年，MMR的训练恢复得非常有限。

6.1.3　新炸药环境安全与职业健康评价

当寻求开发适合替换或改进这些有问题的传统材料的新型炸药和配方时，当今的含能材料配方设计师除了应对新型复合材料性能、感度和可生产性标准的挑战之外，还面临着生产要满足严格的环境要求（图6.3)。开发这些新的含能配方常用的策略是添加新型的单分子含能组分。在含能配方研究的早期研究和开发阶段，筛选新的单分子含能组分，以评估其对环境、安全和职业健康（ESOH）的影响。

通过收集以下数据初步说明ESOH的影响，特别是关于哺乳动物/水生毒性、致命性和在环境中的运输方面的影响。

图 6.3　含能材料的配方要求

(1) 毒性筛查（体外）：

① Ames 致突变性测试[20]；

② 中性红光吸收引起急性毒性[20-21]；

③ 水生毒性的 Microtox 测试（费氏弧菌的生物发光）[20]。

(2) 生存和运输指标（实验数据）：

① 水溶性[22]；

② 土壤有机碳/水分配系数（K_{oc}）[21,23]；

③ 辛醇-水分配系数（K_{ow}）[21,24]；

④ 蒸气压[21,25]。

ESOH 专家评估每种配方组分的数据，并就新型组分对含能材料配方的影响提供建议。在确定未来配方开发时，将筛选测试的结果与性能、感度和可生产性的标准结合使用。尽管这些是目前正在开发中的对弹药化合物进行的最常见的 ESOH 测试，但仍在不断寻求改进测试机制，并且将来有可能将其纳入其中。同时，如 6.2.1 节、6.2.2 节、6.3.1 节和 6.3.2 节中所述，在开发新的炸药材料时，必须权衡所有可用的 ESOH 数据。

6.2　绿色主要炸药候选物和无害加工方法

如前所述，迫切需要从起爆药和相关配方中替代重金属，例如铅和汞。这些材料目前以各种方式存在，包括引信、雷管和火帽。尽管在 20 世纪开发了许多替代化合物，但很少有化合物替代常见有毒遗留材料（如叠氮化铅和斯蒂酚酸铅）的可能，并展示所需的多功能性和性能。这种稀缺性的原因是由于其漫长而全面的开发过程（图 6.4），其中必须满足的大量的苛刻标准，如下所示[26]：

(1) 相对安全/可预测的处理特性；

（2）良好的引爆能力（可靠地引爆猛炸药和其他含能材料）；
（3）熔点大于或等于90℃；
（4）热稳定性大于150℃；
（5）长期化学稳定性；
（6）避免已知毒素（例如有毒重金属、高氯酸盐（ClO_4^-）和肼）；
（7）容易/负担得起的生产和非军事化。

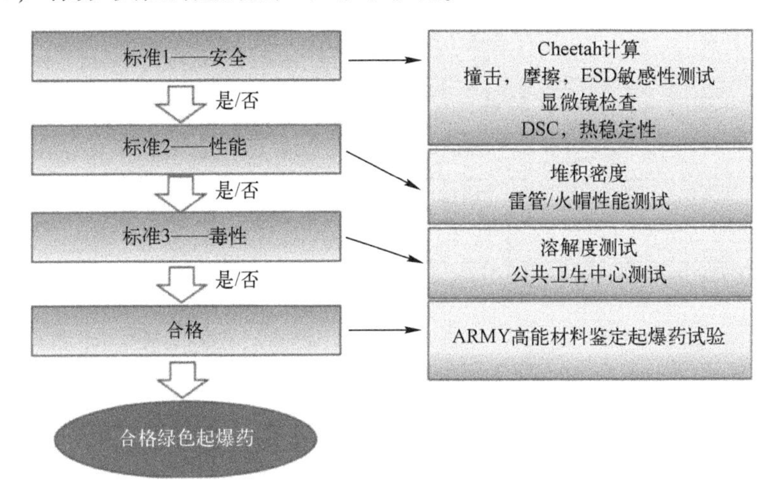

图6.4　开发绿色起爆药的一般程序

6.2.1　5-硝基四唑亚铜（Ⅰ）

多年来，研究者探索了许多不同的起爆药候选物，但大多数起爆候选物未能满足所需特性中的一个或多个。迄今为止，由太平洋科学含能材料公司（PSEMC）开发的5-硝基四唑亚铜（Ⅰ）（DBX-1）（图6.5）是最有前景的叠氮化铅绿色替代材料，该合同是根据美国海军陆战队作战中心Indian Head（NSWC-IH）于2005年签署的[27]。它的感度和爆炸性能可与叠氮化铅和斯蒂酚酸铅相媲美（表6.1）。DBX-1密度较低，因为它是基于铜而不是重金属，但与叠氮化铅和斯蒂酚酸铅相比，放热更多。它与RDX、HMX和PETN（季戊四醇四硝酸酯）等其他常见炸药以及铝、钢、黄铜和铜等常见的外壳材料相容[27]。美国陆军装备研究、开发和工程中心（ARDEC）已成功测试了DBX-1，作为起爆器、雷管等用叠氮化铅的替代品。同样，它已经成功地用于起爆药配方（例如，针刺起爆混合物NOL-130）替代叠氮化铅和斯蒂酚酸铅。它显示出作为撞击火帽配方（例如FA-956和PA-101）中的斯蒂酚酸铅替代品已取得初步成功。

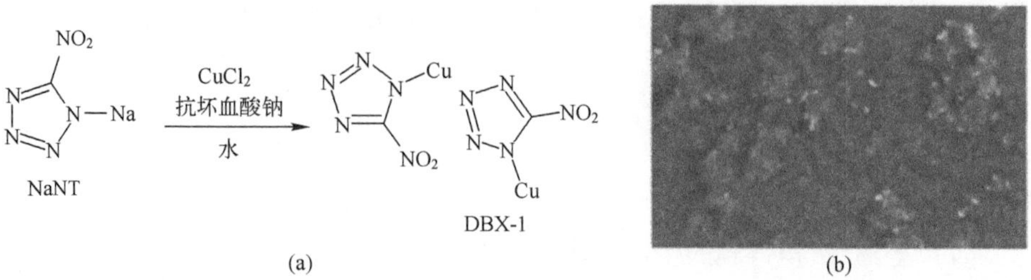

(a)　(b)

图 6.5　(a) 由 NaNT 合成 DBX-1 和 (b) DBX-1 晶体的物理外观

表 6.1　与传统起爆药相比 DBX-1 的感度和特性数据

材　料	撞击/in	摩擦载荷/N	ESD/mJ	密度/(g/cm^3)	DSC Te. /℃	VOD/(m/s)
DBX-1	4	<0.1	3.1	2.58	333	约 6900
叠氮化铅	7~11	<0.1	4.7	4.80	315	5300
苯甲酸铅	5	0.4	0.2	3.00	282	4900

注：1in≈0.025m。

PSEMC 已将 DBX-1 放大到 100g 级，并且还通过了美国海军高能材料鉴定委员会的鉴定。美国陆军通过陆军高能材料鉴定委员会鉴定了 500g 批量。DBX-1 已在陆军 M55 针刺雷管中成功测试 [图 6.6 (a)、(b)]，以取代叠氮化铅作为雷管传爆药，并从 NOL-130 针刺起爆药混合物中取代了叠氮化铅和斯蒂酚酸铅。M55 被广泛用于火炮和迫击炮引信，因此其是理想的测试平台。DBX-1 已经在常用的陆军 M67 手榴弹的 M213 引信使用更大的 C70 雷管 [图 6.6 (b)]，以及其作为传爆药中的叠氮化铅的替代品在常用的 M6 和 M7 雷管上成功进行了测试，并在雷管的初始装药中代替了斯蒂酚酸铅。DBX-1 已在普通的 M100 电雷管中成功进行了测试 [图 6.6 (c)]，以取代基于斯蒂酚酸铅起爆药以及用于传爆药中的叠氮化铅。它还在 APOBS（杀伤人员障碍物突破系统）引信中起作用，替代了双 5-硝基四唑汞（DXN-1）来引发输出装药，组成 A5（基于 RDX 的配方）。基于汞的炸药的危险性与含铅炸药相同，并且合成成本也很昂贵。

除雷管外，引信是另一类重要的起爆组件。例如，几乎所有小武器弹药都使用撞击火帽。引爆物中的制剂包含起爆药，旨在立即对刺激做出反应，并提供足够的能量输出，以引发各种火药、延期药、点火器或其他烟火药。刺激包括敲击（撞击冲击）、电（桥式）、激光或热源。引信的成分和用途与雷管（如 M55）所使用的针刺混合物相似。但是，它们并不需要具有与针刺混合物相同的高冲击输出。它们的主起爆药组分是通用的叠氮化铅或斯蒂酚酸铅类盐。DBX-1 也正在探索用作引信配方 [如 FA-956 或 PA-101（表 6.2)]

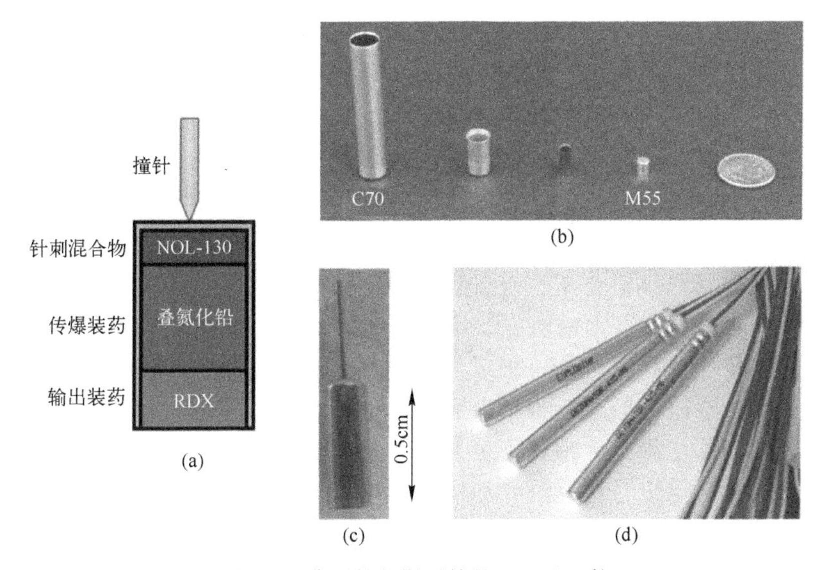

图6.6 典型的起爆雷管的配置及配件

(a) 典型的起爆雷管的配置；(b) 各种雷管杯的照片；(c) 普通M100电雷管；(d) 商业电爆破帽。

中的斯蒂酚酸铅替代品，这些配方目前用于中小口径引信、手榴弹引信［例如M42，猎枪外壳（W209）］和其他几个平台。这些配方已在引信配置中进行了测试，并提供了与基于铅的引信配方等效的压力输出。

表6.2 普通起爆药配方实例[28]

化合物	NOL-130	NOL-60	PA-101	FA-956
应用	针刺雷管	引信	引信	引信
组分				
叠氮化铅	20			
斯蒂酚酸铅	40	60	53	37
硝酸钡	20	25	22	32
四氮烯	5	5	5	4
三硫化锑	15	10	10	15
PETN				7
铝			10	

目前，ARDEC正在与Nalas工程公司合作开发一种替代物的一锅法工艺，以扩大其前驱体材料NaNT（5-硝基四唑酸钠）的规模，这是基于我们先前优化合成的工作[29]。许多含能产品拥有共同的前驱体。例如，除DBX-1外，四胺双（5-硝基-2H四唑-N2）四胺高氯酸钴（Ⅲ）、DXN-1和其他几种化

合物都使用 NaNT 作为前驱体。已经证明，NaNT 的纯度可以显著影响生成所需产物的能力。Fronabarger 等已确定 NaNT 纯度强烈依赖成功分离 DBX-1 的能力[29-30]。DBX-1 目前正按比例扩大至 1kg 批量，以满足 DoD 替换叠氮化铅、斯蒂酚酸铅引发剂和其他起爆药配方的需要。

6.2.2 其他无铅起爆药

除 DBX-1 之外，研究者正在考虑使用其他起爆药来替代铅基材料（如表 6.3 中概述）[10]。对于叠氮化铅占主导地位的起爆器和雷管应用中，叠氮化银是一种可行的替代方法。它是一种成熟的、热稳定的起爆药，正在研究其在某些应用中替代叠氮化铅或斯蒂酚酸铅的方法。然而，叠氮化银的生产价格非常昂贵，与四苯化物（火帽和针刺混合物配方中的常见成分）不相容，并且是光敏的。叠氮化银的着火温度和撞击感度低于叠氮化铅。它还会与普通的外壳材料（如铜和铝）起反应[9]。

表 6.3 其他绿色用于替代叠氮化铅和斯蒂酚酸铅的起爆药

材　料	优　点	缺　点
叠氮化银	热稳定	• 昂贵 • 与四苯不兼容 • 光敏
三叠氮氰（TTA）	易于合成	• 低熔点 • 高蒸气压
KDNP（5,7-二硝基-(2,1,3)-苯并噁二唑-4-醇酸酯 3-氧化物钾）	根据 NAVSEA 8020.5℃ 的规定，2009 年被 NSWC-IH 评为 LS 替代品	• 高感度 • 仅合格于 5g 批量
红磷	与 LS 具有相似的感度和点火发热并且符合性能规格	• 制造困难 • 过去与材料相关的大量事故报告
DDNP（重氮二硝基苯酚）	用于商业绿色底漆配方，如 SINTOX	• 不稳定，超过 100℃ 分解 • 认为在低温下表现较差 • 略吸湿 • 光敏
NHN（硝酸肼镍）和 CoHN（硝酸肼钴）		• 不环保 • 不够灵敏，无法满足大多数主要爆炸应用的性能要求

三叠氮三乙酸甘油酯（也称三叠三嗪甘油酯，TTA）是一种已知的起爆药，已在雷管（以及某些引信配方）中进行评估。尽管它通常表现良好并且具有简单的一步合成法，但该材料显示出不良的特性，例如低熔点和升华趋势。这些特性使其在大多数情况下不可行[10]。Klapötke 等[31]最近报道了其他炸药，例如二硝胺双（四唑）钾盐（K_2DNABT），尽管满足了起爆药的感度要求，但一般不适用于小型雷管。该材料可能适用于较大的雷管和引爆器，但还需要进行其他研究和开发，包括优化其合成/放大方法。

对于基于斯蒂酚酸铅的引信配方，还存在其他几种候选物。另一个长期存在的起爆药是 DDNP（2-重氮-4,6-二硝基苯酚），最近已被用作起爆器配方（如 SINTOX）中的斯蒂酚酸铅替代品[7]。但是，DDNP 有一定水溶性，并且在 60℃以上热稳定性差（在高于 100℃的温度下会分解）。此外，该化合物对压力敏感，是一种过敏源，并且具有光敏性[7]。最近的替代品是 KDNP（5,7-二硝基-(2,1,3)-苯并噁二唑-4-油酸酯 3-氧化物钾），被美国海军认定为斯蒂酚酸铅的替代品；但是，它的规模还没有扩大到超过 3~5g，这意味着要使其可行，还需要进行大量的开发工作。亚稳态分子间复合材料（MIC），也称纳米铝热剂，正在研究将其用于引信。这些通常使用纳米铝和纳米氧化铋以及其他成分构成的复合物。与纳米材料相关的 ESOH 风险存在很大的不确定性。然而，有证据表明，纳米级颗粒可能对工作人员构成重大而独特的风险。另外，正在探索纳米级燃料，例如用于引信的多孔硅以及气相沉积涂层技术，以使起爆药在生产环境中更易流动。表 6.3 还突出显示了其他一些正在研究的无铅起爆药材料。

6.2.3　起爆药安全措施

除了开发绿色的起爆药外，研究者还同时努力消除与合成和处理起爆药有关的人员和设备的危险。标准操作程序要求工人在每次处理起爆药时，都要穿棉服（包括内衣）、导电鞋、凯夫拉手套、皮大衣等。建议采取额外的安全措施，包括在生产材料的区域如何疏散工人。因此，ARDEC 与富兰克林工程公司合作开发了定制的合成和放大系统，以安全地制造起爆药。图 6.7(a)、(b) 分别为起爆药自动化远程实验室合成器（PEARLS）和起爆药自动化远程放大系统（PEARSS）。

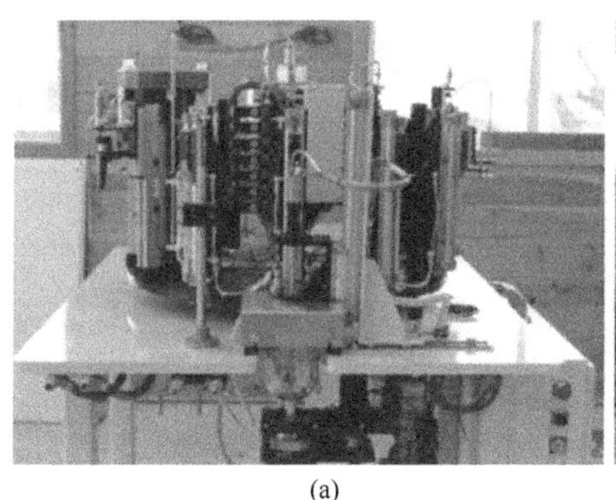
(a)

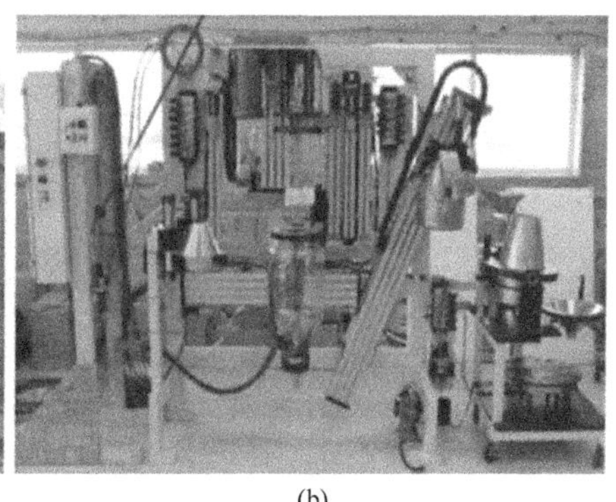
(b)

图 6.7　起爆药自动化远程实验室合成器和起爆药自动化远程放大系统

6.3 RDX 替代物

美国国防部（DoD）正在研究在第二代高能炸药配方中使用新的绿色RDX替代品，这些配方具有较低的毒性、较少的危险燃烧/爆炸产品、等效的性能，并且满足或超过联合要求监督委员会113-04 IM合规性要求。RDX是美国弹药中最常见的爆炸性成分，但是，它的毒性和敏感性特性对能够满足环境和IM要求的基于RDX的配方的开发提出了挑战。基于RDX的弹药的测试和实施可能会使人员和周围社区面临暴露的危险。如前所述，人类暴露于RDX环境与诸如癫痫发作、迷失方向和健忘症等症状相关[15]，长期在此环境暴露的动物已引起肝肾损害[16]。因此，有大量的研究致力于开发主要由氮原子组成的高能量密度材料（HEDM），形成绿色炸药，爆炸时主要释放出对环境无害的四氧化二氮[32]。此外，这些化合物通常具有高能量、高密度和低毒性。本章将重点介绍两种绿色第二代炸药：5,5′-联四唑-1,1′-二氧二羟胺（TKX-50）和1-甲基-5-硝氨基四唑三氨基胍盐（TAGMNT）。

6.3.1 TKX-50

TKX-50是一种基于四唑的N-氧化物，由Fischer等于2012年首次报道[33]。该报告包括初步性能计算和实验，已通过包括环境质量技术污染预防（EQT P2）项目和联合不敏感弹药技术计划（JIMTP）在内的多个项目，对这种绿色高能材料进行了研究。ARDEC进行了初步研究，以评估生产TKX-50的合成可行性[34]。最初的合成实验是成功的。但是，有人指出，未来应研究在不使用有毒氯气的情况下生产TKX-50。TKX-50的小规模感度测试（撞击、摩擦和静电放电）与RDX相当（表6.4）[35]。对水生毒性的生物测定表明，TKX-50对费氏弧菌的毒性比RDX低得多，费氏弧菌可以用作急性毒性的体外模拟生物（图6.8）[33]。

表6.4 TKX-50和TAGMNT的小尺寸感度测试结果

感　度	TKX-50	TAGMNT
撞击/(H_{50}/cm)	45.5	34.3
摩擦载荷/N	120.0	141.1
静电放电/J	0.09	0.25

预计TKX-50具有很高的性能，可与RDX和HMX媲美。Cheetah 6.0的计算结果如表6.5所示。

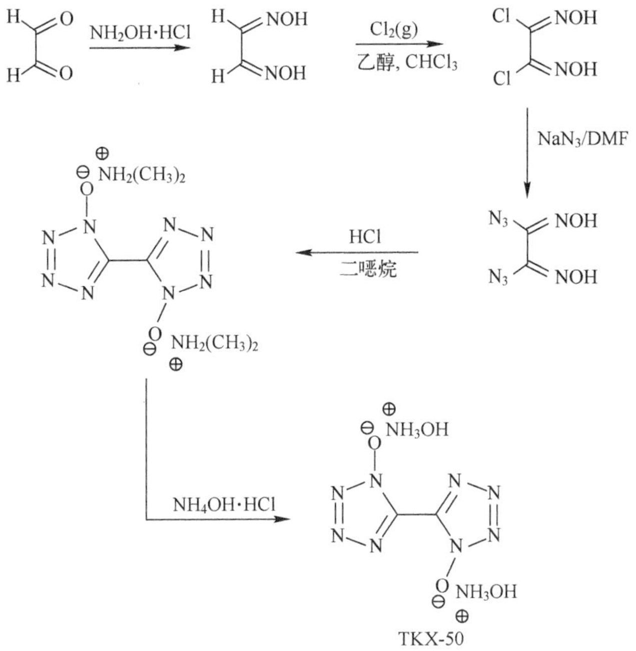

图 6.8　TKX-50 的合成

表 6.5　TKX-50 的 Cheetah 6.0 计算结果

化合物	密度/(g/mL)（98%TMD）	爆速/(km/s)	CJ 压力/GPa	格尼能
TKX-50	1.83	9.50	37.50	3.02
PBXN-5	1.86	8.75	35.32	3.11
Comp A5	1.75	8.25	30.73	2.95
PBXN-9	1.72	8.43	29.52	2.90
PAX-46	1.77	8.47	31.25	3.07

6.3.2　TAGMNT

高氮盐 TAGMNT（图 6.9）有望作为绿色 RDX 替代品。TAGMNT 在 2008 年首先由 Klapötke 等合成[36]。

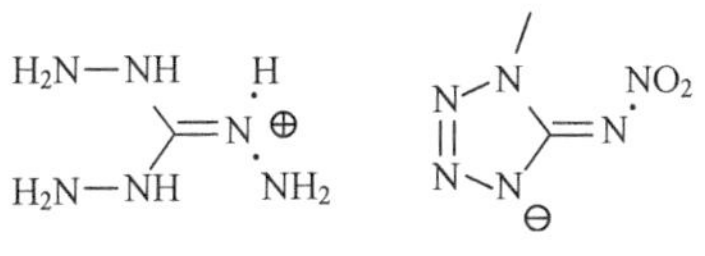

图 6.9　TAGMNT 结构

TAGMNT在163℃熔化，此后很快分解，并且峰值分解温度为235℃，如图6.10差示扫描量热法（DSC）所示。

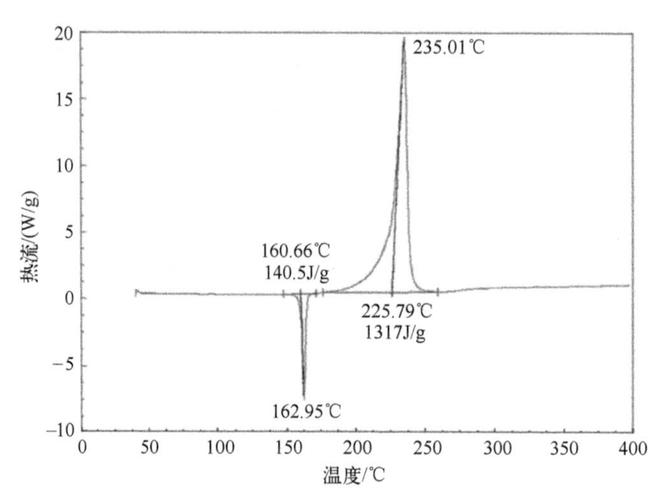

图6.10 TAGMNT的DSC热分析曲线

熔化温度和分解温度均在陆军炸药装药的可接受范围内（熔化温度≥70℃，起始分解温度≥160℃）。扫描电子显微镜（SEM）显示呈双峰分布的立方体颗粒约为500μm和小于100μm（图6.11）。

图6.11 TAGMNT颗粒放大100倍的SEM图

TAGMNT计算得出的性能类似RDX（表6.5），并且对撞击、摩擦和ESD刺激比较敏感（表6.4）。Williams等进行了TAGMNT的初步毒性评估[37]，确定了 TAGMNT 不是诱发有机体突变的物质，也不是引起痉挛的物质。此外，TAGMNT 表现出降低水中毒性的可能性。在老鼠的急性/亚急性口服体内毒性试验中也评估了 TAGMNT。在每天高于 500mg/kg 的剂量下，TAGMNT 影响老鼠的肝脏。总的来说，TAGMNT 的毒性比 RDX 低几个数量级。

6.4　猛炸药的绿色处理方法

对含能材料的合成和含能配方的加工实现绿色制造是未来的迫切需求。美国当前的州和联邦法规对下一代含能材料的制造提出了挑战，美国的研究人员认识到欧洲的研究机构有更加严格的要求。为了减少含能材料合成和加工对环境的影响，应限制溶剂、水和能源的消耗。另外，含能材料合成过程应更加环保。当前，使用大型蒸汽加热反应器批量生产含能材料，溶剂稀释方法是通过与溶剂的热交换来控制放热反应。含能配方主要通过熔融浇注、浇注固化或对组分进行包覆来加工。下一代含能材料的合成和加工正朝着利用 Advanced-Flow™反应器（AFR）和共振声混合（RAM）技术的方向发展。

为了便于生产熔注装药，在蒸汽加热的釜中将含能材料加热到其熔点，然后添加含能固体颗粒，接着将熔融的悬浮液倒入模具中。因为不需要其他溶剂，熔融浇注的配方几乎没有浪费。而且釜中残留的物料可以重新熔化再利用。基于蒸汽的熔注装药是高能耗的，并且仅局限于熔注装药有合适熔点的含能材料。

通过将固体含能颗粒悬浮在行星式混合器的液体聚合物系统中，然后添加黏结剂生产浇注固化的高聚物黏结炸药（PBX）。在固化前，将悬浮液倒入模具中。浇注固化工艺需要使用有毒的异氰酸酯固化剂，并且混合组分中固化剂的存在会导致模具清理过程烦琐。由于黏结剂是不可逆的，因此无法重新使用浇注固化的 PBX 剩余药品。

最后，将含能材料在热水中悬浮并快速混合来生产塑料黏结炸药造型粉，然后在溶剂中加入聚合物，其可加速晶体包覆。在造型粉的生产过程中，乙酸乙酯或丁酮有机溶剂通常用作溶剂。造型粉通过过滤、洗涤分离后，将剩余的包含水和溶剂的混合物倒掉。该乳液包覆过程会产生大量受污染的水/溶剂混合物。通常，将体积为 10%～40%的含能材料与 60%～90%的水/溶剂混合物混合。

目前 AFR 正被大量研究用于合成含能组分。含能材料的合成过程会发生复杂的放热反应，使该过程变得相当复杂，甚至发生灾难。工业工厂中的间歇反应器没有足够的热交换能力来处理大量的反应放热，而 AFR 使用连续流动化学方法解决了间歇反应器热传递的局限性。AFR 不像间歇反应器使用过量的溶剂来控制热传递，而是通过使反应介质流经大表面积的通道来迅速有效地散发大量的热量，该通道由通道板上热交换器的流体冷却。这样可以大大降低溶剂需求，并显著减低含能材料的合成受环境的影响。

RAM 技术由于能够生产更加环保的浇注固化 PBX 和造型粉引起了人们极大的兴趣。RAM 是使用无叶片混合，其将共振声能量耦合到含能配方中来。无叶片混合可减少浇注固化 PBX 在乳液包覆和物料混合过程中对溶剂的要求。最初的验证表明，乳液包覆的水/溶剂量可减少 50%。同时，物料混合时该技术不需要清洁混合器，也不产生废料。RAM 技术也是非常高效的，有研究已证明其混合时间比传统桨叶混合快好几个数量级。因此，RAM 混合可节省大量能源。

参考文献

[1] Abadin, H., Smith, C., Ingerman, L., Llados, F. T., Barber, L. E., Plewak, D., Diamond, G. L. *Toxicological Profile for RDX*, U. S. Department of Health and Human Services, Public Health Service, Agency for Toxic Substances and Disease Registry (ATSDR): Atlanta, GA, January, 2012.

[2] Brinck, T., Introduction to green energetic materials. In *Green Energetic Materials*, Brinck, T., Ed. John Wiley & Sons Ltd: Chichester, UK, 2014, pp. 1-13.

[3] Sabatini, J. J., Oyler, K. D., Recent advances in the synthesis of high explosive materials. Crystals 2015, 6 (5), 5.

[4] Conkling, J. A., Mocella, C. J., *Chemistry of Pyrotechnics: Basic Principles and Theory*, 2nd Edition. CRC Press: Boca Raton, FL, 2011.

[5] (a) MacDonald, G. W., *Historical Papers on Modern Explosives*. Whittaker & Co.: New York, 1912, (b) *Military Explosives, Department of the Army Technical Manual TM 9-1300-214*. U. S. Department of the Army: Washington, DC, 1984.

[6] Klapotke, T. M., *Chemistry of High-Energy Materials*, 2nd Edition. Walter de Gruyter GmbH & Co.: Berlin, 2012.

[7] Brede, U., Hagel, R., Redecker, K. H., Weuter, W., Primer compositions in the course of time: From black powder and SINOXID to SINTOX compositions and SINCO booster. *Propell. Explos. Pyrotech.* 1996, *21*, 113-117.

[8] Nobel, A. Improved explosive and primer for the same, Dynamite. British Patent 1345, 1867.

[9] Matyaš, R., Pachman, J., *Primary Explosives*. Springer-Verlag: Heidelberg, Germany, 2013.

[10] Oyler, K. D. , Green primary explosives. In *Green Energetic Materials*, Brinck, T. , Ed. John Wiley & Sons Ltd: Chichester, UK, 2014, pp. 103-131.

[11] Fair, H. D. , Walker, R. F. , Energetic Materials. *Volume 2, in Technology of the InorganicAzides*. Plenum Press: New York, 1977.

[12] (a) Committee on Measuring Lead in Critical Populations, National Research Council, *Measuring Lead Exposure in Infants, Children, and Other Sensitive Populations*. TheNational Academies Press: Washington, DC, 1993, (b) Ewing, B. B. , Davidson, C. I. , Gale, N. L. , Hunter, J. M. , Lichtenstein, S. , Lubin, A. H. , Mahaffey, K. R. , Nriagu, J. O. , Patterson, C. C. , Pfitzer, E. A. , Skogerboe, R. K. , Tepper, L. B. , *Lead in the Human Environment*. National Academy Press: Washington, DC, 1980.

[13] Clinton, W. J. , Executive Order 12856-Federal Compliance with Right-to-Know Lawsand Pollution Prevention Requirements. Office of the Federal Register: August 3, 1993.

[14] Swindler, S. , Oregon Military Department shuts down 12 indoor gun ranges, Forest Grove armory, over lead dust concerns. *The Oregonian* March 6, 2015.

[15] Kaplan, A. S. , Berghout, C. F. , Peczenik, A. , Human intoxication from RDX. *Arch. Environ. Health* 1965, *10* (6), 877-83.

[16] (a) Levine, B. S. , Furedi, E. M. , Gordon, D. E. , Rac, V. S. , Lish, P. M. , *Determination of the chronic mammalian toxicity of RDX: Twenty-four month chronic toxicity/carcinogenicity study of hexahydro-1,3,5-trinitro-1,3,5-triazine (RDX) in the Fischer 344 Rat*, U. S. Government Report No. AD - A160774, IIT Research Institute: Chicago, IL, November, 1983, (b) Lish, P. M. , Levine, B. S. , Furedi, E. M. , Sagartz, E. M. , Rac, V. S. , *Determination of the chronic mammalian toxicity of RDX: Twenty-four month chronictoxicity/carcinogenicity study of hexahydro-1,3,5-trinitro-1,3,5-triazine (RDX) inthe B6C3F1 hybrid mouse*, U. S. Government Report No. AD-A181766; IIT ResearchInstitute: Chicago, IL, April, 1984.

[17] Chavez, D. E. , The development of environmentally sustainable manufacturing technologiesfor energetic materials. In *Green Energetic Materials*, Brinck, T. , Ed. JohnWiley & Sons Ltd: Chichester, West Sussex, 2014, pp. 235-258.

[18] Kuperman, R. G. , Simini, M. , Siciliano, S. , Gong, P. , Effects of energetic materials on soil organisms. In *Ecotoxicity of Explosives*, Sunahara, G. I. , Lotufo, G. , Kuperman, R. G. , Hawari, J. , Eds. CRC Press, Taylor and Francis Group LLC: Boca Raton, FL, 2009, pp. 35-76.

[19] Environmental Protection Agency Administrative Order SDWA I-97-1030 (AO2) issued pursuant to Section 1431 (a) of the Safe Drinking Water Act: May, 1997.

[20] (a) ASTM E2552-16, *Standard Guide for Assessing the Environmental and Human Health Impacts of New Energetic Compounds*. ASTM International: WestConshohocken, PA, 2016, DOI: 10.1520/E2552-16, www.astm.org, (b) OECD, *Test No. 471: Bacterial Reverse Mutation Test*. OECD Guidelines for the Testing of Chemicals, Section 4. OECD Publishing:

Paris, France, 1997.

[21] OECD, *Test No. 432: In Vitro 3T3 NRU Phototoxicity Test*. OECD Guidelines for the Testing of Chemicals, Section 4. OECD Publishing: Paris, France, 2004.

[22] OECD, *Test No. 105: Water Solubility*. OECD Guidelines for the Testing of Chemicals, Section 4. OECD Publishing: Paris, France, 1995.

[23] OECD, *Test No. 121: Estimation of the Adsorption Coefficient (Koc) on Soil and on Sewage Sludge using High Performance Liquid Chromatography (HPLC)*. OECD Guidelines for the Testing of Chemicals, Section 4. OECD Publishing: Paris, France, 2001.

[24] OECD, *Test No. 123: Partition Coefficient (1-Octanol/Water): Slow-Stirring Method*. OECD Guidelines for the Testing of Chemicals, Section 4. OECD Publishing: Paris, France, 2006.

[25] OECD, *Test No. 104: Vapour Pressure*. OECD Guidelines for the Testing of Chemicals, Section 4. OECD Publishing: Paris, France, 2006.

[26] Mehta, N., Oyler, K., Cheng, G., Shah, A., Marin, J., Yee, K., Primary Explosives. *Z. Anorg. Allg. Chem.* 2014, *640*, 1309-1313.

[27] Fronabarger, J. W., Williams, M. D., Bragg, J. G., Parrish, D. A., Bichay, M., DBX-1—Alead-free replacement for lead azide. *Propell. Explos. Pyrotech.* 2011, *36*, 541-550.

[28] Cooper, P. W., *Explosives Engineering*. Wiley-VCH: New York, 1996.

[29] Klapotke, T. M., Piercey, D. G., Mehta, N., Oyler, K. D., Jorgensen, M., Lenahan, S., Salan, J. S., Fronabarger, J. W., Williams, M. D., Preparation of high purity sodium 5-nitrotetrazolate (NaNT): An essential precursor to the environmentally acceptable primary explosive, DBX-1. *Z. Anorg. Allg. Chem.* 2013, *639*, 681-688.

[30] Mehta, N., Safe manufacture of primary explosives—An innovative approach to scale-up. *Proceedings of the 40th Annual International Pyrotechnics Seminar* 2014, Colorado Springs, CO, p. 152.

[31] Fischer, D., Klapotke, T. M., Stierstorfer, J., Potassium 1,1′-Dinitramino-5,5′-bistetrazolate: A primary explosive with fast detonation and high initiation power. *Angew Chem. Int. Ed.* 2014, *53*, 8172-8175.

[32] Klapotke, T. M., Stierstorfer, J., The CN_7-Anion. *J. Am. Chem. Soc.* 2009, *131*, 1122-1134.

[33] Fischer, N., Fischer, D., Klapotke, T. M., Piercey, D. G., Stierstorfer, J., Pushing the limitsof energetic materials—The synthesis and characterization of dihydroxylammonium 5,5′-bistetrazole-1,1′-diolate. *J. Mater. Chem.* 2012, *22*, 20418-20422.

[34] Nicolich, S., Samuels, P., Damavarapu, R., Paraskos, A. J., Cooke, E., Stepanov, V., Cook, P., Caflin, K., Duddu, R., In *Dihydroxylammonium 5,5′-bistetrazole-1,1′ diolate (TKX-50) Synthesis and Lab Scale Characterization*, Proceedings of the Insensitive Munitions Energetic Materials Technology Symposium (IMEMTS), Rome, Italy, National

Defense Industrial Association (NDIA): Rome, Italy, May 18-21, 2015.

[35] *NATO AOP-7: Manual of Data Requirements and Tests for the Qualification of Explosive Materials for Military Use.* North Atlantic Treaty Organization (NATO), Brussels, Belgium, 2003.

[36] Klapotke, T. M., Stierstorfer, J., Wallek, A. U., Nitrogen-rich salts of 1-methyl-5-nitriminotetrazolate: An auspicious class of thermally stable energetic materials. *Chem. Mater.* 2008, *20*, 4519-4530.

[37] Williams, L. R., Cao, C. J., Lent, E. M., Crouse, L. C. B., Bazar, M. A., Johnson, M. S., Toxicologic characterization of a novel explosive, triaminoguanidinium-1-methyl-5-nitriminotetrazolate (TAG-MNT), in female rats and in vitro assays. *J. Toxicol. Environ. Health Sci.* 2011, *3* (3), 80-94.

第7章　可打印含能材料
——弹药增材制造之路

洛里·J. 格罗文，马克·J. 梅兹格

7.1　引　　言

包括2D打印和3D打印在内的增材制造技术可用于难以使用其他方式成形的复杂实体。在过去的10年中，这项技术使生物医学植入医用支架、电子系统、武器部件和训练模型等各种制品的快速打印成形成为可能[1-15]。当前的技术可以通过几种方式进行打印，包括笔、墨滴（喷墨）和喷雾。在这些技术中，喷墨技术已经在弹药天线、引信元件和电池中获得了成功。但是在与聚合物相关的含能材料（高黏度和高固含量的复合材料体系）和高固含量的含能领域研究得却很少。

在含能材料方面，所报道的大部分工作都集中在纳米铝热剂配方（纳米铝粉/纳米氧化剂）、反应性材料（铝基）和使用载体溶剂沉积纯炸药组分方面[16]。使用基本的直接打印平台和非常精确地计量纳米级热量的浆液，开发了自动装料系统[17]。美国陆军目前正在考虑将该技术用于制造冲击式和电起爆器。此外，Nellums等[18]最近研究表明，使用直接沉积的纳米铝热混合物（代替氢化钛/高氯酸钾混合物）可显著降低硅导电桥丝组件的点火阈值，并讨论了这种材料的加工稳定性。他们的工作研究表明，使用Resodyn LabRam的混合器，如果两种成分都被包覆并且使用了适当的表面活性剂，则可以直接在沉积喷射器中安全地处理纳米铝热剂。Zachariah的研究小组最近还报道了使用电喷雾来制造聚偏二氟乙烯和纳米铝的薄膜，其固含量能达到50%（质量分数）[19]。这些示例都表明，如果可以克服某些障碍，则有望将增材制造技术用于含能材料领域中。

发展弹药技术增材制造的第一个主要障碍是，缺乏当前可用的、现成的可打印高能材料系统。尽管已经有了打印技术，但尚无可打印配方能用于这些系统。为了解决这一技术空白，有必要对实现此类可打印的含能配方所需的流变学和加工过程有基本的了解。对于与聚合物相结合的体系，必须回答以下问题：①需要什么样的粉末或晶体尺寸分布？②什么样的聚合物体系是合适的？③什么样的黏度范围是合适的？④什么样的溶剂载体可以使用？对于纯组分的含能材料，必须确定：①可以使用哪些表面活性剂或凝胶剂来帮助微米粉末和晶体形成悬浮液？②可以使用哪些溶剂载体？③产生的剪切黏度是多少，弹性和界面张力特性如何，以及它们是否适合所选的打印技术？这些也只是需要回答的一些基本问题。

将增材制造技术用于含能材料的第二个主要障碍是，一旦开发出可打印的配方，就必须确定与其相适应的加工工艺参数，以保证所需打印弹药性能的一致性。这就必须回答以下问题：①哪些打印的参数是必需的？②可以达到什么样的打印速度？③需要什么样的固化方法或后处理方式？④最终打印产品的孔隙率和力学性能如何？

美国国防部（DoD）对增材制造和打印技术的主要兴趣之一是，具备快速对新设计的原型进行制作的能力。当完全实现含能材料的打印时，二维和三维打印技术有可能显著减少弹药的生产及物流流程。最终的愿景是在战区中提供可打印的原始材料，并在前线作战基地（FOB）上制造特定任务的弹药装备。该技术的另一个优点是，它使设计工程师能够以新的自由度解决设计中的功能问题。

7.2　背　　景

7.2.1　含能材料打印的早期工作

2000 年，美国国防部就报告了高能材料的打印和开发过程。例如，Ihnen 等使用喷墨打印机原位制备了纳米复合 RDX[16]。然而，喷墨打印过程时间周期很长，在实验时，不加热时的打印速率小于 100μm/周，加热时的最大打印速率为 30μm/h。显然，这种方法不适用于需要在短时间内可大批量制造的装置，但适用于沉积毫克量级的装置或小型实验设备。喷墨沉积的另一个问题即高能材料通常会在溶剂中首先发生完全溶解，然后再结晶，然而再结晶过程的动力学和相形成机制至今仍未得到研究。

就不发生溶解的含能材料而言，如纳米铝热剂，固体含量通常很低［<6%(质量分数)］，并且建立所需的含能材料还需要通过多次重复过程[20]。在这种情况下，已经报道几小时几个微米的打印速率。虽然打印后的密度在理论

上的最大值为68%左右，但也是相当高的，比通过普通处理的松散状的铝热剂粉末可达到的密度要高得多。还应注意的是，由于这种方式需要对所处理的材料采用溶剂进行润湿，因此处理后的这些材料其安全性也会得到提高，同时也就有可能用于处理其他工艺不容易处理的情况（图7.1）。

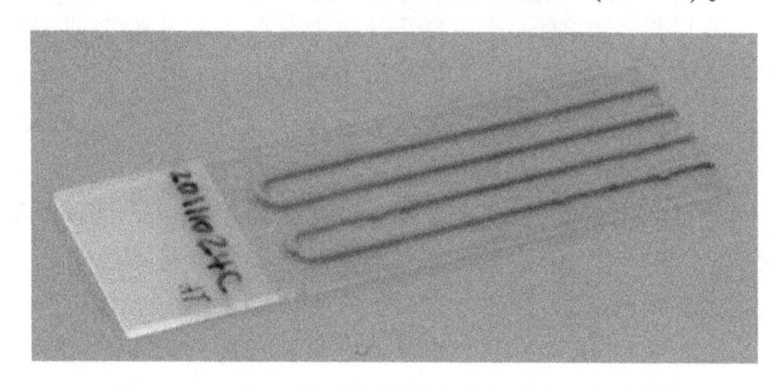

图7.1　圣地亚采用喷墨技术打印的纳米铝热剂[20]

7.2.2　喷雾和气相沉积

高能材料的喷雾沉积和气相沉积也是增材制造领域可以考虑的技术。例如，Huang等以及Dubois等使用喷雾沉积和气相沉积制备了相应的薄膜[19,21]。在Huang等的工作中，以1.5mL/h的溶液制备了含聚偏二氟乙烯、纳米铝粉和痕量高氯酸铵的薄膜。当纳米Al含量为50%（质量分数）时，可获得表面无裂纹、柔性的薄膜，并且表现出优异的反应活性。这种方法可用于具有多个反应层的功能材料，也可用于开发功能可调的材料（在横向和轴向方向上设计不同的组成和相关属性）。存在的一个问题是在实现所需的结构过程中很容易发生过度沉积（图7.2）。

图7.2　电喷雾法制备PVDF-纳米Al材料[19]

含能材料气相沉积法已用于纯组分含能材料和金属间化合物材料（如 Ni/Al）的小尺寸爆轰和爆燃行为的研究中。这些方法可用于制备所关注的反应材料的薄膜，并达到最终所需的厚度。例如，对于六硝基苯乙烯（HNS）的沉积，最大沉积速率为 20μm/h[22]。因此，这些技术通常不用于制造，而是用于爆燃和爆炸行为的基础研究，例如，季戊四醇四硝酸酯（PETN）（图 7.3）。

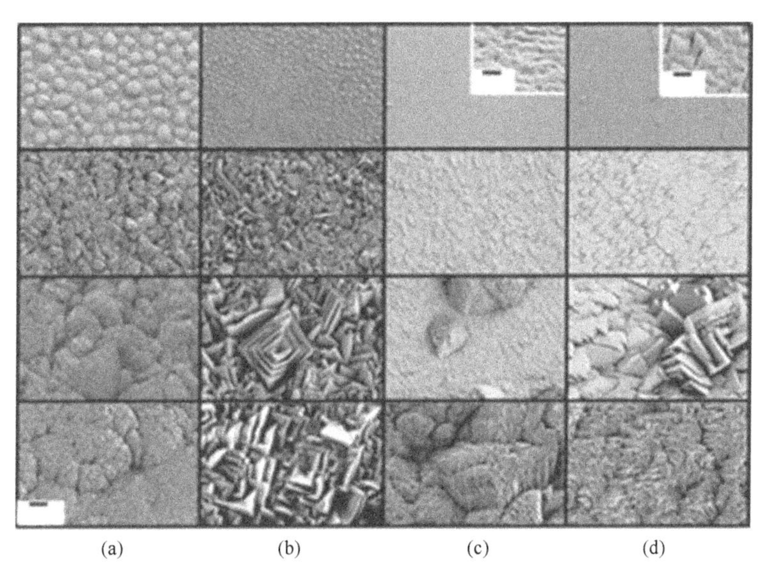

图 7.3　在硅、熔融石英、含 300nm 铝层的硅、含 300nm 铝层熔融石英表面上不同厚度季戊四醇四硝酸酯（PETN）薄膜的表面形貌扫描电子显微镜（SEM）图像[22]
（从上到下不同基体上的薄膜厚度约为 6nm、35nm、110nm 和 480nm。左下角的比例尺适用于除插图以外的所有图像）
（a）硅；（b）熔融石英；（c）含 300nm 铝层的硅；（d）含 300nm 铝层熔融石英。

这些技术还受到工程结构性能的限制、按比例放大的限制以及在初始沉积之后为实现结构完整性所需的其他处理步骤的限制。尽管这些研究显示其具有一定的前景，但其存在尺寸、几何灵活性以及较长的处理时间的问题仍然是该技术目前所面临的重要问题。

7.2.3　笔式打印及其他技术

笔式打印是材料黏度适用范围最广的一种打印方式，由于该方式的打印速度和打印分辨率都较好，因此最终是能够满足制造业需求的一种最好的打印方式。笔式打印可以采取多种形式，从简单的沉积到三维结构。笔式打印的打印头可采用不同厂家生产的配件（如螺旋阀、压电阀、正位移系统等）。

一些研究人员已经对笔式打印沉积进行了研究，但最早关于金属间化合物材料的研究工作是于 2004—2005 年由阿尔伯克基市桑迪亚国家实验室的 Alex Tappan 报道的。在这项研究工作中，微米级的铝粉和镍粉按化学计量比混合形成相应的混合物，后经燃烧形成镍铝的金属间化合物（Ni/Al）。该研究制备了多个相应的结构，但最终设计的结构为一种类网球拍的拍网状结构（图 7.4），并对其燃烧特性进行了研究，如图 7.4（b）所示。

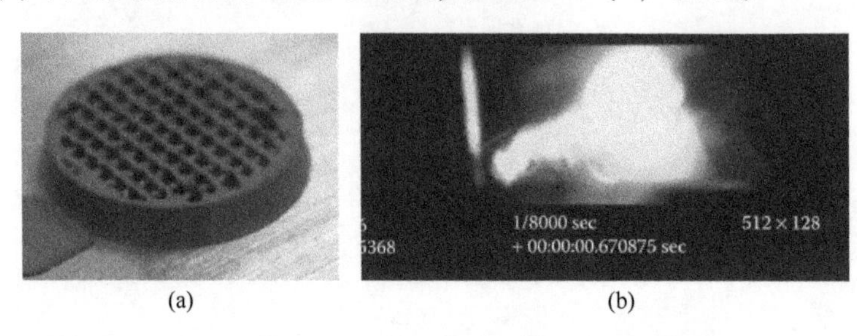

图 7.4　Robocast 镍/铝反应性材料的结构（a）和燃烧性能（b）

近年来，更多的工作主要集中在纳米铝热材料的沉积而不是打印上。劳伦斯・利弗莫尔国家实验室在过去几年里已经在各种材料的笔式打印方面取得了重大进展，并通过设计相应的结构来控制其反应性[23]。在他们的研究工作中，其主要采用两步法，首先构建一个三维导电电极，然后，通过另一种称为电泳沉积（EPD）的打印工艺，在导电微体系结构的表面沉积纳米铝热剂。他们通过研究发现，通过构建这些人工结构，可以任何其他手段都无法做到的方式控制和引导能量释放。这是一个很好的例子，为探索增材制造方面，特别是为增材制造先进领域与含能材料相结合方面的研究提供了很好的先例。

7.2.4　实现可打印弹药所需的条件

为了真正实现高能材料的增材制造，需要有大量、快速和可靠沉积的材料和墨水。油墨配方的流变性和化学性质对于获得可打印的反应性材料至关重要。对于反应性材料配方，它们通常由金属粉末（纳米、微米、片状，带或不带表面改性的包覆层）和金属有机前驱体，以及各种氧化剂和分散剂组成[24]。以聚合物为氧化剂或燃料的反应性油墨被证明是可直接用于打印高能材料的一种较好选择，因为其在高能材料打印技术中，流变特性、固化和反应性更易于控制。直接打印制造在高能材料中应用的实质性改进可为调整能量输出和性能改进提供重要的机会，并可以开发出适应性强并具有特定功能的装备。

与热熔 3D 打印不同，由于多种原因，具有 3D 体系结构的反应性或高能材料的制造非常困难。首先，由于高能很容易发生能量转化，其在受到一定的剪切或摩擦刺激时，容易着火、爆燃或爆炸。这将带来一个问题，即当可打印的高能材料通过打印装置的阀和喷嘴组件时，会产生剪切和摩擦应力，因此存在一定的安全风险。另一个相关的挑战即如何能够将反应性油墨自动组装成所需的特定结构，以在微米或纳米尺度上保持或增强相关性能，而不需要重新改变含能材料配方。

7.3 近期实例

7.3.1 聚合物黏结固体材料

聚合物黏结合反应性材料是一个重要的研究领域，但由于该类配方中所需的固含量高［>85%（质量分数)］，同时所使用的固态晶体需要混入典型的聚合物中，然后通过压制加工成形，因此该类材料在直接打印方面进展甚微。最近，喷射式和笔式打印等技术已用于成形含过量溶剂的聚酰亚胺和钛酸酯人工电解质复合材料中，这表明类似的技术也可用于含能材料中。使用适当的油墨配方（图7.5）可获得固体颗粒含量高达85%（质量分数）的自支撑薄膜和结构。

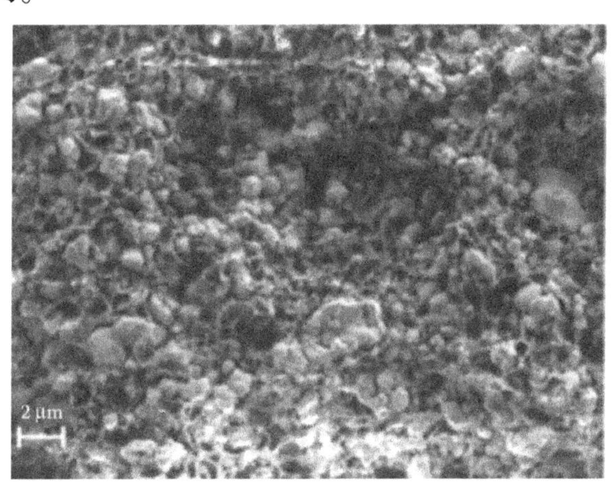

图7.5 喷涂法制备钛酸锶聚酰亚胺自支撑膜

7.3.2 反应性材料模拟物

在这类方法的基础上，我们在南达科他州矿业与技术学院（SDSMT）的小组专注制备一系列活性材料的模拟物配方，以便更好地掌握使用现有的打印技术（如空气驱动笔型打印技术，Nordson EFD公司）时所需的流变性能和颗粒尺寸。

为了开发聚合物黏结反应材料的模拟物，采用了道康宁公司的 Sylgard® 184 硅橡胶双组分套件作为聚合物。Sylgard184 硅橡胶包括两个组分，以 10:1 混合，是一种收缩小，固化过程中无放热、无溶剂或固化副产物，固化深，可修复，以及良好的介电性能和柔性的弹性体。两种模拟（惰性）材料选择作为含能材料的模拟物：①钛酸锶-$SrTiO_3$（西格玛奥德里奇公司，圣路易斯，密苏里州），平均粒径为 5μm，密度为 4.81g/mL；②颗粒和粉末状 C&H 纯蔗糖的混合物，用于模拟传统推进剂和塑料黏结炸药（PBX）中固体颗粒的粒径分布。此外，还使用微米级铝粉（H2-Valimet）模拟弹性体/金属性材料体系（图 7.6）。

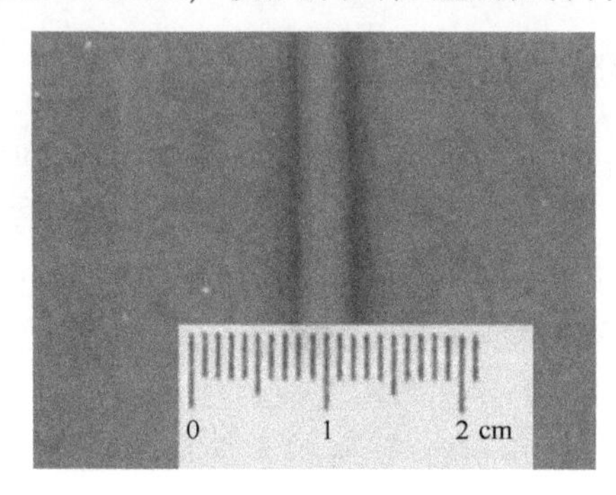

图 7.6　打印在宽度为 3.50mm 的 Kapton 聚酰亚胺基板上的 Sylgard/Al 粉配方

对于直接书写打印，采用配有 SV-060PICO 探头的 Nordson-EFD 公司的自动机器人以及 Ultimus Ⅳ系列点胶机实现了高填充的 $SrTiO_3$/Sylgard 模拟含能油墨配方的制备。之后将模拟含能油墨配方放置在注射器中，以 Kapton 聚酰亚胺膜为基底，并使用以下直径针头（直径 $D=100\mu m$ 的针头用于钛酸锶油墨；$D>300\mu m$ 的针头用于 C&H 蔗糖油墨和 Sylgard/Al 配方）进行打印。如图 7.6 所示，打印的模拟含能材料具有相差较大的特征痕迹，这主要取决于墨水的类型。$SrTiO_3$/Sylgard 油墨会产生清晰的痕迹；但是，C&H 蔗糖/Sylgard 油墨，由于配方油墨的性质，其与 $SrTiO_3$/Sylgard 油墨相差较大，如图 7.7（b）所示。

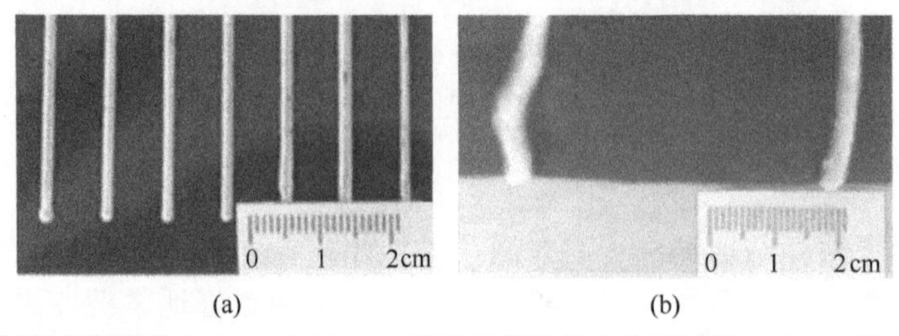

图 7.7　打印在宽度为 1.5mm 的 Kapton 聚酰亚胺基板上的钛酸锶/Sylgard 配方（a）和打印在宽度为 3mm 的 Kapton 聚酰亚胺基板上的 C&H 纯蔗糖/Sylgard 配方（b）

7.3.3　代表 PBX 炸药和复合推进剂的蔗糖模拟油墨

尽管蔗糖有许多缺点，但它可以作为 1.1 型含能材料（HMX，RDX）的模拟物。第一项工作用于确定蔗糖基配方是否可以与相同固含量的传统 PBX 炸药或复合推进剂一样成形加工。例如，蔗糖与端羟基聚丁二烯（HTPB）以接近传统复合推进剂的固含量混合。结果很快发现其黏度太高（>800Pa · s），打印是不可能的，即使它可以通过注射器的针头，却根本无法通过阀门组件。因此，在改变粒径分布和确定与材料相容的载体溶剂方面付出了巨大的努力。在这种情况下，调节了粗/细组分比例并增加了载体溶剂的用量。通过配方的优选，以这种方式打印的模拟配方，其固含量最高可达到 95%（质量分数），如图 7.8 所示。

图 7.8　打印的固体含量为 85%（质量分数）的 HTPB/糖反应性材料模拟物

应注意的是，此类可打印配方的流变特性尚处于研究的初级阶段。还需要采用第 8 章介绍的高填充悬浮液流变特性和壁面滑移行为的复杂方法以及第 10 章介绍的打印过程的数学建模和模拟方法对其进行更深入的研究，以促进其未来的发展。

7.3.4　铝/氟聚合物和灭菌型油墨（金属/碘酸盐/聚合物）

铝/氟聚合物体系是众所周知的活性反应体系，但其通常是由铝和聚四氟乙烯粉末按特定比例混合而成。因此，为了使该体系可直接进行打印制备，我们以溶剂可溶的氟聚合物取代聚四氟乙烯，特别是四氟乙烯、六氟丙烯和偏二氟乙烯（THV 220）的三元聚合物。类似的聚合物也可用于其他活性反应体系（如镁-特氟隆-氟橡胶，MTV）和炸药配方，这将使我们能够将结果转变为其他现有的含能材料体系（如 PBX）。溶剂可溶的氟聚合物，如 THV，由于其反应过程中高电负性的氟碳（CF）中间产物与金属燃料的相互作用，当其处于温度快速变化的环境时，该聚合物可与金属燃料发生高速反应。

在该类体系下，聚合物既作为氧化剂，又作为黏合剂/保护剂，以改善铝粉因氧化/水合反应而造成的活性降低。热化学计算表明，聚合物含量（氧化剂）越高，其配方最佳燃料/氧化剂的燃烧温度越高。然而，我们却选用高富燃料的配方用于打印，以证明对于高固含量配方这种最坏的情况也可以实现打印（高黏度的配方的制备与直接打印更具有挑战性）。我们发现含微米级和纳米级铝粉的配方存在一个最佳的剪切黏度范围。图 7.9 为打印不同实例样品的迹线结构。

图 7.9　打印不同实例样品的迹线结构

（a）单条打印迹线；（b）5 条打印迹线；（c）3mm×5mm 网格的三维结构图。

由铝/氟聚合物体系获得的相关知识使我们能够制备在燃烧时具有杀菌灭活作用的油墨。这些油墨体系由铝粉、碘酸盐（如碘酸钙）和作为黏合剂的

THV 组成。研究发现，要使该类油墨可打印，则其必须具有相似的黏度。

7.4　复合推进剂（丁羟/高氯酸铵）

最近，人们才将精力集中在可打印的复合推进剂配方上。在南达科他矿业及理工学院（SDSM&T），这些工作主要是与海军合作，其也是美国国家航空航天局的激发有竞争优势的研究建立计划（EPSCOR）资助的可打印航天器推进所研究内容的一部分。对于这些复合推进剂配方体系，可打印的配方中颗粒的大小仍然是其面临一个巨大的挑战。简单地说，要达到所需的燃速，则大颗粒的高氯酸铵（AP）是必需的，但这些对于打印系统（即使是笔式沉积系统）也是一个很大的问题。PBX 体系也存在同样的问题。目前，已研究的配方包括 HTPB、粗 AP（300μm）和细 AP（小于 38μm）。标称的固含量为 85%（质量分数），固体颗粒粗细比为 3∶1。基于模拟体系（糖/HTPB）的结果，可采用适量的载体溶剂调节黏度。打印是通过一个阀门系统完成的，该阀门系统使用螺旋钻式组件，可以有效地将材料挤出喷嘴。到目前为止，已经探索了几种几何结构，并且正在进行进一步的实验和表征，以确定配方在最佳力学性能时的打印方式、载体溶剂量等参数。图 7.10 是打印的一个简单形状的复合推进剂试样。

图 7.10　使用螺旋阀组件打印的含 85%（质量分数）固含量的 M 形 HTPB/AP 复合推进剂

7.5　延时药和起爆药配方

与推进剂配方一样，美国也已开始努力解决可打印延时配方的问题。这是一个需求和机会都非常大的领域。在这方面，增材制造技术将淘汰需要用松散粉末填充的制备技术，并有可能提高可靠性和性能。人们可能会考虑提供可随时间变化或其他独特配置的可打印材料卷轴。延时配方需要解决的主要问题涉及（仅举几例）：①环境友好的反应物和燃烧产物；②能够承受正常处理过程中各种载荷（摇动/晃动/滚动）作用的可沉积材料；③本质上无气的配方。对于延时配方，其固含量为100%，而最终打印的产品的密度需要在理论最大密度（TMD）的70%以上才能可靠地发挥作用。到目前为止，我们小组已经成功地打印了由Mn/MnO_2组成的粉末体系，但打印的材料密度仍然存在问题。为了使打印的材料足够坚固，能够经受正常处理，其黏合剂含量仍然是一个关键参数。我们团队最近还致力于起爆药配方（如高氯酸锆钾，ZPP）的沉积以及消除与传统制造相关的安全问题方面的研究。在这些工作中，主要使用模拟物来模拟材料的性能以及评估其在桥梁上的附着力。这种测试模型的一个实例如图7.11所示。虽然前景很好，但这项工作还处于初级阶段。

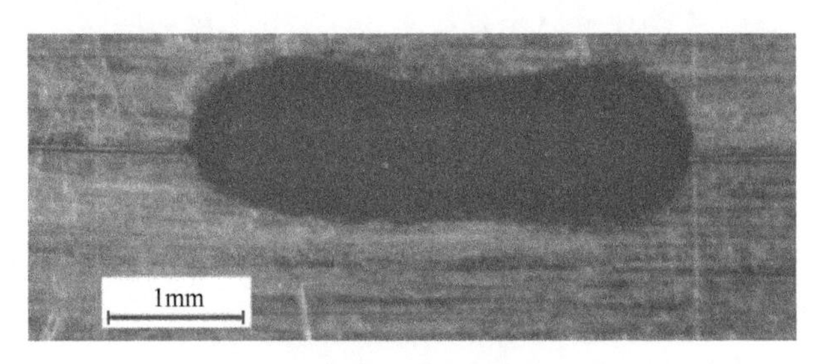

图7.11　打印配方的引发剂桥模型（模拟）

7.6　结　论

增材制造技术尽管在过去几年中取得了长远的进步，但要完成弹药的打印任务仍需在相关方面进行大量的研究。简单地说，我们认为在不改变粒径的情况下打印出传统的配方是不现实的。现有的打印技术将是不够的，除非配方具有合适的流变特性。为了克服与这些研究有关的困难，研究人员和实验室可根据第8章和第10章中介绍的复杂表征方法，重点加强对已开发配方的流变特性和加工性能的深入研究，并加强对所打印材料的详细表征。含能材料体系对增材制造技术的高需求性是增材制造技术能够显著提高性能、改善可靠性和制造安全性的目标。

参考文献

[1] Science and society: Experts warn against bans on 3D printing. *Science* 2013; 342

(6157): 439.

[2] Gross, B. C. et al. Evaluation of 3D printing and its potential impact on biotechnology and the chemical sciences. *Anal. Chem.* 2014; 86 (7): 3240-3253.

[3] Kolb, G and Hessel, V. Micro-structured reactors for gas phase reactions. *Chem. Eng. J.* 2004; 98: 1-38.

[4] Deng, Q., Han, P., Xu, J., Zou, J. J., Wang, L., and Zhang, X. Highly controllable and selective hydroxyalkylation/alkylation of 2-methylfuran with cyclohexanone for synthesis of high-density biofuel. *Chem. Eng. Sci.* 2015; 138: 239-243.

[5] Lee, J. Y., Tang, C. Y. Y., and Huo, F. W. Fabrication of Porous Matrix Membrane (PMM) using metal-organic framework as green template for water treatment. *Sci. Rep.* 2014; 4: 3740.

[6] Wang, Z. et al. Three-dimensional printed acrylonitrile butadiene styrene framework coated with Cu-BTC metal-organic frameworks for the removal of methylene blue. *Nat. Sci. Rep.* 2014; 4: 5939.

[7] Zhang, W. et al. Controlled incorporation of nanoparticles in metal-organic framework hybrid thin films. Chem. Commun. 2014; 50: 4296-4298.

[8] Wang, H., Sun, K., Tao, F., Stacchiola, D. J., and Hu, Y. H. 3D honeycomb-like structured graphene and its high efficiency as a counter-electrode catalyst for dye-sensitized solar cells. *Angew. Chem. Int.* Ed. 2013; 52: 9210-9214.

[9] Ventola, C. L. Medical applications for 3D printing: Current and projected uses. *Pharm. Ther.* 2014; 39 (10): 704-711.

[10] Schubert, C., van Langeveld, M. C., and Donoso, L. A. Innovations in 3D printing: A 3D overview from optics to organs. *Br. J. Ophthalmol.* 2014; 98 (2): 159-161.

[11] Lipson, H. New world of 3-D printing offers "completely new ways of thinking": Q&A with author, engineer, and 3-D printing expert Hod Lipson. *IEEE Pulse* 2013; 4 (6): 12-14.

[12] Murphy, S. V. and Atala, A. 3D bioprinting of tissues and organs. *Nat. Biotechnol.* 2014; 32: 773-785.

[13] Kim, I. D., Rothschild, A., Lee, B. H., Kim, D. Y., Jo, S. M., and Tuller, H. L. Ultrasensitive chemiresistors based on electrospun TiO_2 nanofibers. *Nano Lett.* 2006; 6 (9): 2009-2013.

[14] Gensel, J. et al. Cavitation engineered 3D sponge networks and their application in active surface construction. *Adv. Mater.* 2012; 24: 985-989.

[15] Brandt, K., Wolff, M. F., Salikov, V., Heinrich, S., and Schneider, G. A. A novel method for amulti-level hierarchical composite with brick-and-mortar structure. *Sci. Rep.* 2013; 3: 2322-2329.

[16] Ihnen, A., Petrock, A. M., Chou, T., Fuchs, B. E., and Lee, W. E. Organic nanocomposite structure tailored by controlling droplet coalescence during inkjet printing. ACS

Appl. Mater. Interfaces 2012; 4: 4691–4699.

[17] Puszynski, J. A., Bichay, M. M., and Swiatkiewicz, J. J. Wet processing and loading of percussion primers based on metastable nanoenergetic composites. US Patent 7, 670, 446 B2, 2010.

[18] Nellums, R. R., Son, S. F., and Groven, L. J. Preparation and characterization of aqueous nanothermite inks for direct deposition on SCB initiators. *Propell. Explos. Pyrot.* 2014; 39 (3): 463–470.

[19] Huang, C., Jian, G., DeLisio, B. D., Wang, H., and Zachariah, M. R. Electrospray deposition of energetic polymer nanocomposites with high mass particle loadings: A prelude to 3D printing of rocket motors. *Adv. Eng. Mater.* 2015; 17: 95.

[20] Tappan, A. S., Ball, J. P., and Colovos, J. W. Inkjet printing of energetic materials. *38th International Pyrotechnics Symposium Proceedings*, June 10–15, Denver, CO, 2012.

[21] Dubois, L. H., Zegarski, B. R., Gross, M. E., and Nuzzo, R. G. Aluminum thin film growth by the thermal decomposition of triethylamine alane. *Surf. Sci.* 1991; 244: 89–95.

[22] Knepper, R., Wixom, R. R., Marquez, M. P., and Tappan, A. S. Near-failure detonation behavior of vapor-deposited hexanitrostilbene (HNS) films. *American Physical Society-Shock Compression of Condensed Matter Conference*, Tampa, FL, June 14–19, 2015.

[23] Sullivan, K. T., Zhu, C., Duoss, E. B., Gash, A. E., Kolesky, D. B., Kuntz, J. D., Lewis, J. A., and Spadaccini, C. M. Controlling material reactivity using architecture. Adv. Mater. 2016; 28 (10): 1934–1939.

[24] Granier, J. J. and Pantoya, M. L. Combustion behavior of highly energetic thermites: Nano versus micron composites. *Propell. Explos. Pyrotech.* 2005; 30 (1): 53–62.

[25] Whites, K. W., Amert, T., Groven, L., and Glover, B. Low loss, high index of refraction metamaterials based on multiple enhancement mechanisms. *International Conference on Electromagnetics in Advanced Applications (ICEAA)*, Sydney, Australia, September 20–24, 2010, pp. 569–572.

[26] Knepper, R., Tappan, A. S., Wixom, R. R., and Rodriguez, M. A. Controlling the microstructure of vapor-deposited pentaerythritol tetranitrate films. *J. Mater. Res.* 2011; 26 (13): 1605–1613.

第8章　含能凝胶与含能悬浮液的流变行为①

巴哈迪尔·卡鲁夫，塞达阿·克塔斯，何静，唐汉松，
康斯坦斯·M. 墨菲，苏珊·E. 普里克特，迪尔汉·M. 卡利恩

8.1　高固含量悬浮液和凝胶类含能材料的流变行为

含能材料通常呈典型的凝胶状或高固含量的悬浮液状（固体颗粒含量接近固相最大填充分数的悬浮液）。这种凝胶和高固含量悬浮液的流动和形变行为（流变学）是很复杂的，需要特殊的流变仪和分析方法来表征其剪切黏度和其他相关性能，这些性能将流变行为描述为温度与形变速率的函数。影响含能凝胶和含能高固含量悬浮液特性的主要因素是其黏塑性。黏塑性流体常表现出屈服应力，即临界剪切应力（或应力大小）。低于该应力值，黏塑性流体不会发生形变。

此外，黏塑性流体表现出强烈的壁面滑移效应，壁面滑移速度与壁面剪切应力的关系取决于材料结构、表面粗糙度、温度和压力。壁面滑移行为取决于悬浮液中黏合剂的剪切黏度、固体的体积分数、最大填充分数以及颗粒的尺寸和形状分布。此外，黏塑特性和壁面滑移行为还受加工条件的影响，因此需要仔细跟踪和记录其流体微观结构的衍化，以便获得可靠及可重复的流动和形变数据。在下文中，将介绍最大填充数、黏弹性与类凝胶行为以及黏塑性和壁面滑移行为耦合的基本概念[1]。

8.1.1　最大填充分数

对于悬浮液，固体颗粒的体积分数或填充分数（ϕ）是基本参数，而不是固体的质量分数。固体颗粒的体积分数（ϕ）被定义为固体体积与总体积的比。对于给定的系统，当其空隙体积达到最小值时，其填充分数达到最大

① 为纪念 Joseph M. Starita 博士。

(ϕ_m)。对于典型高固含量悬浮液含能配方，其最小液相浓度（或最大固相浓度）为可使固液混合物发生流动和形变的最小浓度。通常优选非胶状颗粒(粒径>1μm)。这是因为胶体体系在流动和形变过程中会存在时间依赖性，导致含能颗粒在加工和成形过程中存在不确定的安全风险[2]。

8.1.2 黏弹性与类凝胶特性

8.1.2.1 松弛模量

表征复杂结构流体（包括含能材料）黏弹性行为的一个基本实验即阶跃应变流体实验，可得到流体的松弛模量，即时间与应变的函数。通过表征以阶跃式施加初始剪切应变（γ_0）时的剪切应力松弛 $\tau(t)$ 特性即可获得其剪切松弛模量，如下所示：

$$G(t,\gamma_0)=\frac{\tau(t)}{\gamma_0} \tag{8.1}$$

在阶跃应变流体实验中，通过引入应变的阶跃式变化，可将得到的剪切应力描述为时间的函数。图 8.1 是采用两个平行圆盘，其中一个圆盘静止，

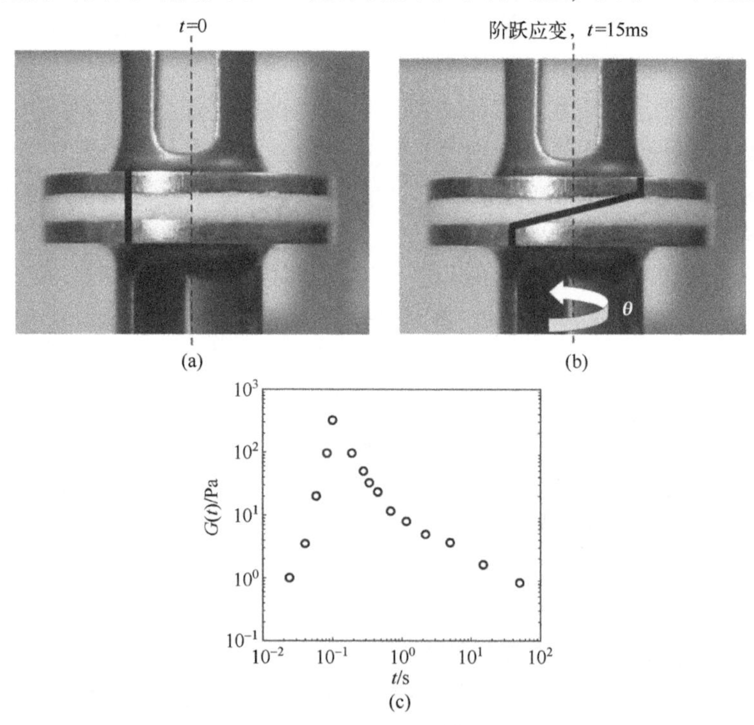

图 8.1 阶跃应变实验

（a）静态条件下固定样品的平行板夹具；（b）在无边界滑移条件下施加阶跃应变后 $t=15$ms 时的平行板夹具；（c）阶跃应变实验的松弛模量与时间结果。

另一个圆盘在相对较短的时间（通常为 10~20ms）内通过旋转实现阶跃应变流动实验的示意图。在引入不同应变 γ_0后，可获得不同时刻的扭矩（以及由此产生的剪切应力）随时间的变化。当 γ_0或变形率很小时（线性黏弹性范围），松弛模量与 γ_0无关，即可得到 $G_0(t)$（图 8.2）。对于悬浮液，$G_0(t,\phi)$随着固体的体积分数（ϕ）的增加而增加，即悬浮液需要更长的时间来松弛。$G_0(t,\phi)$值在 $\phi \geqslant 0.5$ 时可以长时间保持基本稳定，而其相应的聚合物黏合剂的 $G_0(t)$则会衰减为零（图 8.2）[3-4]。

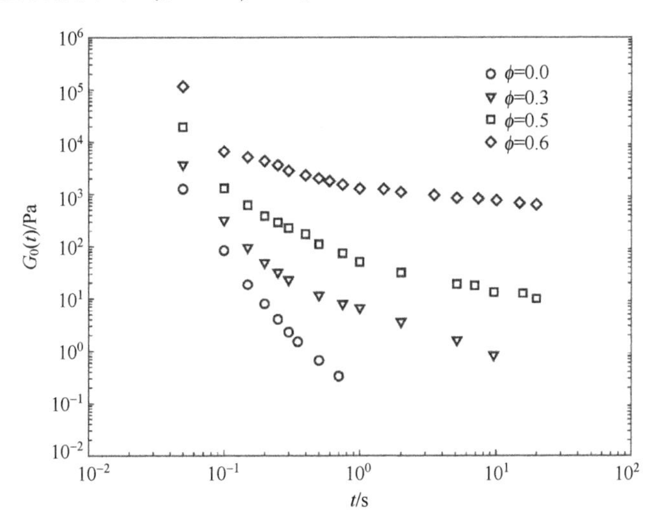

图 8.2　具有长时间松弛和线性黏弹性区的阶跃应变数据[10]

8.1.2.2　动态特性（小振幅振荡剪切）

在小振幅振荡剪切中，含能材料样品被夹在两个平行圆盘之间，呈三明治状，其中一个圆盘是静止的，另一个圆盘按频率（ω）振荡。在所需温度（T）下施加在试样上随时间变化的剪切应变为 $\gamma(t)$，其随时间的变化关系为 $\gamma(t)=\gamma^0\sin(\omega t)$，如图 8.3 所示。悬浮液的剪切应力响应 $\tau(t)$始终保持正弦曲线形式，即

$$\tau(t)=G'(\omega)\gamma^0\sin(\omega t)+G''(\omega)\gamma^0\cos(\omega t) \tag{8.2}$$

如图 8.4 所示，含能材料与温度相关的剪切储能模量 $G'(\omega)$和剪切损耗模量 $G''(\omega)$可分别表示所储存的弹性能量和作为热耗散所损失的能量。在线性黏弹性区，$G'(\omega)$和 $G''(\omega)$与应变的大小 γ^0无关。应注意的是，对于高固含量悬浮液和凝胶状流体，由于其存在壁面滑移和其他结构效应，可能大部分无法产生正弦应变和剪切应力。因此在数据收集过程中，应仔细检查原始数据（扭矩与时间的关系）[4]。

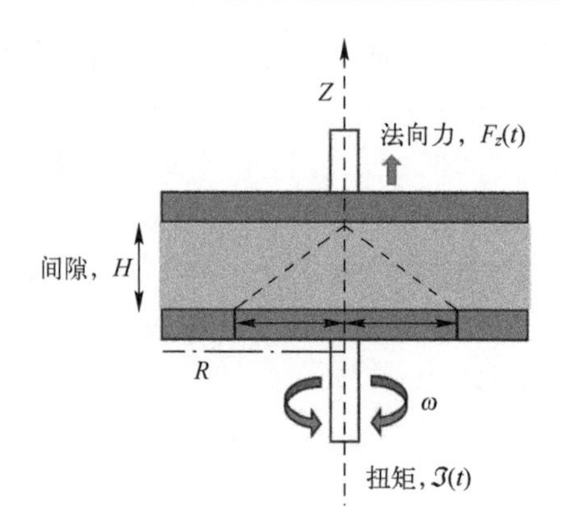

图 8.3　振荡剪切实验示意图

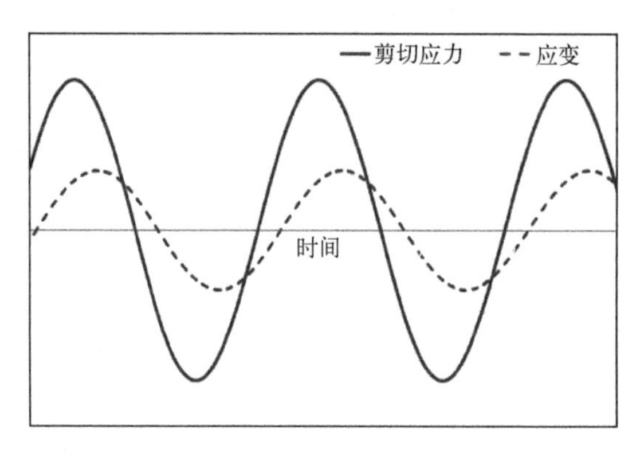

图 8.4　用剪切应力的正弦特性表征材料存在正弦应变时的动态特性

对于高固含量的悬浮液，在剪切应力松弛和小振幅振荡剪切过程中，线性黏弹性区域通常被限制在相对较小的应变值（通常小于百分之几）范围内[5-8]。例如，对于含有小长径比颗粒的牛顿型流体黏合剂悬浮液，当 $\phi=0.6$ 时，剪切应力（扭矩）响应保持正弦曲线，并且当 $\gamma^0<0.005$ 时，线性黏弹性占优势（此时模量与应变振幅无关）[4,9]，如图 8.5 所示。

对于高固含量的悬浮液，G'值随着 ϕ 的增加而显著增加（特别是当 $\phi>0.3$ 时）。当 ϕ 值大于 0.5 时，G'通常与 ω 值无关，并在低 ω 值时近似呈平台状[10]。因此，与 $G_0(t,\phi)$一样，$G'(\omega,\phi)$的特性也表明，含能悬浮液的松弛时间随着 γ 的增加而增加。类似地，G''值在低 ω 值时随着 ϕ 的增加也近似接近一个平台值。

图 8.6 为高固含量的悬浮液在 $\phi=0.81$ 时，即颗粒体积分数接近最大填充分数($\phi\rightarrow\phi_m$)时悬浮液的弹性和黏度随 ω 的变化结果。从图 8.6 可以看出，当 ϕ 相对较高时，$G'(\omega)\gg G''(\omega)$，$G'$与 G''平行，对 ω 相对不敏感，这表明

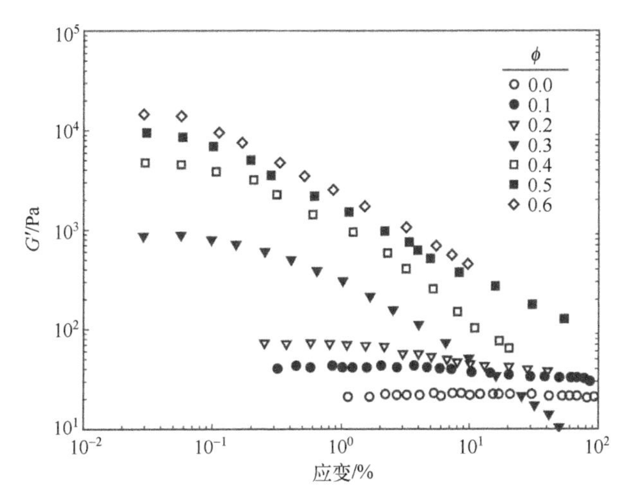

图 8.5　应变振幅扫描显示不同体积分数（ϕ）时的线性黏弹性区域[10]

高固含量的悬浮液呈现出类凝胶的行为[11-12]。此外，尽管所用黏合剂的剪切黏度相差≥10 倍，但悬浮液的储能模量（G'）、损耗模量（G''）以及复数黏度值的绝对值$|\eta^*|$都很相近（图 8.6）。这些结果表明，高固含量悬浮液的黏弹性特性主要取决于其内部颗粒之间的相互作用，当 $\phi \to \phi_m$时，其颗粒间的相互作用会导致相互渗透的凝胶网络。这种颗粒-网络的形成可以用屈服应力值 τ_0表征，即存在一个极限剪切应力，低于该极限剪切应力值则黏弹性流体不会形变（黏塑性）[13]。

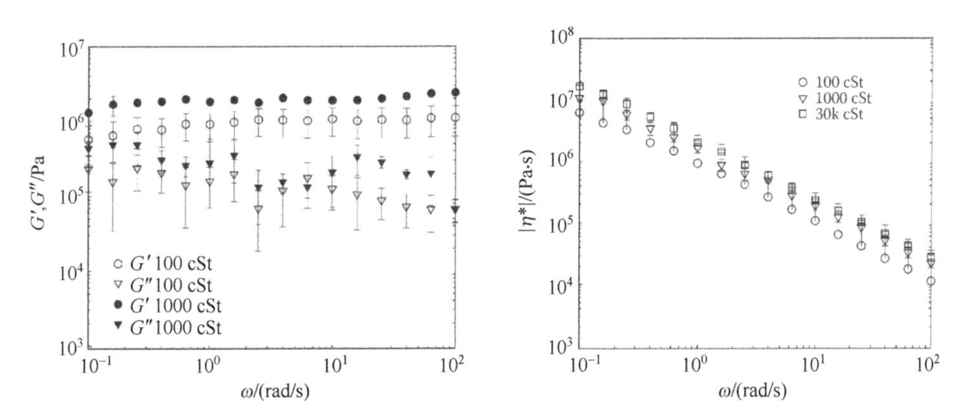

图 8.6　具有各种运动黏度的硅油与小长径比的金属氧化物颗粒以 ϕ =0.81 混合后形成的悬浮液的储能模量 G'、损耗模量 G''以及复数黏度值的绝对值$|\eta^*|$随频率 ω 的变化[2]

8.1.3 黏塑性和壁面滑移

8.1.3.1 稳态扭转流

图8.7是两个圆盘（其中一个圆盘旋转，另一个圆盘静止）[图8.7（a）]，或一个圆盘和一个圆锥体［圆锥体与平板流，图8.7（b）］之间发生扭转时形成稳态扭转流（也称平板Couette流）的示意图。如图8.7（c）所示，流变仪用于测量悬浮液在简单剪切流动过程中产生的扭矩和推力（法向力 F_z）。在平行圆盘流中，剪切速率 $\dot{\gamma}$ 是径向 r 的函数。在无壁面滑移的情况下，边缘处（$r=R$）的剪切速率如下：

$$\dot{\gamma}=r\frac{\omega'}{H} \quad 和 \quad \dot{\gamma}_R=R\frac{\omega'}{H} \tag{8.3}$$

式中：ω'为转速；H为两个圆盘间的间隙。

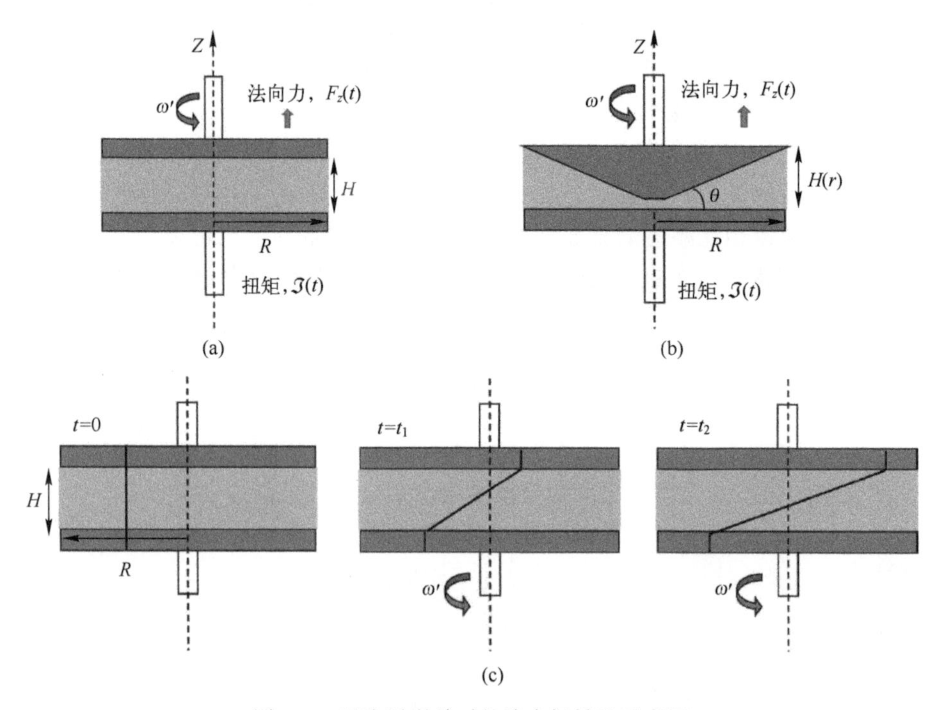

图8.7 无边界滑移时的稳态扭转流示意图

（a）平行板；（b）锥形板和平板；（c）施加稳定剪切后的平行板流的形变行为。

在稳态条件下，可以测得其中一个圆盘上的扭矩$\Im(t)$，并通过式（8.4）可以计算得到固定平行圆盘边缘（$r=R$）处的剪切应力 $\tau_{z\theta}(r=R)$[14]：

$$\tau_{z\theta}(r=R)=\frac{\mathcal{J}}{(2\pi R^3)}\frac{3+\mathrm{d}\{\ln[\mathcal{J}/(2\pi R^3)]\}}{\mathrm{d}(\ln\dot{\gamma}_R)} \tag{8.4}$$

同时，由平行板中稳态扭转流的法向力 F_z 可根据式（8.5）得到第一法向应力系数（Ψ_1）和第二法向应力系数（Ψ_2）在边缘处（$r=R$）的差值，即

$$\Psi_1(\dot{\gamma}_R)-\Psi_2(\dot{\gamma}_R)=\frac{F_Z/(\pi R^2)}{\dot{\gamma}_R^2}\frac{2+\mathrm{d}\{\ln[F_Z/(\pi R^2)]\}}{\mathrm{d}(\ln\dot{\gamma}_R)} \tag{8.5}$$

边缘处的第一法向应力差值为 $N_1(\dot{\gamma}_R)=\Psi_1(\dot{\gamma}_R)\dot{\gamma}_{R^2}$。

图 8.8 为一种固体填充体积分数 $\phi=0.63$ 的黏塑性悬浮液经历稳态扭转流的过程[15]。这些图像结果来自一个恒定应变率的流变仪，该流变仪将一个壁面速度施加在上圆盘上，并通过扭矩传感器测量相应的剪切应力随时间的变化。在开始运动之前，先画一条覆盖悬浮液的自由表面和两个盘表面的标记直线。

(a)

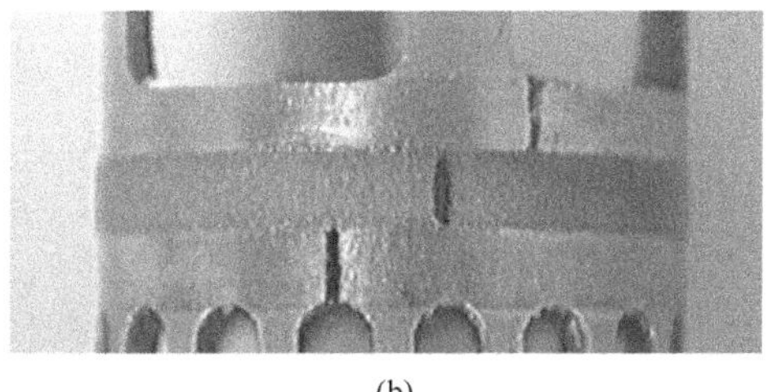

(b)

图 8.8　运动前和运动后的顶盘标记直线显示黏塑性悬浮液呈活塞流

（a）运动前；（b）运动后。

在稳态扭转流（图 8.8）中变化过程中，顶部和底部壁上标记线的不连续性表明其不服从常规的无边界滑移条件。事实上，在稳态的扭转流中，悬浮液在两个壁面都发生了打滑。此外，在实验条件下，悬浮液未发生形变，即悬浮液发生流动但不变形，也就是说，流动为无形变的塞流。从图 8.8 还可以看出，悬浮液的塞流和壁面滑移同时发生。因此，要了解黏塑性流体的流动和形变特性，就需要对其壁面滑移和剪切黏度特性同时进行描述。在试图使用粗糙表面产生具有无边界滑移流变特性的流体时可能会使含能材料试样破裂（通常用变形速率中出现台阶状的不连续特性表示）。如果没有高速成像，这种断裂行为是无法检测到的，而忽略它可能会产生严重错误[16-17]。

8.1.3.2　黏塑性本构方程

对高固含量悬浮液的实验研究表明，对于黏度相对较低的黏合剂，随着 ϕ 的增加，第一法向应力差 N_1 逐渐减小，甚至可以降为负值[10,18]。这种负的第一法向应力差通常与沿流动方向排列的串状粒子的形成有关。随着 ϕ 的继

续增加，高固含量悬浮液的挤出膨胀率［从圆柱形管（毛细管）流出的挤出物直径超过毛细管直径］逐渐减小，接近牛顿流体挤出时所观察到的膨胀率[10]。此外，爬杆效应也被抑制[10]。这些观察到的结果证明，可以使用广义牛顿流体（GNF）型本构方程描述黏塑性流体的流动和形变行为（例如通过 Herschel-Bulkley 方程）：

$$\underline{\mathbf{\Delta}}=0,\ \frac{1}{2(\underline{\tau}:\underline{\tau})}\leqslant\tau_0^2 \tag{8.6}$$

和

$$\underline{\tau}=-\left[\frac{\tau_0}{\left|\sqrt{\dfrac{1}{2(\underline{\mathbf{\Delta}}:\underline{\mathbf{\Delta}})}}\right|}+m\left|\sqrt{\frac{1}{2(\underline{\mathbf{\Delta}}:\underline{\mathbf{\Delta}})}}\right|^{n-1}\right]\underline{\mathbf{\Delta}},\quad \frac{1}{2(\underline{\tau}:\underline{\tau})}>\tau_0^2 \tag{8.7}$$

式中：$\underline{\mathbf{\Delta}}$ 为变形速率张量；τ_0为屈服应力；m 为稠度指数；n 为剪切速率敏感指数。

当 $n=1$ 时，其为宾汉流体。这类能够代表黏弹性流体的流动和形变特性的 GNF 型本构方程的共同特点是没有变形，即在 $1/2(\underline{\tau}:\underline{\tau})\leqslant\tau_0^2$时，$\underline{\mathbf{\Delta}}=0$。

如前所述，对于高固含量悬浮液，其 $G_0(t)$、$G'(\omega)$和 $G''(\omega)$的平台值是由于形成了颗粒网络，从而产生凝胶状行为。屈服应力 τ_0被认为与凝胶强度有关。因此，基于已提出的线性黏弹性材料的各种方法函数可用于估算悬浮液的屈服应力 τ_0值[19-21]。例如在平台区，复杂剪切应力的值$|\tau_0^*|=\gamma^0|G_0^*|=\gamma^0[(G_0')^2+(G_0'')^2]$ 已经用来表示屈服应力 τ_0[20]。另一种方法假设 τ_0等于低频时复应力同相分量 τ_0'与应变振幅 γ_0关系的最大值[21]。

这种屈服应力的估计是有价值的，但不足以理解黏塑性流体的流动和变形行为。为了阐明这一点，让我们将 Herschel-Bulkley 方程应用于图 8.9。图 8.9 为平板 Couette 流的示意图，即在两个无限长和无限宽的平板（间隙为 H）之间发生的拖拽诱导稳定流；一块板沿 z 方向以速度 V_w移动，另一块板静止：

$$\frac{\mathrm{d}V_z}{\mathrm{d}y}=0,\quad |\tau_{yz}|\leqslant\tau_0 \tag{8.8}$$

$$\tau_{yz}=\pm\tau_0-m\left|\frac{\mathrm{d}V_z}{\mathrm{d}y}\right|^{n-1}\left(\frac{\mathrm{d}V_z}{\mathrm{d}y}\right),\quad |\tau_{yz}|>\tau_0 \tag{8.9}$$

式中：–为负剪切应力 τ_{yz}。

图 8.9 所示的平板 Couette 流可以应用恒定的表观应变率（应变控制流变仪）或恒定的剪切应力（恒定应力流变仪）来表征黏塑性流体的剪切黏度。对于无边界滑移情况，其中一个壁面以稳定速度 V_w的运动将对夹在两个壁面

之间的流体施加应变率 V_w/H。然而，如前所述，黏塑性凝胶和高固含量悬浮液的流动边界条件是有壁面滑移约束的（图 8.8）。在有壁面滑移的条件下，壁面运动产生的应变率要么小于表观应变率，即 $dV_z/dy<V_w/H$，要么为 $dV_z/dy=0$ 的塞流，其取决于施加的剪切应力 τ_{yz} 是大于还是小于 τ_0[13,22-25]。

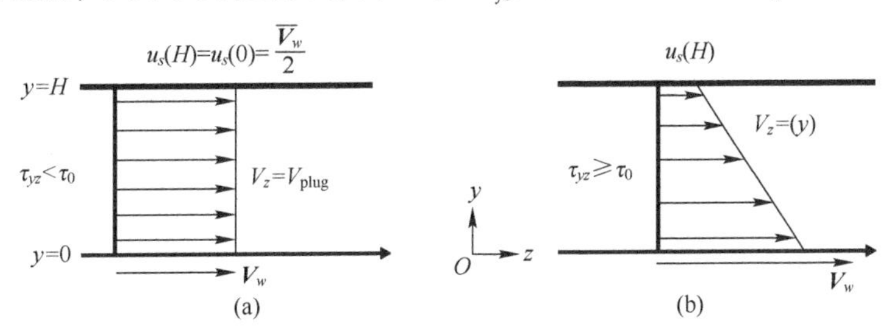

图 8.9　塞流和有壁面滑移（a）以及有形变和壁面滑移（b）时的平板 Couette 流的示意图

8.1.4　壁面滑移机制

在牛顿或非牛顿流体型黏合剂中，含刚性颗粒的高固含量悬浮液发生的壁面滑移主要基于表观滑移机制。表观滑移是由颗粒表面形成的表观滑移层（自由粒子和仅含黏合剂的区域）引起的，壁厚 δ。出现表观滑移层是因为在刚性颗粒悬浮液的流动过程中，颗粒在物理空间上无法像远离壁面那样有效地占据壁面附近的空间，所以在靠近壁面附近形成了一个相对较薄但始终存在的流体层（即表观滑移层或 Vand 层）[26-27]。由于滑动层的厚度（δ）明显小于通道间隙，滑移层的形成使壁面出现滑移，因此在壁面处产生表观滑移[23,28-33]。这种壁面滑移机制在图 8.10 中以放大的方式进行了描述，示意性地表示了在稳定扭转流和圆柱管流中形成的明显的滑移层。

对于含刚性小长径比颗粒的高固含量悬浮液，δ 与颗粒直径（D_p）成正比。各种研究已确定其比值 δ/D_p 为 0.06[33] 或 0.063[34]，比值范围为 0.04~0.07[35]。对于 $\phi<\phi_m$ 的情况，滑移层的厚度 $\delta=f(D_p,\phi,\phi_m)$ 可表示为[23]

$$\frac{\delta}{D_P}=1-\frac{\phi}{\phi_m} \tag{8.10}$$

由表观滑移层机制可以很容易得滑移速度 $\boldsymbol{U}_S=\boldsymbol{V}-\boldsymbol{V}_w$，即在悬浮液中间和表观滑移层之间的界面出现的流体速度（$\boldsymbol{V}$）与壁面移动速度（$\boldsymbol{V}_w$）的差：

$$\boldsymbol{t}\cdot(\boldsymbol{V}-\boldsymbol{V}_w)=\beta[\operatorname{sgn}(\boldsymbol{nt}:\underline{\tau})]\,|\boldsymbol{nt}:\underline{\tau}|^{S_b} \tag{8.11}$$

式中：$\boldsymbol{n}$ 和 $\boldsymbol{t}$ 分别为指向实体边界的单位外法向向量和单位切向量；$\operatorname{sgn}(\boldsymbol{x})=\boldsymbol{x}/|\boldsymbol{x}|$；$\beta$ 和 S_b 分别为滑移系数和滑移指数。

在平板 Couette 流的静止和移动壁面处，滑移速度为正或负，如图 8.9 所示。如果黏合剂是非牛顿流体，则剪切黏度可以用 Ostwald-de Waele 或幂律

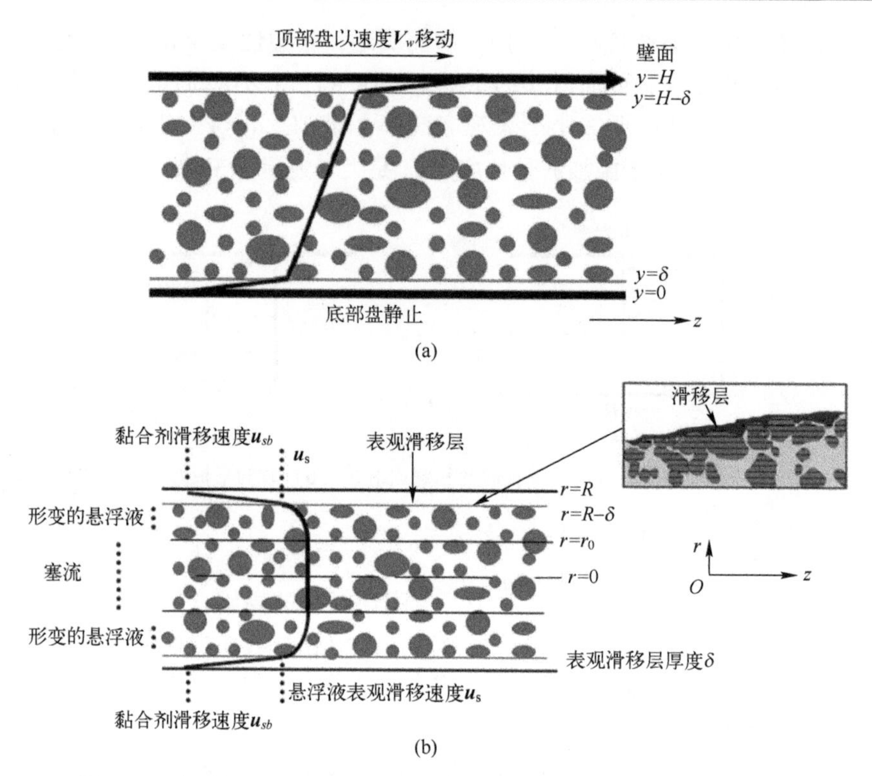

图 8.10　在平板 Couette 流（a）和圆柱管流（b）中形成的表观滑移层

资料来源：Kalyon D M. J. Rheol.，2005，49，621-640。

方程表示的黏合剂：

$$\tau_{yz}=-m_b\left|\frac{\mathrm{d}V_z}{\mathrm{d}y}\right|^{n_b-1}\left(\frac{\mathrm{d}V_z}{\mathrm{d}y}\right) \tag{8.12}$$

式中：m_b和n_b分别是黏合剂的稠度指数和幂律指数；β变为$\beta=\delta/m_b^{S_b}$，其中，$S_b=1/n_b$。

滑移速度与剪切应力τ_{yz}之间的关系变为非线性：

$$U_s=\pm\beta\left|\tau_{yz}\right|^{1/n_b}=\pm\frac{\delta}{m_b^{1/n_b}}\left|\tau_{yz}\right|^{1/n_b} \tag{8.13}$$

如果悬浮液的黏合剂是牛顿流体，即$n_b=1$和$m_b=\mu_b$：

$$U_s=\pm\beta\tau_{yz}=\pm\frac{\delta}{\mu_b}\tau_{yz} \tag{8.14}$$

U_s与τ_{yz}之间的这种线性关系（称为 Navier 滑移条件）已经在黏合剂为牛顿流体的实验中得到了验证[17,35]。例如，在 Aral 和 Kalyon[17]的实验中，在含刚性颗粒的高固含量悬浮液中，通过系统地改变温度T，可以改变流动特性为牛顿流体的黏合剂的剪切黏度，从而证明壁面滑移行为确实服从 $U_s=\pm[\delta/\mu_b(T)]\tau_{yz}$。同样，对于压力驱动的毛细管和矩形狭缝流，其表观滑移的滑移速度则为（图 8.10）

$$U_s=\beta\tau_w^{1/n_b}=\frac{\delta}{m_b^{1/n_b}}\tau_w^{1/n_b} \tag{8.15}$$

式中：τ_w为矩形狭缝或毛细管流动的壁面剪切应力。

对于牛顿流体型黏合剂，有

$$U_s=\beta\tau_w=\frac{\delta}{\mu_b}\tau_w \tag{8.16}$$

因此，总的来说，如果事先知道黏合剂的表观滑移层厚度 δ 和剪切黏度表征函数，则可估算出含能悬浮液的表观壁面滑移特性。通常，壁面滑移速度（U_s）与壁面剪切应力之间的关系可以通过改变流变仪的表面与体积的比来确定，即可以通过改变平板 Couette 流和矩形狭缝的间隙，以及毛细管流动中的管径来确定（将在 8.2 节中进行讨论）[23,36]。

对于上表面移动的平板 Couette 流，即 $\tau_{yz}<0$，U_s为

$$U_s=\pm2\delta\left(\frac{-\tau_{yz}}{m_b}\right)^{1/n_b} \tag{8.17}$$

式（8.17）中给出的滑移速度可以从平板 Couette 流的剪应力 τ_{yz}开始计算[23]：

$$\left[\frac{-(\tau_{yz}+\tau_0)}{m}\right]^{1/n}\left(1-2\frac{\delta}{H}\right)+2\frac{\delta}{H}\left(\frac{-\tau_{yz}}{m_b}\right)^{1/n_b}=\frac{\bar{V}_w}{H} \tag{8.18}$$

在剪切应力（τ_{yz}）为常数，$(-\tau_{yz}/m_b)^{1/n_b}\gg[-(\tau_{yz}+\tau_0)/m]^{1/n}$时，如果用表观剪切速率（$V_w/H$）对间隙的倒数（$1/H$）求偏导，则壁面滑移速度为

$$\left.\frac{\partial\left(\frac{\bar{V}_w}{H}\right)}{\partial\left(\frac{1}{H}\right)}\right|_{\tau_{yz}}=2\delta\left(\frac{-\tau_{yz}}{m_b}\right)^{1/n_b}=\pm2U_s \tag{8.19}$$

因此，提供了一种利用平板 Couette 流确定滑移速度的方法。当塞流速度等于 $U_s=V_w/2$，$|\tau_{yz}|\leqslant\tau_0$时可获得塞流。

悬浮液的滑移修正剪切速率（$\dot{\gamma}$）可表示为

$$\dot{\gamma}=\frac{\bar{V}_w-2\delta\left(\frac{-\tau_{yz}}{m_b}\right)^{1/n_b}}{H-2\delta} \tag{8.20}$$

图 8.11 所示为 $\phi=0.6$ 的悬浮液中引入通用意义的表面体积比效应时表观滑移层对流动曲线的影响。可以看出，校正后的剪切应力与剪切速率特性

明显不同于从稳态扭转流中观察到的表观特性。这些结果说明了为什么对黏塑性含能材料的流变性进行分析、加工性能进行评价以及加工设备放大是如此困难。黏塑性含能材料配方的所有流动曲线都取决于流变仪或加工设备的表面体积比。因此，不可能基于几何相似性简单地缩小/增大加工条件、设备和几何结构。

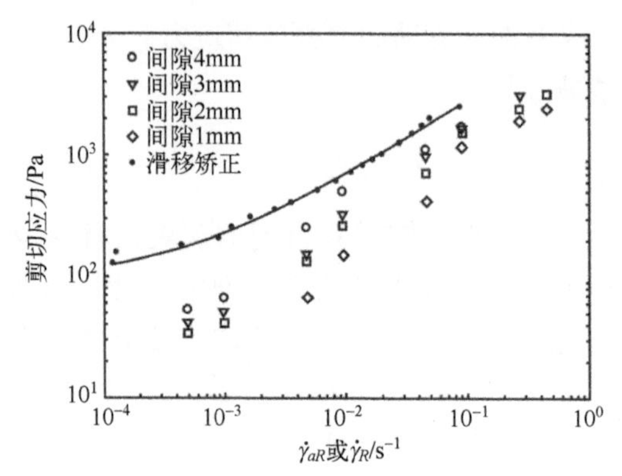

图 8.11　平板 Couette 流：流变仪的表面体积比对流动曲线变化和校正的剪切应力与剪切速率的影响[33]

图 8.12 所示为同种悬浮液的滑移速度与壁面剪切应力的关系。滑移速度数据表明，确实观测到了 Navier 滑移关系，即 U_s 与牛顿流体型黏合剂悬浮液的剪切应力之间存在的线性关系［式（8.16）］。

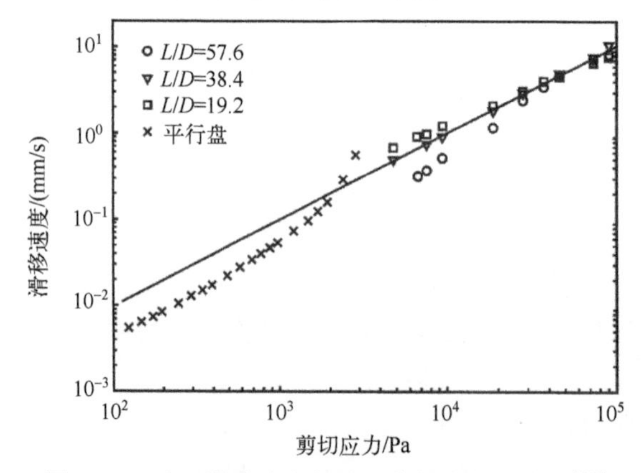

图 8.12　壁面滑移速度与壁面剪切应力的关系[33]

为研究表观壁面滑移的影响，其中壁面滑移速度 U_s 与平均速度 V_m 的比值（等于由滑移引起的体积流速 $Q_s = U_s \pi R^2$ 与流速 Q 的比，即 Q_s/Q）与管道流（毛细管）中黏塑性悬浮液的壁面剪应力的关系如图 8.13 所示。剪切变稀型黏塑性悬浮液的屈服应力（20kPa）与 U_s/V_m 由 1 变为小于 1 时的剪切应力（$Q_s/Q \geqslant 1$）一致。因此，屈服应力可以由流动曲线直接确定，前提是壁面滑移行为具有相同的特征。这些表征方法的适用性也在用粒子成像测速法研究毛细管和轴向环状流动的黏塑性凝胶特性的研究中得到了证明[24,37]。

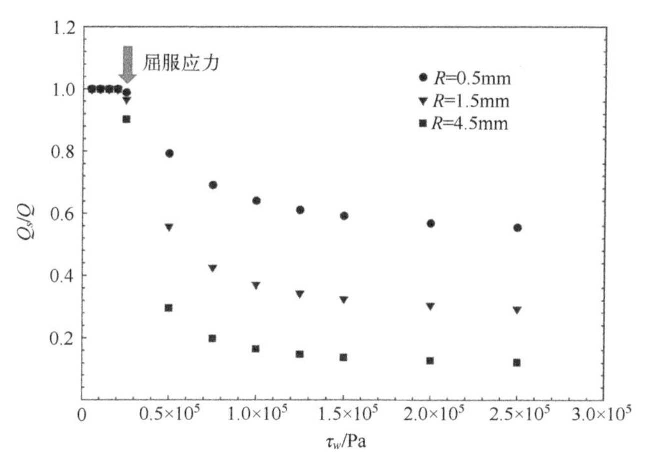

图 8.13　高固含量悬浮液在毛细管中流动时的滑移速度与平均速度（Q_s/Q）的关系及黏塑性悬浮液的屈服应力值[2]

当黏塑性悬浮液的黏合剂是具有相当大弹性的非牛顿流体时，会给其性能表征带来一些特殊的挑战。这是因为非牛顿流体黏合剂会出现壁面滑移现象。事实上，实验已经观察到各种聚合物熔体，特别是线性聚合物和水凝胶出现壁面滑移现象[24,38-46]。对于聚合物熔体，通常从弱滑移向强滑移的转变过程中壁面滑移现象变得逐渐明显[45]。当弱滑移到强滑移的转变发生在临界壁面剪切应力时，其值取决于表面锚定链的表面密度和聚合物熔体的分子量[47-48]。低密度聚乙烯的临界壁面剪切应力为 0.14MPa[46]，高密度聚乙烯的临界壁面剪切应力为 0.09~0.3MPa[42,49]，聚二甲基硅氧烷（PDMS）的临界壁面剪切应力为 0.05~0.07MPa[49-51]。

为了适应黏合剂的壁面滑移，必须通过引入黏合剂的壁面滑移速度特性 $U_{sb}(\tau_w)$ 来改进其表观滑移分析。根据毛细管和矩形狭缝流动数据发现[52-54]，双曲正切型函数适合 U_{sb} 与壁面剪切应力 τ_w 的依赖关系，即

$$U_{sb}=\frac{\beta_b \tau_w^{s_1}}{2}\{1+\tanh[\alpha(\tau_w-\tau_c)]\} \tag{8.21}$$

式中：β_b 和 s_1 分别为聚合物黏合剂的滑移系数和滑移指数；α 为描述聚合物黏合剂在临界壁面剪切应力 τ_c 下滑移速度由弱滑移向强滑移转变最强时的正值（通常为 1~20）。

含能高固含量悬浮液的滑移速度受黏合剂的表观滑移机制影响，其黏合剂在毛细管和矩形狭缝流动中表现出壁面滑移，因此：

$$U_s = \frac{\tau_w^{sb}}{m_b^{sb}}\delta + U_{sb} \tag{8.22}$$

式中，幂律指数（$n_b = 1/sb$）和 m_b（稠度指数）为描述配方中黏合剂剪切黏度的两个参数。

8.2 其他常规流变表征方法：毛细管流变仪和矩形狭缝流变仪

8.2.1 毛细管流变仪

毛细管流变仪示意图如图 8.14 所示。其基本组成单元是一个储液罐（桶），储液罐（桶）内装有待表征的恒温流体，在储液罐底部有一个毛细管模具。通常使用恒定速度（图 8.14 中的十字头速度）的活塞驱动储液罐中的流体。在活塞上安装一个载荷传感器，以确定给定体积流量（Q）下通过筒体和模具的总压降。在测量体积流量时，也可以在恒定压力下驱动流体，但此处不讨论这种情况。

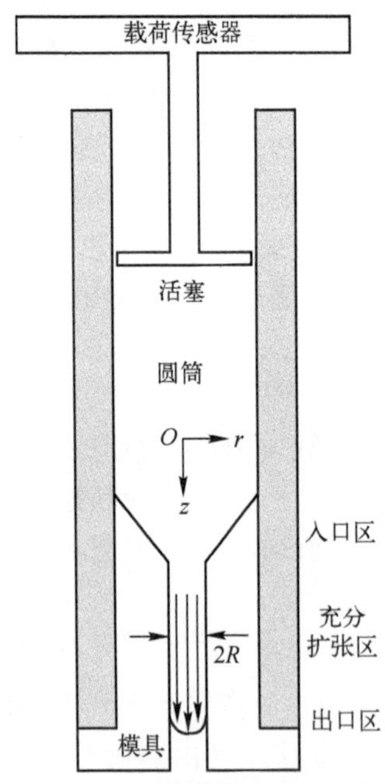

图 8.14　毛细管流变仪示意图

在任何给定的流量（Q）的条件下，通过测压传感器可测量其总压降（Δp_t），其总的压降包括通过筒体的压降（Δp_b），通过毛细管模具（端部）入口和出口的流体流动时的相关压降（Δp_{ends}），以及通过充分扩展的流体的压降（Δp）。通常，通过筒体的压降可以忽略不计（前提是筒体直径 $D_b \gg$ 毛细管模具直径 D）。如果长度 L 超过毛细管模具直径 D，即 $L/D \geqslant 40$，则通常可以忽略与端部效应相关的压降，即 Δp_{ends}。对于短毛细管模具，需要使用一系列在恒定直径下具有不同长径比的毛细管来校正末端效应（Bagley 校正）[55]。壁面剪切应力是根据充分扩展的流动条件定义的，即

$$\tau_w = \frac{\Delta p R}{2L} \tag{8.23}$$

式中：R 和 L 分别为毛细管模具的半径和长度。

当毛细管模具的表面体积比发生系统变化时，修正后的壁面剪切应力与毛细流动表观剪切速率的关系可以用于分析壁面滑移。这通常是在保持毛细管长径比恒定，通过改变毛细管的表面体积比来实现的（图 8.15）。如前所述，还需要分析压降与流量数据，以确定壁面滑移与壁面剪切应力的关系，并校正壁面滑移的剪切速率。

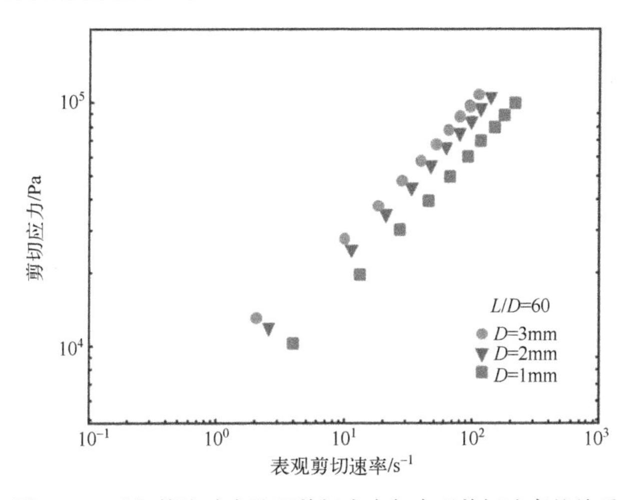

图 8.15 毛细管流动中壁面剪切应力与表观剪切速率的关系

对于不可压缩流体和黏塑性流体（Herschel-Bulkley）的表观滑移流动，壁面滑移的基本机制与平面 Couette 流、毛细管流和矩形狭缝流相似，它们发生在充分扩展、等温和蠕变的流动条件下。对于毛细管流动的分析，也可以假定表观滑移层仅由黏合剂组成，其厚度与流速无关。这与阻力诱导流（平面 Couette 流）和压力诱导流（毛细管和狭缝模）一致，两者产生的壁面滑移

速度对壁面剪切应力的依赖性相同。滑移系数 β 将壁面滑移速度与剪切应力相联系，在所有三种流动中都是相似的，它是表观滑移层厚度和黏合剂剪切黏度的函数。因此，假定的表观滑移机制也提供了确定毛细管流动滑移速度值的方法，这与传统的 Mooney 方法完全一致。壁面滑移特性允许测定毛细管壁处悬浮液的真实剪切速率和屈服应力。

在毛细管流变仪中需要遵循的程序涉及一系列实验，其中压力降与体积流量的数据是通过具有不同长径比（L/D）的毛细管在恒定直径 D 下和具有不同直径的毛细管在恒定长径比下获得的。壁面剪应力值用 Bagley 修正法修正，该修正是从毛细管在恒定直径和不同长径比（L/D）条件下获得的毛细管流动数据中得到的。另外，为了确定壁面滑移速度与壁面剪切应力的关系，分析了毛细管在等长径比、不同直径下的毛细管流动数据（图 8.15）。在此过程中，流速转换为表观剪切速率（$\dot{\gamma}_a=4Q/\pi R^3$），其与毛细管模具的直径倒数（$1/D$）的关系如图 8.16 所示。

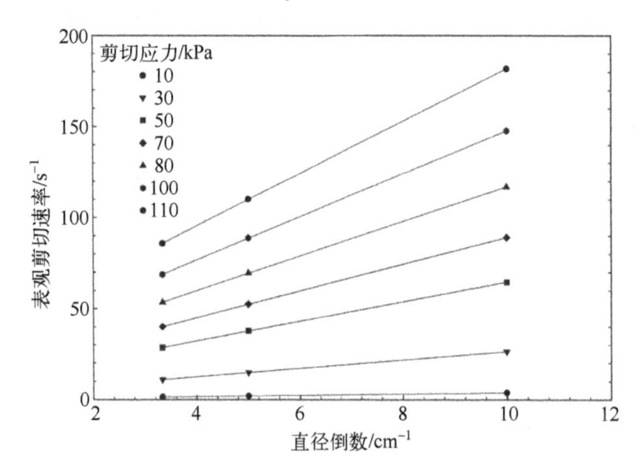

图 8.16 表观剪切速率与毛细管模具直径倒数的关系

在恒定的壁面剪切应力（τ_w）下，通过表观剪切速率对毛细管模具直径倒数求偏导可得壁面滑移速度[36]：

$$\left.\frac{\partial(4Q/\pi R^3)}{\partial(1/D)}\right|_{\tau_w}=8U_s(\tau_w) \tag{8.24}$$

一旦得到壁面滑移特性（壁面滑移速度与壁面剪切应力的关系），经壁面滑移修正（Rabinowitsch 修正）的非牛顿流体特性的含能材料配方的壁面剪切速率（$\dot{\gamma}_w$）即可根据式（8.25）得到[23,56]：

$$\dot{\gamma}_w=\frac{Q-Q_s}{\pi R^3}\left\{3+\frac{\mathrm{d}[\ln(Q-Q_s)]}{\mathrm{d}[\ln\tau_w]}\right\} \tag{8.25}$$

式中：Q_s为壁面滑移引起的体积流量，即 $Q_s=\pi R^2 U_s$，如图 8.17 所示。

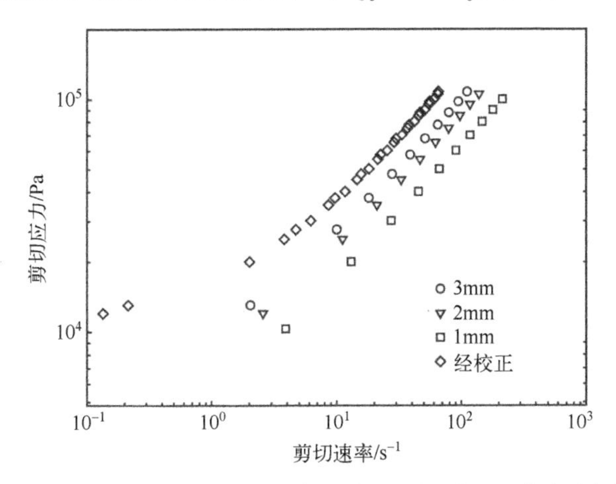

图 8.17　壁面剪切应力与剪切速率的关系（针对壁面滑移进行修正）

Herschel-Bulkley 流体在毛细管模具中的总体积流量如下[56]：

$$Q=\pi R^2 U_s+\left(\frac{\tau_w}{m}\right)^{1/n}\frac{\pi R^3}{\frac{1}{n}+1}\left[\left(1-\frac{\tau_0}{\tau_w}\right)^{1/n+1}-\frac{2}{\frac{1}{n}+3}\left(1-\frac{\tau_0}{\tau_w}\right)^{1/n+3}-\frac{2}{\frac{1}{n}+2}\left(1-\frac{\tau_0}{\tau_w}\right)^{1/n+2}\frac{\tau_0}{\tau_w}\right] \tag{8.26}$$

式（8.26）给出了黏塑性流体在毛细管中流动时的流速和压降之间的关系。

在黏塑性流体通过毛细管口模的流动中，悬浮液塞流的形成是不可避免的。此外，整个悬浮液可以像塞子一样流动，在壁面上有厚度为 δ 的表观滑移层。在纯塞流条件下，滑移速度 U_s等于毛细管中的液体平均速度 V_m。这种塞流可以发生在临界壁面剪切应力之下或之上，这分别取决于悬浮液是剪切增稠还是剪切变稀[33,56-57]。对于剪切变稀的悬浮液，悬浮液从塞流到变形的转变可用于定义悬浮液的屈服应力值[23-24]。

通过对受到黏度为μ_b、表观滑移层厚度为 δ 的牛顿流体黏合剂的作用而具有表观壁面滑移的宾汉流体（$m=\mu_s$、$n=1$）的简单分析可以看出，悬浮液形成的塞流会覆盖毛细管口模的整个横截面积。流体在稳定的充分扩展条件下，当 $\tau_0 \ll \tau_w$时，式（8.26）可简化为

$$Q=Q_s+\frac{\pi R^3}{4\mu_s}=\pi R^2 U_s+\frac{\pi R^3 \tau_w}{4\mu_s}=\pi R^2\frac{\delta}{\mu_b}\tau_w+\frac{\pi R^3 \tau_w}{4\mu_s} \tag{8.27}$$

式中：$Q_s = U_s \pi R^2 = \pi R^2 (\delta/\mu_b) \tau_w$。

由滑移 Q_s 引起的流量与总流量 Q 的比值（Q_s/Q）变为

$$\frac{Q_s}{Q} = \frac{\delta/\mu_b}{(\delta/\mu_b)+(R/4\mu_s)} = \frac{\delta/R}{(\delta/R)+(1/4\eta_r)} \tag{8.28}$$

当用悬浮液的相对黏度（η_r）[56]：

$$\eta_r = \frac{\mu_s}{\mu_b},\ \eta_r = \left(1-\frac{\phi}{\phi_m}\right)^{-2.0} \tag{8.29}$$

和表观滑动层厚度 $\delta[\delta/D_p = 1-(\phi/\phi_m)]$ [23]替换后，Q_s/Q 变为

$$\frac{Q_s}{Q} = \frac{1}{1+\frac{R}{4D_p}\left(1-\frac{\phi}{\phi_m}\right)} \tag{8.30}$$

因此，随着刚性粒子含量的增加（$\phi \to \phi_m$、$Q_s/Q \to 1$），流动行为接近塞流。对于含牛顿流体黏合剂的悬浮液，其在 Poiseuille 流动中，当 ϕ 增大时，确实可观察到这种塞流行为[58-59]。对于使用非牛顿流体状黏合剂的悬浮液[56,60]和凝胶[24,37]，其在 Poiseuille 流动中，也可以观察到这种塞流行为。此外，确定产生塞流的条件可得到悬浮液的屈服应力[23-24]，如图 8.13 所示。由于毛细半径 $R \gg$ 颗粒直径 D_p，因此刚性颗粒含量相对较少的含能悬浮液的表观滑移影响可以忽略不计，即 $\phi \to 0$、$Q_s/Q \to 0$。

8.2.2 矩形狭缝流变仪

与毛细管流动相关的基本问题是必须确定与充分扩展的流动相关的压降，而其困难之处在于壁面剪应力的测定必须进行 Bagley 校正。由于毛细管表面弯曲很大，因此无法用在毛细管壁上直接安装压力传感器的方式测量给定流量下充分扩展流体的压力梯度，故必须进行这种困难的校正程序。但是，如果使用矩形狭缝模具代替毛细管模具，压力传感器则可以直接安装在模具壁上，如图 8.18 所示。压力传感器安装在与狭缝表面齐平的位置，进而可直接表征模具中的压力分布。所得到的重要数据是充分扩展流在模具中的压力梯度（模具中压力梯度与距离的比值保持不变的部分）。

对于通道间隙为 $2B$、宽度为 W 的矩形狭缝模具，当 $W \gg 2B$ 时，壁面剪切应力为

$$\tau_w = \frac{B\mathrm{d}P}{\mathrm{d}z} \tag{8.31}$$

式中：$\mathrm{d}P/\mathrm{d}z$ 为流体充分扩展时的压力梯度。矩形狭缝模具中剪切黏度和壁面滑移特性的表征过程涉及到当系统地改变间隙 $2B$ 时，不同体积流量 Q 下的压

力梯度的表征。在壁面剪应力 τ_w 一定时，表观剪切速率（$3Q/2WB^2$）对半间隙的倒数（$1/B$）求导数，即可得到如下所示的壁面滑移速度 $U_s(\tau_w)$[23]：

$$\left.\frac{\mathrm{d}\left(\dfrac{3Q}{2WB^2}\right)}{\mathrm{d}(1/B)}\right|_{\tau_w} = 3U_s(\tau_w) \tag{8.32}$$

矩形狭缝流动中的体积流量为

$$Q = Q_s + \frac{2WB^2}{\left(\dfrac{1}{n}+1\right)\tau_w^2}\frac{(\tau_w-\tau_0)^{\frac{1}{n}+1}}{m^{\frac{1}{n}}}\frac{\tau_w\left(\dfrac{1}{n}+1\right)+\tau_0}{\dfrac{1}{n}+2} \tag{8.33}$$

式中：$Q=U/(2BW)$。经壁面滑移修正后的壁面剪切速率和壁面流体的非牛顿流体性质，即 Rabinowitsch 效应为[23,61-62]

$$\dot{\gamma}_w = \frac{Q-Q_s}{2WB^2}\left\{2+\frac{\mathrm{d}[\ln(Q-Q_s)]}{\mathrm{d}(\ln\tau_w)}\right\} \tag{8.34}$$

矩形狭缝流变仪也可用于研究在狭缝模具壁处受到壁面滑移影响的多个黏塑性流体的共挤出行为[63]。

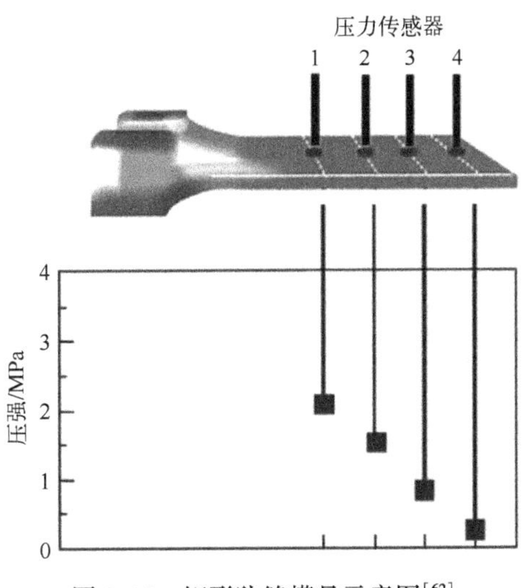

图 8.18　矩形狭缝模具示意图[62]

通常，矩形狭缝流变仪是以恒定的间隙 $2B$ 来设置和运行的。但是，如前所示，进行表面体积比（矩形狭缝模具流动的间隙）的系统改变是必需的，以便能够表征黏塑性流体的壁面滑移行为。如 8.3.1 节所示，使用专用工具（即具有连续可调间隙的矩形狭缝模具[61]）执行该过程将是一种较好的选择。

8.3 流变性能表征专用流变仪

8.3.1 具有间隙连续可调的矩形狭缝流变仪

如前所述，与毛细管流变仪相比，狭缝流变仪具有一系列与通道壁齐平的压力传感器，因此它们可以直接测定管壁的剪切应力[61]。与毛细管流变仪相比，这是一个显著的优势，因为毛细管流变仪需要用多个毛细管模具校正壁面的剪切应力（端部效应的 Bagley 校正）。此外，如果狭缝的间隙可以连续调节，即具有连续可调节间隙的狭缝流变仪，那么高固含量悬浮液的剪切黏度和壁面滑移行为则可以同时表征[61]。

典型的具有间隙连续可调的矩形狭缝流变仪（可调间隙流变仪）由一个带有可平行移动的狭缝模块组成，它允许用户系统地改变间隙 $2B$ 的大小，从而改变通道的表面体积比，如图 8.19 所示。通过改变流变仪的流速 Q 和间隙 $2B$，即可表征壁面滑移速度[61]和壁面剪切速率的校正，以用于确定滑移校正的剪切黏度［式（8.34）］。如图 8.19 所示，可调间隙的矩形狭缝流变仪通常配备一系列等距的、与流变仪通道表面平齐安装的压力和温度传感器。如前所述，压力传感器用于确定充分扩展的流动区的压降，而壁面剪切应力值则直接从每个流速下获得的充分扩展的流动区压力梯度中得到（图 8.20）。

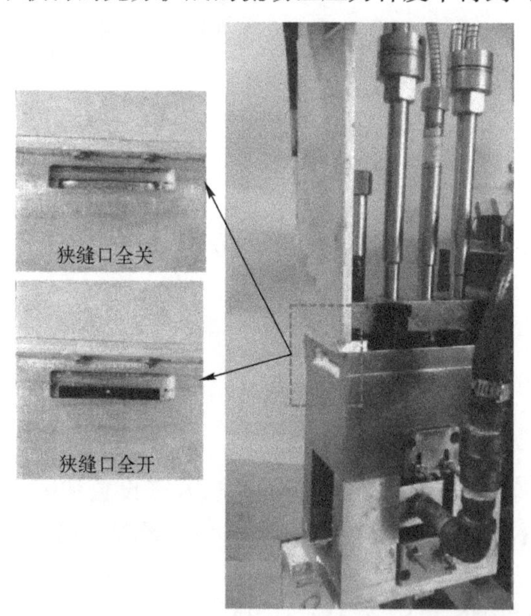

图 8.19 具有间隙连续可调、打开和关闭状态的矩形狭缝

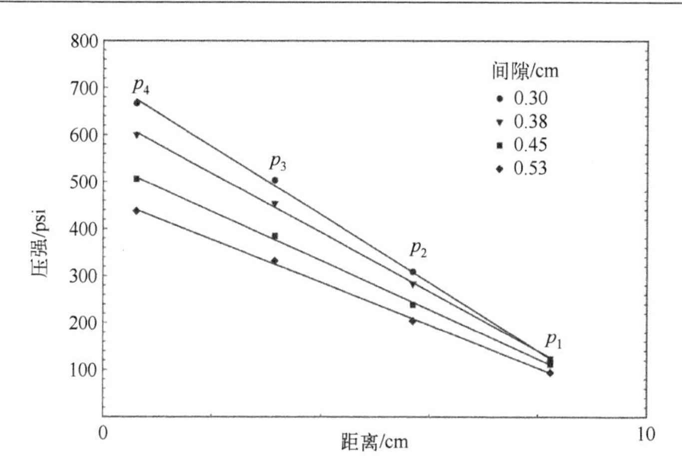

图 8.20　矩形狭缝中的压力与轴向距离的关系以及充分扩展流动区的压力梯度（p_1、p_2、p_3 和 p_4，1psi≈0.0069Pa）[62]

由不同壁面剪切应力下的表观剪切速率与间隙倒数的斜率可得到壁面滑移速度，如图 8.21 和图 8.22 所示。然后根据式（8.34）可确定经壁面滑移修正的壁面剪切速率。

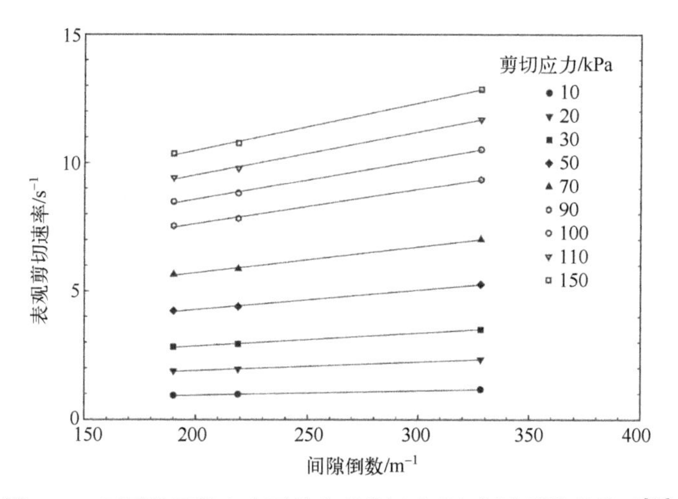

图 8.21　不同壁面剪应力下的表观剪切速率与间隙倒数的关系[62]

矩形狭缝流变仪由于能够独立地改变体积流量和间隙开度，因此可直接获得壁面滑移速度与壁面剪切应力的关系数据。而壁面滑移特性又可作为表征材料剪切黏度函数的参数。需要注意的是，壁面滑移速度与壁面剪切应力的关系（在相关温度下确定）可作为各种加工流动（包括模具流动和挤压流动）模拟过程中的流动边界条件[62,64-67]。这将在第 10 章中进一步阐述。

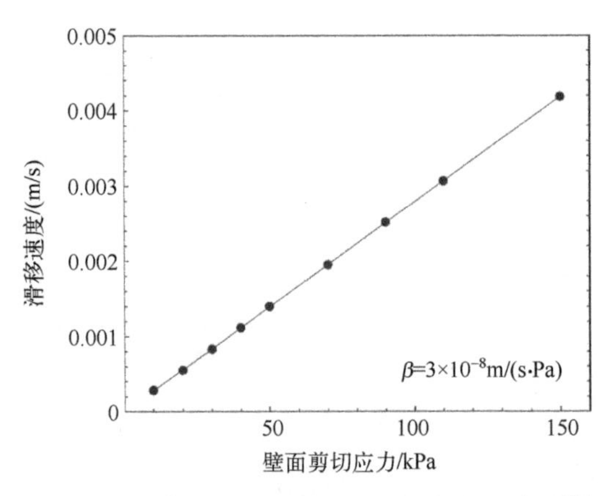

图 8.22　壁面滑移速度与壁面剪切应力的关系[62]

具有可调间隙并可直接在线检测的流变仪通常会直接连接到单螺杆和双螺杆挤出机或齿轮泵上。图 8.23 所示为装有可调间隙流变仪的同向双螺杆挤出机。如果使用挤出机将黏塑性流体输送至流变仪，则使用重量计或重量损失加料器对挤出机进行喂料，该加料器可以以恒定的体积流量（Q）对挤出机进行喂料。挤出机也可以有多个进料口和多个加料器，以便在黏塑性流体的流变性能表征之前加工和制备完整的配方。在使用安装在挤出机远端的可调间隙狭缝流变仪对其壁面滑移速度和剪切黏度进行表征之前，挤出机的加工部分还具有在部分段抽真空的能力以去除含能材料配方中所含的空气。

图 8.23　装有可调间隙狭缝流变仪的双螺杆挤出机

研究者对离线模式的可调间隙狭缝流变仪也进行了相应的研究。在离线模式下，可调间隙流变仪包含一个需要在活塞加压作用下的储液罐。活塞杆连接到测试架上，测试架以恒定速度驱动活塞杆（图 8.24)。灌装设备［图8.25（a)］和可密封药筒［图 8.25（b)］可用于在药筒灌装过程中去除悬浮液或凝胶中所含的空气。药筒的密封是其填充程序的重要部分。在灌装后，药筒被转移到流变仪上用作离线模式的可调间隙流变仪的储液罐。

图 8.24　离线模式可调间隙狭缝流变仪

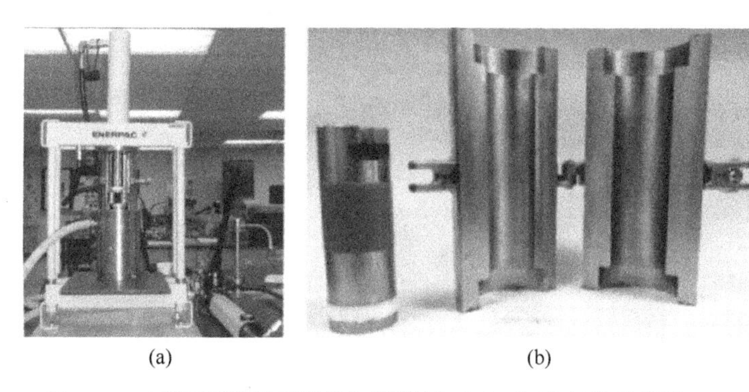

(a)　(b)

图 8.25　可调间隙流变仪的加料装置（a）和流变仪的药筒（b）

如有必要，还可以对药筒的温度进行控制，以使悬浮液或凝胶在放入狭缝流变仪之前达到所需温度。将药筒放入流变仪后，测试架以所需的速度移动活塞，其移动速度可根据流速 Q 和压力分布随时改变。与在线流变仪类似，要获得充分扩展的流体的压力梯度与体积流量之间的关系，需要对其间隙进行系统性调整。

8.3.2 挤压流动流变仪

另一种便于描述黏塑性流体流动时剪切黏度和壁面滑移行为的流变仪是挤压流动流变仪[54,68-69,71-72]。挤压流动流变仪的示意图如图 8.26 所示，实际的挤压流动流变仪如图 8.27 所示。这种流变仪可以在恒定法向力或恒定板运动速度的条件下运行，其中有一个驱动压杆的步进电机驱动器和一个连接到压杆的载荷传感器，可以精确地控制压缩速度，以及精确地测量黏塑性流体在压缩流动过程中的法向力。根据实际使用情况，为了安全也可以使用气动驱动器。

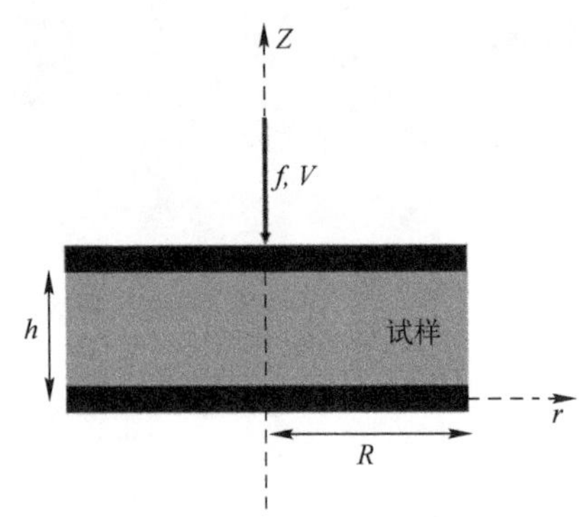

图 8.26 挤压流动流变仪示意图

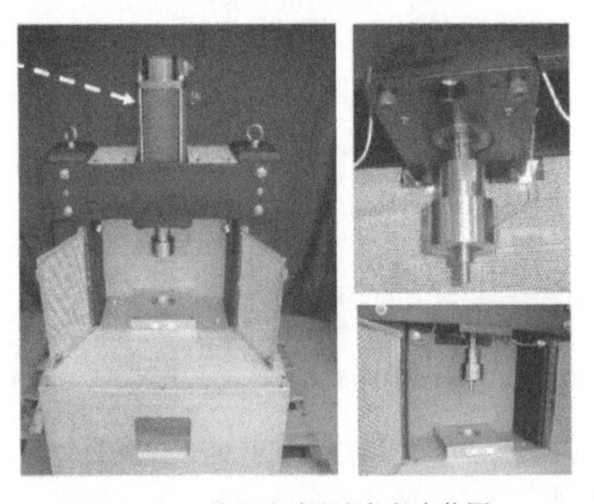

图 8.27 挤压流动流变仪的实物图

对于一组由法向力 f 和两板之间间隙组成的数据，可以根据以下条件求解反向力问题，以确定壁面滑移速度与剪切应力以及剪黏度与剪切速率或剪切应力关系的参数：

$$f = \int_0^R 2\pi(p + \tau_{zz})\big|_{z=h} r\mathrm{d}r = \int_0^R \pi\left[\left(-\frac{\mathrm{d}p}{\mathrm{d}r}\right)r^2 + 2\tau_{zz}r\right]\bigg|_{z=h}\mathrm{d}r \tag{8.35}$$

对于反向力问题的求解，根据法向力（f）的数值解与每个间隙和十字头速度对应的实验法向力之间的差值定义了一个目标函数。通过对目标函数进行最小化计算，可以确定壁面滑移参数和含能悬浮液或凝胶的剪切黏度[68]。由于求解的唯一性可能是一个主要问题，因此研究结果至少需要第二种方法的帮助，例如，通过分析挤压流数据和毛细管或矩形狭缝流变仪的数据[54]。多个流变仪数据的结合是确定壁面滑移和剪切黏度参数的有效方法，且已经过实验验证[54]。由于挤压流中不可能出现塞流[73]，因此，估计的屈服应力不是描述塞流形成的真实屈服应力，而是流动曲线的最佳拟合参数。

8.4　混合和分离对流变性能的影响

在描述含能流体的流动和变形行为时，还必须考虑其他几个对性能有较大影响的因素。这些影响包括在流变表征或加工过程中，由配方成分的分层而引起的配方流变行为的改变，即在流体流变特性表征之前，在流体加工过程中即发生材料的分布效应和混合物的分层。可能的分层效应包括颗粒从流变仪的高剪切速率区的迁移、沉降效应以及压力驱动的高固含量悬浮液在流动（即毛细管流、矩形狭缝流和挤压流）过程中黏合剂基于渗透过程的轴向迁移分布。

8.4.1　混合动力学对材料流变性能和壁面滑移的影响

凝胶和悬浮液的流变行为取决于其配方在进行流变性能表征前混合过程的动力学。对于高固含量悬浮液，刚性颗粒在悬浮液黏合剂中的分布或散布取决于混合器中发生的对流输运过程，即分布混合[74]与成分物理性能的变化。例如，颗粒大小分布的变化，即分散混合起着重要作用[70,75-81]。通过减小混合物中组分的体积分数变化可有效改善其均匀性，其统计值即混合度的测量值[70,76,82-85]。另外，分散混合可以有效地改变颗粒的尺寸分布，其主要是通过将悬浮液反复压入具有较高壁速和较小间隙的几何腔体中来实现的。

目前，已开发了许多实验和理论分析方法来分析混合性能[74,86-87]。如第 9 章所述，可以建立实验方法来表征浓度分布的统计结果[82-84]。例如，如果可以对配方中成分的浓度（c_i）进行 N 次测量，则浓度分布数据可用于定义混合指数。这种混合指数通常基于成分浓度分布的标准差（s）和与成分完全分离相关的标准差（s_0）及其组分的混合指数 $\mathrm{MI}=1-(s/s_0)$。

因此，混合指数 MI=0 表示混合物完全未分散；MI→1 表示混合物完全随机均匀分布。图 8.28 为具有各种混合指数的悬浮液的壁面滑移速度值[70]。随着比能量输入的增加，壁面滑移速度值显著增加，导致混合指数增加（其在这些实验中主要是通过增加混合时间来实现的）。

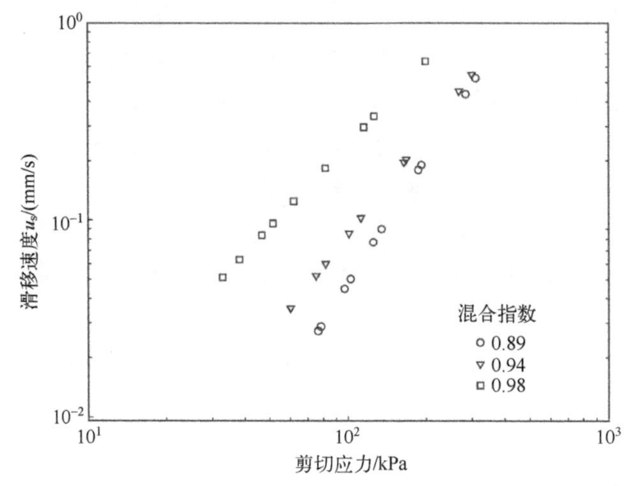

图 8.28　不同混合指数下的壁面滑移速度与剪切应力的关系[70]

除了壁面滑移速度特性的变化外，还观察到悬浮液的剪切黏度随着混合指数值的增加而降低的现象，如图 8.29 所示[70]。这主要是由于随着混合的进行，颗粒团聚体的尺寸逐渐减小，并释放出最初包裹在颗粒团聚体之间空隙内的黏合剂。这种黏合剂的释放有效地改变了颗粒的有效体积分数（ϕ），而如果黏合剂流体被包裹在团聚体中则对悬浮液的流动性没有贡献。

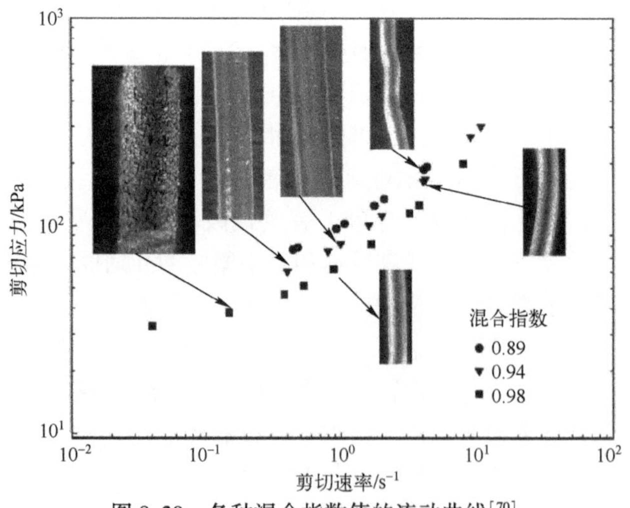

图 8.29　各种混合指数值的流动曲线[70]

总的来说，这些结果表明，混合和分散效应在黏塑性流体壁面滑移和剪切黏度的变化中非常重要。使用不同类型和比例的混合器和不同的混合过程可能会导致流变行为（壁面滑移速度、弹性和剪切黏度）和最终性能发生显著变化。

8.4.2　分离、分层和沉降效应

含能悬浮液中的颗粒从悬浮液的黏合剂中分离存在许多机制。其中最常见的一种机制即悬浮液中颗粒的沉降，是由颗粒的密度和黏合剂流体的密度之间的差异造成的。对于沉降势的评估，可以使用悬浮液屈服应力与浮力的临界比值，即屈服参数 Y 来表征。屈服参数定义如下：

$$Y=\frac{\tau_0}{gD_p\Delta\rho} \tag{8.36}$$

式中：τ_0 为屈服应力；D_p为颗粒直径；g 为重力加速度；$\Delta\rho$ 为黏塑性流体中颗粒与黏结剂之间的密度差。

对球形颗粒的各种研究表明，当屈服参数 $Y>0.05$ 时，颗粒不会有明显的运动，即没有明显的沉降，反之亦然[88]。

8.4.3　触变效应评估

黏塑性流体流变特性表征中遇到的一个问题是获得数据的时间依赖性。这是一个严重的问题，因为剪切黏度和壁面滑移特性的数据需要在稳态条件下获得。然而，一些黏塑性流体并没有表现出稳态的流动。在稳态扭转流动中，需要在黏塑性悬浮液上施加恒定的表观剪切速率，图 8.30 所示为流动过程中缺乏

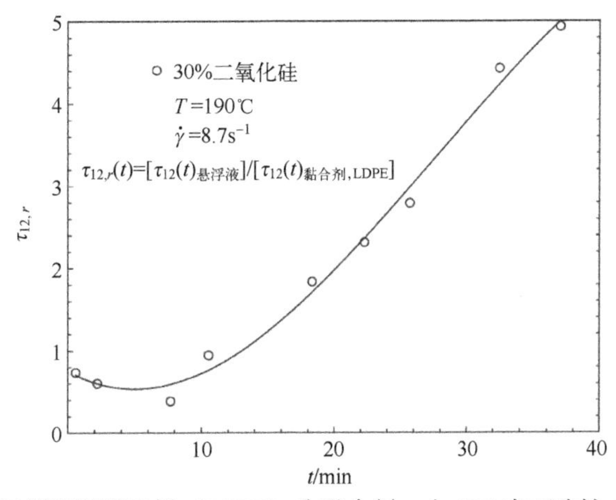

图 8.30　以低密度聚乙烯（LDPE）为黏合剂，含 30%表面改性二氧化硅的悬浮液在稳定扭转作用下的触变行为

稳态条件的情况。如图 8.30 所示，随着时间的推移，剪切应力以单调的方式不断急剧增加，直到流变仪的传感器过载。虽然参数不能从这样的实验中产生，但这些数据却是非常有价值的，同时也预示着在触变悬浮液的处理过程中也会有类似的效应。知道在处理过程中会发生什么结果才可以采取适当措施进行预防。

8.4.4 分离效应

粒子在高剪切速率区域的剪切诱导迁移是含能悬浮液的一个重要分离效应[89-95]。对于黏塑性悬浮液，塞流和壁面滑移的形成是降低一定颗粒半径与通道间隙比时出现的颗粒迁移效应的重要因素[96]。在挤出口模中，颗粒从高剪切率区域的迁移可用于制备性能呈梯度分布的含能挤出物[95]。

在高固含量悬浮液的会聚[97-98]或挤压[99-100]流动过程中会发生另一个重要的分离过程，即黏合剂流体与颗粒分离并流出的过程[97-101]。图 8.31 表示了含球形颗粒的悬浮液从储液层流入毛细管时在会聚过程中所产生的黏合剂

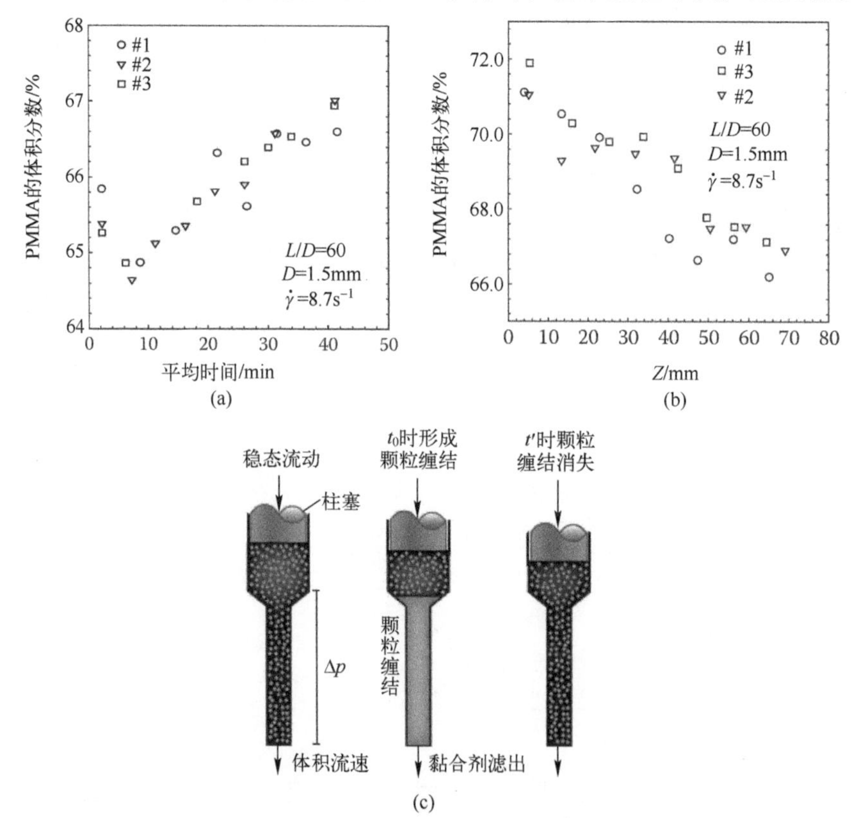

图 8.31 黏合剂在轴向上的迁移导致挤出物的颗粒含量随挤出时间（a）的变化，并导致储液层中的浓度梯度（b）变化以及黏合剂的循环过滤机制（c）[2]

迁移现象[97]。图 8. 31 (a) 表明，从毛细血管中流出的悬浮液中的固体体积分数 (ϕ) 并不是恒定的，而是在实验过程中随着时间的推移呈先减小后增大的趋势（由在储液层中以恒定速度移动的压板挤压的流动）[97]。固体体积分数的增加与储液层中黏合剂的损耗有关，具体参见图 8. 31 (b) 中挤压结束时储液层中的 $\phi(z)$值。固体颗粒在通过毛细管口模的汇聚入口区域时会形成颗粒纠缠进而产生暂时性的堵塞，图 8. 31 (c) 是由于固体缠结而形成的堵塞过滤层随时间变化呈周期性出现和消失的示意图。

固体颗粒在口模的汇聚区域处会形成循环互锁（固体缠结）而导致总体流动的暂时阻塞，而循环互锁的形成与黏合剂在轴向上的迁移有关。由于活塞仍以恒定速度运行，因此压力会不断增加，而互锁（或缠结）的颗粒又充当过滤层的作用，使悬浮液中的黏合剂被滤出。因此，在模具的汇聚区域，由于颗粒互锁而形成的过滤层会滤出相应的黏结剂 [图 8. 31 (c)]。随着压力的进一步增加，颗粒缠结形成的过滤层会被破裂。过滤层的形成和破裂过程会在挤压过程中产生周期性的压力变化，并最终导致储液层中黏合剂耗尽 (图 8. 31)。结合高固含量悬浮液的滤过速度与体速度的对比，以及黏合剂的迁移数据可以看出，通过增加黏合剂的剪切黏度（即通过降低温度）、增加体积流量、减小填料的粒径、降低储液罐和口模之间的收敛比以及增加口模直径可以获得稳定的流动[97-98]。

8.5　夹杂空气对流变性能的影响

用于混合含能流体的各种间歇式和连续式处理设备在处理过程中并不能保证物料填完全满整个混合处理的空间。因此除非抽真空，否则当设备混合处理的空间在部分充满时，被处理的材料会与空气共存[15,102]。当空气与含能材料之间的动态接触线速度变得不稳定时，空气会大量进入液相中形成夹杂空气。因此，当部分充满的区域存在滑动面时，在黏塑性悬浮液和凝胶的加工过程中会将相应数量的空气带入其中[102-103]。

对高固含量悬浮液在制备过程中通过抽真空去除空气和不去除空气时的流变行为和挤出性能进行了研究。在该研究中，悬浮液所用的黏合剂为牛顿流体，黏合剂与球形颗粒以 $\phi = 0.63$（质量分数为 $(82 \pm 0.1)\%$）的方式混合[104]。图 8. 32 是在抽真空和不抽真空条件下制备的悬浮液样品的滑移速度与剪切应力的关系结果。可以看出，不抽真空条件下（不存在脱挥发分作用）制备的悬浮液样品，其壁面滑移速度大于相同配方在抽真空条件下（或存在脱挥发分作用）制备的悬浮液样品的壁面滑移速度。

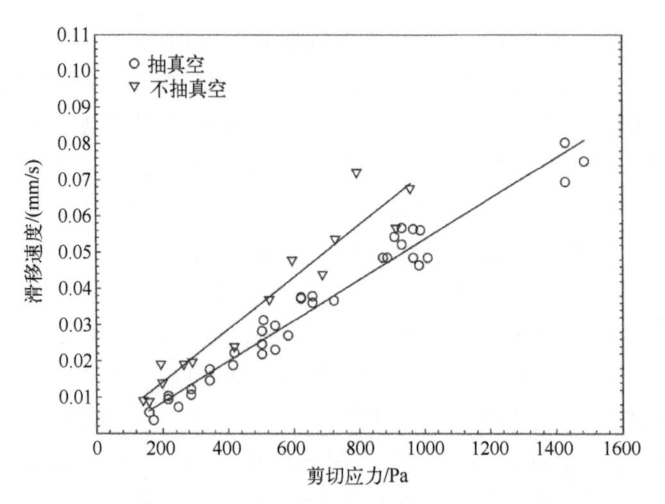

图 8.32　抽真空和不抽真空时壁面滑移速度与剪切应力的关系[104]

图 8.33 是同一悬浮液（$\phi=0.63$）去除空气对其剪切应力与剪切速率关系的影响测试结果[104]。其壁面剪切速率用 Rabinowitsch 和壁面滑移进行了修正。可以看出，真空条件下降低夹杂空气的含量会增加悬浮液的剪切应力，从而增加悬浮液的剪切黏度。当在加工过程抽真空后，其悬浮液的屈服应力与稠度系数值增加。这也反映了悬浮液剪切黏度的增加。当抽真空以减少悬浮液和凝胶的空气含量时，观察到的壁面滑移和剪切黏度特性的明显变化可能会使其加工性能发生显著变化[104]。

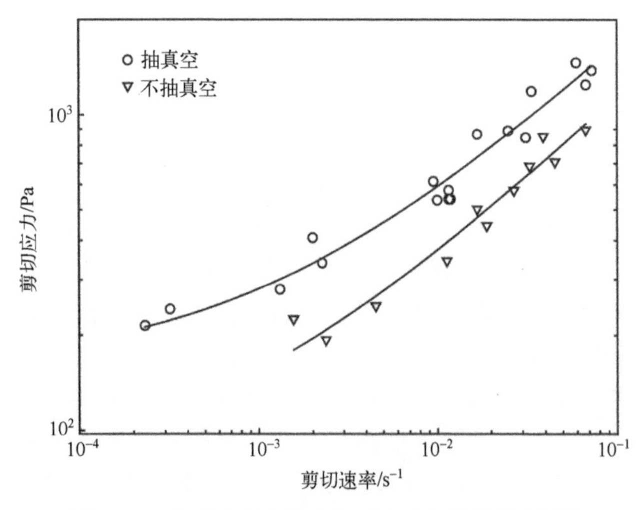

图 8.33　抽真空以去除空气对流动曲线的影响[104]

8.6 溶剂对结晶颗粒粒径和形状分布的影响

当在含能材料配方的加工过程中使用溶剂时，其随后溶剂的去除可导致重新结晶的颗粒产生多种晶型，且其密度、大小和形状分布也可能发生很大变化[105-107]。这些影响会显著改变配方的流变性能、加工性能及最终使用性能。同时也会引入各种晶体缺陷[108]，这些缺陷也会改变悬浮液的最终性能。

8.7 结　论

含能材料配方通常是凝胶或高固含量的悬浮液。高固含量悬浮液和凝胶的流变特性表征目前仍是其所面临的一个挑战，这主要与它们的黏塑性和壁面滑移有关。当使用常规流变仪，即通过振动剪切、稳态扭转、毛细管和矩形狭缝流动的方式表征壁面滑移和剪切黏度行为时，其已无法适用于高固含量的悬浮液或凝胶配方，因此需要一些特殊的表征方法。考虑到常规流变仪在测试该类材料时需要先进行各种复杂的测试，因此研究者设计并制造了专门的流变仪以促进快速和准确的流变学表征。这种流变仪包括具有连续可调间隙的矩形狭缝流变仪和挤压流变仪。为了获得可靠的流变和壁面滑移数据，需要不断监测含能材料在其加工和流变特性表征过程中的微观结构的衍化和变化（包括夹带空气）。多种因素可导致配方中组分的分离，包括沉降、在流变仪中剪切诱导形成的颗粒从高剪切率区域的迁移，以及黏合剂在压力下的轴向迁移。在进行流变特性分析的同时，为防止组分分离和夹杂空气对含能材料配方的影响，研究者还需要充分地掌握组分分离以及夹杂空气对配方流变性能的影响，以防止在含能材料配方的加工过程中发生组分分离和夹杂空气的现象。

参 考 文 献

[1] D. M. Kalyon, An overview of the rheological behavior and characterization of energetic formulations: Ramifications on safety and product quality, *Journal of Energetic Materials*, 24, 213-245, 2006.

[2] D. M. Kalyon and S. Aktas, Factors affecting the rheology and processability of highly filled suspensions, *Annual Review of Chemical and Biomolecular Engineering*, 5, 229-254, 2014.

[3] S. Montes, J. L. White, and N. Nakajima, Rheological behavior of rubber carbon black compounds in various shear flow histories, *Journal of Non-Newtonian Fluid Mechanics*, 28,

183-212, 1988.

[4] D. M. Kalyon and U. Yilmazer, Rheological behavior of highly filled suspensions which exhibit slip at the wall, *Polymer Rheology and Processing*, 241 - 277, A. Collyer and L. Utracki (Eds.), Elsevier Applied Science, New York, 1990.

[5] H. Kanai, R. Navarrete, C. Macosko, and L. Scriven, Fragile networks and rheology of concentrated suspensions, *Rheologica Acta*, 31, 333-344, 1992.

[6] T. Matsumoto, Influence of ionic strength on rheological properties of concentrated aqueous silica colloids, *Journal of Rheology*, 33, 371-379, 1989.

[7] S. D. Rong and C. Chaffey, Composite viscoelasticity in glassy, transitional and molten states, *Rheologica Acta*, 27, 186-196, 1988.

[8] T. Shikata and D. S. Pearson, Viscoelastic behavior of concentrated spherical suspensions, *Journal of Rheology*, 38, 601-616, 1994.

[9] A. Yoshimura and R. Prud'homme, Response of an elastic Bingham fluid to oscillatory shear, *Rheologica Acta*, 26, 428-436, 1987.

[10] B. K. Aral and D. M. Kalyon, Viscoelastic material functions of noncolloidal suspensions with spherical particles, *Journal of Rheology*, 41, 599-620, 1997.

[11] M. De Rosa and H. Winter, The effect of entanglements on the rheological behavior of polybutadiene critical gels, *Rheologica Acta*, 33, 220-237, 1994.

[12] E. Birinci, H. Gevgilili, D. M. Kalyon, B. Greenberg, D. F. Fair, and A. Perich, Rheological characterization of nitrocellulose gels, *Journal of Energetic Materials*, 24, 247 - 269, 2006.

[13] R. B. Bird, G. Dai, and B. J. Yarusso, The rheology and flow of viscoplastic materials, *Reviews in Chemical Engineering*, 1, 1-70, 1983.

[14] R. B. Bird, R. Armstrong, and O. Hassager, *Dynamics of Polymeric Liquids. Vol. 1: Fluid Mechanics*, *John Wiley and Sons*, New York, 1987.

[15] B. K. Aral, D. Kalyon, and H. Gokturk, The effects of air incorporation in concentrated suspension rheology, *ANTEC: Society of Plastics Engineers Annual Technical Papers*, 2, 2448-2451, 1992.

[16] D. M. Kalyon, Letter to the editor: Comments on the use of rheometers with rough surfaces or surfaces with protrusions, *Journal of Rheology*, 49, 1153-1155, 2005.

[17] B. K. Aral and D. M. Kalyon, Effects of temperature and surface roughness on time - dependent development of wall slip in steady torsional flow of concentrated suspensions, *Journal of Rheology*, 38, 957-972, 1994.

[18] S. E. Mall-Gleissle, W. Gleissle, G. H. McKinley, and H. Buggisch, The normal stress behaviour of suspensions with viscoelastic matrix fluids, *Rheologica Acta*, 41, 61 - 76, 2002.

[19] D. V. Boger, Rheology of slurries and environmental impacts in the mining industry, *Annual Review of Chemical and Biomolecular Engineering*, 4, 239-257, 2013.

[20] S. Onogi, T. Matsumoto, and Y. Warashina, Rheological properties of dispersions of spherical particles in polymer solutions, *Transactions of the Society of Rheology (1957–1977)*, 17, 175–190, 1973.

[21] M. C. Yang, L. Scriven, and C. Macosko, Some rheological measurements on magnetic iron oxide suspensions in silicone oil, *Journal of Rheology*, 30, 1015–1029, 1986.

[22] E. C. Bingham, *Fluidity and Plasticity vol.* 2: McGraw–Hill Book Company, Incorporated, New York, 1922.

[23] D. M. Kalyon, Apparent slip and viscoplasticity of concentrated suspensions, *Journal of Rheology*, 49, 621–640, 2005.

[24] S. Aktas, D. M. Kalyon, B. M. Marín–Santibáñez, and J. Pérez–González, Shear viscosity and wall slip behavior of a viscoplastic hydrogel, *Journal of Rheology*, 58, 513–535, 2014.

[25] D. M. Kalyon and M. Malik, Axial laminar flow of viscoplastic fluids in a concentric annulus subject to wall slip, *Rheologica Acta*, 51, 805–820, 2012.

[26] V. Vand, Viscosity of solutions and suspensions. I. Theory, *The Journal of Physical Chemistry*, 52, 277–299, 1948.

[27] V. Vand, Viscosity of solutions and suspensions. Ⅱ. Experimental determination of the viscosity–concentration function of spherical suspensions, *The Journal of Physical Chemistry*, 52, 300–314, 1948.

[28] P. Ballesta, G. Petekidis, L. Isa, W. Poon, and R. Besseling, Wall slip and flow of concentrated hard–sphere colloidal suspensions, *Journal of Rheology*, 56, 1005–1037, 2012.

[29] Y. Cohen and A. Metzner, Apparent slip flow of polymer solutions, *Journal of Rheology*, 29, 67–102, 1985.

[30] P. H. Kok, S. Kazarian, C. Lawrence, and B. Briscoe, Near–wall particle depletion in a flowing colloidal suspension, *Journal of Rheology*, 46, 481–493, 2002.

[31] M. Reiner and H. Leaderman, Deformation, strain, and flow, *Physics Today*, 13, 47, 1960.

[32] H. Tabuteau, J. C. Baudez, F. Bertrand, and P. Coussot, Mechanical characteristics and origin of wall slip in pasty biosolids, *Rheologica Acta*, 43, 168–174, 2004.

[33] U. Yilmazer and D. M. Kalyon, Slip effects in capillary and parallel disk torsional flows of highly filled suspensions, *Journal of Rheology*, 33, 1197–1212, 1989.

[34] S. Jana, B. Kapoor, and A. Acrivos, Apparent wall slip velocity coefficients in concentrated suspensions of noncolloidal particles, *Journal of Rheology*, 39, 1123–1132, 1995.

[35] F. Soltani and Ü. Yilmazer, Slip velocity and slip layer thickness in flow of concentrated suspensions, *Journal of Applied Polymer Science*, 70, 515–522, 1998.

[36] M. Mooney, Explicit formulas for slip and fluidity, *Journal of Rheology*, 2, 210–222, 1931.

[37] J. F. Ortega–Avila, J. Pérez–González, B. M. Marín–Santibáñez, F. Rodríguez–González,

S. Aktas, M. Malik et al., Axial annular flow of a viscoplastic microgel with wall slip, *Journal of Rheology*, 60, 503-515, 2016.

[38] Y. Chen, D. M. Kalyon, and E. Bayramli, Effects of surface roughness and the chemical structure of materials of construction on wall slip behavior of linear low density polyethylene in capillary flow, *Journal of Applied Polymer Science*, 50, 1169-1177, 1993.

[39] M. M. Denn, Extrusion instabilities and wall slip, Annual Review of Fluid Mechanics, 33, 265-287, 2001.

[40] M. M. Denn, *Polymer Melt Processing: Foundations in Fluid Mechanics and Heat Transfer*, Cambridge University Press, New York, 2008.

[41] H. Gevgilili and D. M. Kalyon, Step strain flow: Wall slip effects and other error sources, *Journal of Rheology*, 45, 467-475, 2001.

[42] S. G. Hatzikiriakos and J. M. Dealy, Wall slip of molten high density polyethylene. I. Sliding plate rheometer studies, *Journal of Rheology*, 35, 497-523, 1991.

[43] S. G. Hatzikiriakos and J. M. Dealy, Wall slip of molten high density polyethylenes. Ⅱ. Capillary rheometer studies, *Journal of Rheology*, 36, 703-741, 1992.

[44] D. S. Kalika and M. M. Denn, Wall slip and extrudate distortion in linear low-density polyethylene, *Journal of Rheology*, 31, 815-834, 1987.

[45] K. Migler, H. Hervet, and L. Leger, Slip transition of a polymer melt under shear stress, *Physical Review Letters*, 70, 287, 1993.

[46] A. Ramamurthy, Wall slip in viscous fluids and influence of materials of construction, *Journal of Rheology*, 30, 337-357, 1986.

[47] F. Brochard-Wyart and P. De Gennes, Shear-dependent slippage at a polymer/solid interface, *Langmuir*, 8, 3033-3037, 1992.

[48] L. Léger, H. Hervet, and G. Massey, The role of attached polymer molecules in wall slip, *Trends in Polymer Science*, 2, 40-45, 1997.

[49] D. M. Kalyon and H. Gevgilili, Wall slip and extrudate distortion of three polymer melts, *Journal of Rheology*, 47, 683-699, 2003.

[50] N. El Kissi and J. Paiu, The different capillary flow regimes of entangled polydimethylsiloxane polymers: Macroscopic slip at the wall, hysteresis and cork flow, *Journal of Non-Newtonian Fluid Mechanics*, 37, 55-94, 1990.

[51] D. M. Kalyon, H. Gevgilili, and A. Shah, Detachment of the polymer melt from the roll surface: Calendering analysis and data from a shear roll extruder, *International Polymer Processing*, 19, 129-138, 2004.

[52] H. Tang and D. M. Kalyon, Unsteady circular tube flow of compressible polymeric liquids subject to pressure-dependent wall slip, *Journal of Rheology*, 52, 507-525, 2008.

[53] H. Tang and D. M. Kalyon, Time-dependent tube flow of compressible suspensions subject to pressure dependent wall slip: Ramifications on development of flow instabilities, *Journal of Rheology*, 52, 1069-1090, 2008.

[54] H. S. Tang and D. M. Kalyon, Estimation of the parameters of Herschel-Bulkley fluid under wall slip using a combination of capillary and squeeze flow viscometers, *Rheologica Acta*, 43, 80-88, 2004.

[55] E. Bagley, End corrections in the capillary flow of polyethylene, *Journal of Applied Physics*, 28, 624-627, 1957.

[56] D. M. Kalyon, P. Yaras, B. Aral, and U. Yilmazer, Rheological behavior of a concentrated suspension: A solid rocket fuel simulant, *Journal of Rheology*, 37, 35-53, 1993.

[57] U. Yilmazer and D. M. Kalyon, Dilatancy of concentrated suspensions with Newtonian matrices, *Polymer Composites*, 12, 226-232, 1991.

[58] I. M. Krieger and T. J. Dougherty, A mechanism for non-Newtonian flow in suspensions of rigid spheres, *Transactions of The Society of Rheology* (*1957-1977*), 3, 137-152, 1959.

[59] A. Karnis and S. Mason, The flow of suspensions through tubes Ⅵ. Meniscus effects, *Journal of Colloid and Interface Science*, 23, 120-133, 1967.

[60] R. B. Lukner and R. T. Bonnecaze, Piston-driven flow of highly concentrated suspensions, *Journal of Rheology*, 43, 735-751, 1999.

[61] D. M. Kalyon and H. S. Gokturk, Adjustable gap rheometer, US Patent 5277058 A, 1994.

[62] D. M. Kalyon, H. Gevgilili, J. E. Kowalczyk, S. E. Prickett, and C. M. Murphy, Use of adjustable-gap on-line and off-line slit rheometers for the characterization of the wall slip and shear viscosity behavior of energetic formulations, *Journal of Energetic Materials*, 24, 175-193, 2006.

[63] D. M. Kalyon, An analytical model for steady coextrusion of viscoplastic fluids in thin slit dies with wall slip, *Polymer Engineering & Science*, 50, 652-664, 2010.

[64] D. M. Kalyon, A. Lawal, R. Yazici, P. Yaras, and S. Railkar, Mathematical modeling and experimental studies of twin-screw extrusion of filled polymers, *Polymer Engineering & Science*, 39, 1139-1151, 1999.

[65] A. Lawal and D. M. Kalyon, Non-isothermal model of single screw extrusion of generalized Newtonian fluids, *Numerical Heat Transfer*, *Part A Applications*, 26, 103-121, 1994.

[66] Z. Ji, A. Gotsis, and D. Kalyon, Single screw extrusion processing of highly filled suspensions including wall slip, *ANTEC*: *Society of Plastics Engineers Annual Technical Papers*, 36, 160-163, 1990.

[67] A. Lawal, D. M. Kalyon, and Z. Ji, Computational study of chaotic mixing in corotating two-tipped kneading paddles: Two-dimensional approach, *Polymer Engineering & Science*, 33, 140-148, 1993.

[68] D. M. Kalyon and H. Tang, Inverse problem solution of squeeze flow for parameters of generalized Newtonian fluid and wall slip, *Journal of Non-Newtonian Fluid Mechanics*, 143, 133-140, 2007.

[69] E. O'Donovan and R. Tanner, Numerical study of the Bingham squeeze film problem, *Jour-*

nal of Non-Newtonian Fluid Mechanics*, 15, 75-83, 1984.

[70] D. M. Kalyon, D. Dalwadi, M. Erol, E. Birinci, and C. Tsenoglu, Rheological behavior of concentrated suspensions as affected by the dynamics of the mixing process, *Rheologica Acta*, 45, 641-658, 2006.

[71] A. Lawal and D. Kalyon, Compressive squeeze flow of generalized Newtonian fluids with apparent wall slip, *International Polymer Processing*, 15, 63-71, 2000.

[72] D. Kalyon, H. Tang, and B. Karuv, Squeeze flow rheometry for rheological characterization of energetic formulations, *Journal of Energetic Materials*, 24, 195-212, 2006.

[73] G. Lipscomb and M. Denn, Flow of Bingham fluids in complex geometries, *Journal of Non-Newtonian Fluid Mechanics*, 14, 337-346, 1984.

[74] D. M. Kalyon and H. N. Sangani, An experimental study of distributive mixing in fully intermeshing, corotating twin screw extruders, *Polymer Engineering & Science*, 29, 1018-1026, 1989.

[75] E. A. Demirkol and D. M. Kalyon, Batch and continuous processing of polymer layered organoclay nanocomposites, *Journal of Applied Polymer Science*, 104, 1391-1398, 2007.

[76] M. Erol and D. Kalyon, Assessment of the degree of mixedness of filled polymers: Effects of processing histories in batch mixer and co-rotating and counter-rotating twin screw extruders, *International Polymer* Processing, 20, 228-237, 2005.

[77] H. T. Kahraman, H. Gevgilili, D. M. Kalyon, and E. Pehlivan, Nanoclay dispersion into a thermosetting binder using sonication and intensive mixing methods, *Journal of Applied Polymer Science*, 129, 1773-1783, 2013.

[78] I. Küçük, H. Gevgilili, and D. M. Kalyon, Effects of dispersion and deformation histories on rheology of semidilute and concentrated suspensions of multiwalled carbon nanotubes, *Journal of Rheology*, 57, 1491-1514, 2013.

[79] Z. Tadmor and C. G. Gogos, *Principles of Polymer Processing*: Wiley, New York, 1979. 80. S. Vural, K. B. Dikovics, and D. M. Kalyon, Cross-link density, viscoelasticity and swelling of hydrogels as affected by dispersion of multi-walled carbon nanotubes, *Soft Matter*, 6, 3870-3875, 2010.

[80] S. Vural, K. B. Dikovics, and D. M. Kalyon, Cross-link density, viscoelasticity and swelling of hydrogels as affected by dispersion of multi-walled carbon nanotubes, *Soft Matter*, 6, 3870-3875, 2010.

[81] H. T. Kahraman, H. Gevgilili, E. Pehlivan, and D. M. Kalyon, Development of an epoxy based intumescent system comprising of nanoclays blended with appropriate formulating agents, *Progress in Organic Coatings*, 78, 208-219, 2015.

[82] R. Yazici and D. Kalyon, Degree of mixing analyses of concentrated suspensions by electron probe and X-ray diffraction, *Rubber Chemistry and Technology*, 66, 527-537, 1993.

[83] R. Yazici and D. M. Kalyon, Quantitative characterization of degree of mixedness of LOVA grains, *Journal of Energetic Materials*, 14, 57-73, 1996.

[84] R. Yazici and D. M. Kalyon, Analysis of degree of mixing in filled polymers by wideangle X-ray diffraction, *ANTEC: Society of Plastics Engineers Annual Technical Papers*, 2, 2076-2080, 1997.

[85] D. M. Kalyon, E. Birinci, R. Yazici, B. Karuv, and S. Walsh, Electrical properties of composites as affected by the degree of mixedness of the conductive filler in the polymer matrix, *Polymer Engineering & Science*, 42, 1609-1617, 2002.

[86] D. M. Kalyon, A. D. Gotsis, U. Yilmazer, C. G. Gogos, H. Sangani, B. Aral et al., Development of experimental techniques and simulation methods to analyze mixing in co-rotating twin screw extrusion, Advances in Polymer Technology, 8, 337-353, 1988.

[87] A. Lawal and D. M. Kalyon, Mechanisms of mixing in single and co-rotating twin screw extruders, *Polymer Engineering & Science*, 35, 1325-1338, 1995.

[88] D. Atapattu, R. Chhabra, and P. Uhlherr, Creeping sphere motion in Herschel-Bulkley fluids: Flow field and drag, *Journal of Non-Newtonian Fluid Mechanics*, 59, 245-265, 1995.

[89] M. M. Denn and J. F. Morris, Rheology of non-Brownian suspensions, *Annual Review of Chemical and Biomolecular Engineering*, 5, 203-228, 2014.

[90] E. C. Eckstein, D. G. Bailey, and A. H. Shapiro, Self-diffusion of particles in shear flow of a suspension, *Journal of Fluid Mechanics*, 79, 191-208, 1977.

[91] F. Gadala-Maria and A. Acrivos, Shear-induced structure in a concentrated suspension of solid spheres, *Journal of Rheology*, 24, 799-814, 1980.

[92] D. Leighton and A. Acrivos, Measurement of shear-induced self-diffusion in concentrated suspensions of spheres, *Journal of Fluid Mechanics*, 177, 109-131, 1987.

[93] D. Leighton and A. Acrivos, The shear-induced migration of particles in concentrated suspensions, *Journal of Fluid Mechanics*, 181, 415-439, 1987.

[94] R. J. Phillips, R. C. Armstrong, R. A. Brown, A. L. Graham, and J. R. Abbott, A constitutive equation for concentrated suspensions that accounts for shear-induced particle migration, *Physics of Fluids A: Fluid Dynamics (1989-1993)*, 4, 30-40, 1992.

[95] D. Fair, D. M. Kalyon, S. Moy, and L. R. Manole, Cross-sectional functionally graded propellants and method of manufacture, US Patent 7896989, 2011.

[96] M. Allende and D. M. Kalyon, Assessment of particle-migration effects in pressure-driven viscometric flows, *Journal of Rheology*, 44, 79-90, 2000.

[97] P. Yaras, D. Kalyon, and U. Yilmazer, Flow instabilities in capillary flow of concentrated suspensions, *Rheologica Acta*, 33, 48-59, 1994.

[98] U. Yilmazer, C. G. Gogos, and D. M. Kalyon, Mat formation and unstable flows of highly filled suspensions in capillaries and continuous processors, *Polymer Composites*, 10, 242-248, 1989.

[99] N. Delhaye, A. Poitou, and M. Chaouche, Squeeze flow of highly concentrated suspensions of spheres, *Journal of Non-Newtonian Fluid Mechanics*, 94, 67-74, 2000.

[100] A. Kaci, N. Ouari, G. Racineux, and M. Chaouche, Flow and blockage of highly concentrated granular suspensions in non-newtonian fluid, *European Journal of Mechanics-B/Fluids*, 30, 129-134, 2011.

[101] D. Bi, J. Zhang, B. Chakraborty, and R. Behringer, Jamming by shear, *Nature*, 480, 355-358, 2011.

[102] D. M. Kalyon, R. Yazici, C. Jacob, B. Aral, and S. W. Sinton, Effects of air entrainment on the rheology of concentrated suspensions during continuous processing, *Polymer Engineering & Science*, 31, 1386-1392, 1991.

[103] D. M. Kalyon, C. Jacob, and P. Yaras, An experimental study of the degree of fill and melt densification in fully-intermeshing, co-rotating twin screw extruders, *Plastics Rubber and Composites Processing and Applications*, 16, 193-200, 1991.

[104] B. K. Aral and D. Kalyon, Rheology and extrudability of very concentrated suspensions: Effects of vacuum imposition, *Plastics, Rubber and Composites Processing and Applications*, 24, 201-210, 1995.

[105] Z. Peralta-Inga, N. Degirmenbasi, U. Olgun, H. Gocmez, and D. Kalyon, Recrystallization of CL-20 and HNFX from solution for rigorous control of the polymorph type: Part Ⅰ, mathematical modeling using molecular dynamics method, *Journal of Energetic Materials*, 24, 69-101, 2006.

[106] N. Degirmenbasi, Z. Peralta-Inga, U. Olgun, H. Gocmez, and D. Kalyon, Recrystallization of CL-20 and HNFX from solution for rigorous control of the polymorph type: Part Ⅱ, experimental studies, *Journal of Energetic Materials*, 24, 103-139, 2006.

[107] R. Schefflan, S. Kovenklioglu, D. Kalyon, P. Redner, and E. Heider, Mathematical Model for a fed-batch crystallization process for energetic crystals to achieve targeted size distributions, *Journal of Energetic Materials*, 24, 157-172, 2006.

[108] R. Yazici and D. Kalyon, Microstrain and defect analysis of CL-20 crystals by novel X-ray methods, *Journal of Energetic Materials*, 23, 43-58, 2005.

第9章 混合、包覆与成形

钟铉·帕克，潘恒，马克·J. 梅兹格，史蒂文·M. 尼科里奇，
约翰·M. 森特雷拉，弗兰克·T. 费舍尔，内扎哈特·博兹，
穆努丁·马利克，塞达阿·克塔斯，何静，迪尔汉·M. 卡利恩

9.1 适用于含能材料加工的混合工艺

当固体的体积分数接近固相的最大充填分数，或当有形成凝胶特性的成分时，含能材料组分的混合将是一个挑战。在上述两种情况下，含能配方的流动和变形行为都变成了黏塑性的。黏塑性造成了壁面滑移，难以进一步混合。第8章讨论了含能凝胶与悬浮液流变行为的基本原理。

含能配方组分的混合可分为分布性混合和分散性混合。分布性混合是指在对流输送的基础上，颗粒分布/散布到悬浮液的黏结剂中[1-4]。分散性混合涉及组分的物理特性的变化，如颗粒簇大小分布的变化[1-4]。无论是间歇式混合机还是连续式混合机都可用于含能配方的混合。间歇式混合机包括卧式混合机和立式混合机。连续混合机包括连续捏合机、连续剪切辊磨（压延）机和单、双螺杆挤出机。

通过减少组分浓度与混合体积的差异，可以改善混合的均匀性，统计混合体积提供了度量混合程度的方法。另外，通过使悬浮体反复进入小间隙、相对高速的几何形壁面，可实现分散混合，改变粒子团的尺寸分布。

混合的含能配方可以通过铸造、油压或用模压成形制成颗粒。如果含能材料的剪切黏度在目标温度下相对较低，则可采用重力铸造。如果剪切黏度相对较高，则需要使用模压或挤压工艺来施加压力使含能粒子成形。含能粒子也可以进行包覆。

9.1.1 分批混合

图9.1展示的是一个内部强化间歇式混合机（小型班伯里混合机）。在混

合过程中产生的扭矩和比能输入 E 决定了配方组分的混合程度。该比能输入 E 可由下式确定：

$$E_s = 2\pi \frac{\Omega}{M} \int_0^{t_m} \mathfrak{J}(t)\,dt \tag{9.1}$$

式中：M 为混合器中材料的质量；Ω 为旋转的速度；$\mathfrak{J}(t)$ 为时刻 t 的力矩值；t_m为总混合时间。

图 9.1　内部强化间歇式混合机（小型班伯里混合机）

当搅拌机的填充度设置错误时（物料所占的体积超过了搅拌机的可用体积），流体可以粘在辊筒上旋转，而不产生任何变形。为了使分散混合成为可能，两个辊之间以及辊筒和辊筒之间的间隙必须很小。

9.1.2　用于混合和均质化的辊驱动工艺

在轧辊驱动的操作中，如压延、轧辊铣削和连续剪切轧辊铣削过程中，含能材料被加压并强制送入以相同或不同速度旋转的两个轧辊间的夹紧区域。流体附着在一个或两个轧辊上，最终流体从一个或两个轧辊上分离出来，这就决定了该加工过程中含能流体的加工能力。在滚驱动过程中，连续剪切滚磨过程[5-6]具备一定的优势，特别是对于含水的推进剂体系。

连续剪切辊轧机：剪切辊轧机（有时也称为剪切辊挤出机，虽然辊不在桶内旋转）含有两个带加热凹槽的反向旋转轧辊，中试规模的剪切辊轧机如图 9.2 所示。轧辊通常有不同的粗糙度，在不同的温度或不同的转速下运行，转速是由独立的传动装置产生。用增重或失重进料器将材料送入两辊间隙。如图 9.2 所示的连续剪切轧辊轧机及其基本特点，前辊为给料辊，其表面较为粗糙，因而在相似的给料和输送辊温下，流体通常会连续附着在给料辊上。两个辊传热区不同，它们的传热区利用循环传热介质（典型的恒温硅油）进行控制。与第二温度控制区相比，第一温度控制区通常温度更高些，以加速聚合物熔化，并使黏合剂附着在输送辊表面。

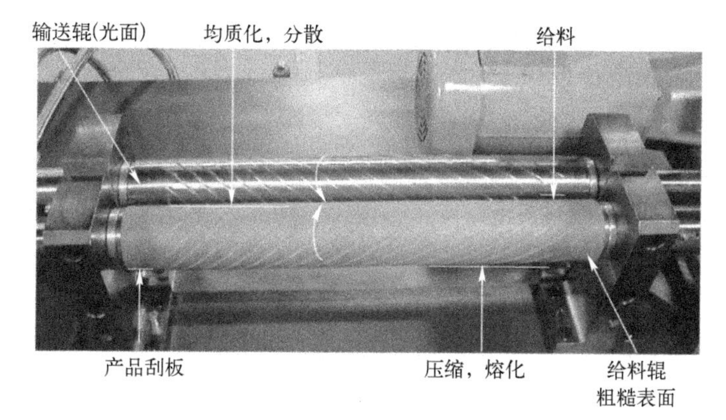

图9.2 一种中试规模的剪切辊轧机及其基本特点[6]

图9.3是利用彩色示踪剂实验获得的剪切辊铣削过程中流体的典型运动历程。由于没有筒体，剪切辊轧机只能通过第二辊的干涉向前输送物料。夹紧区实现两个辊间的材料加压和传送。在夹紧区变形后，便不会发生进一步的变形。当到达下一个夹口区时，材料再次变形、加压、反混合，产生新的自由表面，并向前输送。

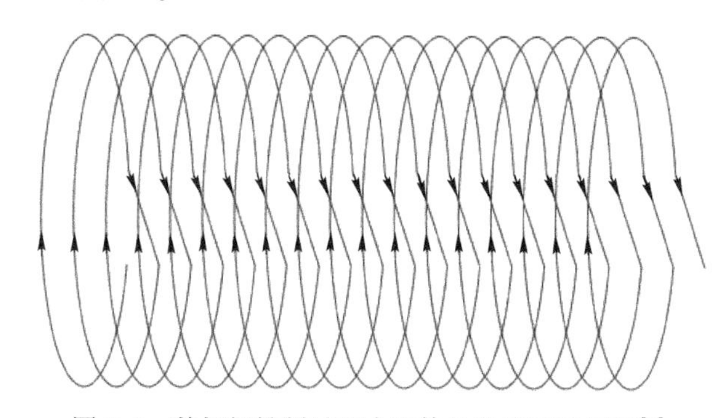

图9.3 剪切辊铣削过程中流体的典型运动历程[6]

剪切辊轧机的输送能力随使用工况的变化而变化。一般而言，提高辊速可提高运输能力，也可视为减少了辊上材料厚度就减少了整个过程中的平均停留时间。在间隙和流量恒定的条件下，仅能在较窄区保持温度，因而，在生产过程中轧辊分离可忽略不计。

连续剪切辊铣削过程可以采用解析法或数值法进行分析[5-6]。用数值方法或解析方法计算得到的压延压力分布的典型对比如图9.4所示。详细分析速度和应力分布表明，只有流体持续在一辊上黏附，且在第二辊上完全滑移时，连续剪切辊铣过程才稳定。如果流体粘在两个辊上或同时卡在两个辊上，这个过程不稳定。因此，在壁的滑移行为和含能配方的可加工性之间存在密切联系（第 8 章和第 10 章有详细描述）。

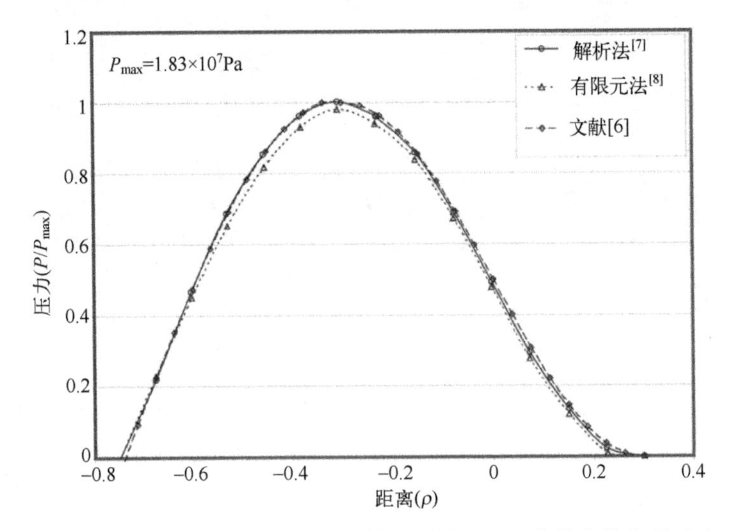

图 9.4 用数值方法或解析方法计算得到的压延压力分布的典型对比

9.1.3 挤压混合

单螺杆或双螺杆挤出机可用于含能配方成分的混合。单螺杆挤出机会导致分布性和分散性混合较差[1-4]。由于阿基米德螺杆内部流动性质涉及闭合流线的螺旋运动，因此，分布混合较差。不同的相之间重新定位界面区域这种可能性很小。同样，材料不能被强制送进紧密的缝隙中（该缝隙中的流体被高速的运动表面剪切），故可能会产生较差的分散混合[1,4]。单螺杆挤出机的分布混合可以通过使用带有断续段的专用螺杆段来改善（图 9.5）。

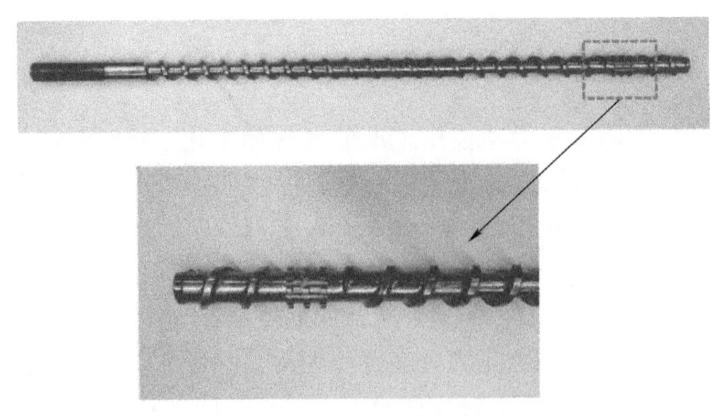

图 9.5 为改善单螺杆挤出机分布混合的断续螺杆段

用于混合的双螺杆挤出机可以同向旋转（两个螺杆旋转方向相同）[1,2,5-18]，也可以反向旋转（两个螺杆旋转方向相反）[1,2,4,9,19]。螺钉也可以完全相互啮合或相互分离（切向）（图9.6）。螺杆件包括右旋（传送带）和左旋全开旋螺杆或左旋或右旋捏合盘（图9.7）。螺杆件通过将元件滑动到两根轴上进行组装，每个螺旋结构类似于带有一个不同的混合器。

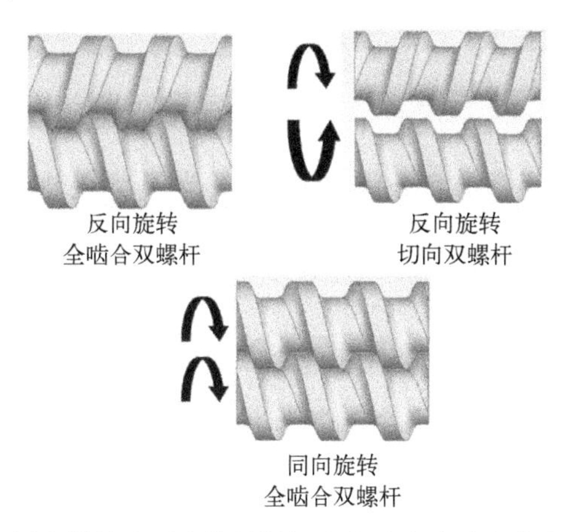

图9.6　同向旋转和反向旋转螺钉完全啮合或彼此分离（切向）

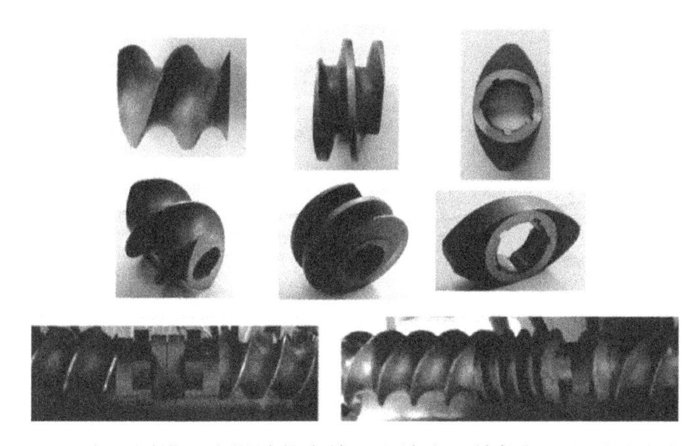

图9.7　具有不同错开度设计的右旋、左旋全开旋螺杆和捏合盘的螺杆件

如图9.8所示，通过可分裂筒的开口可接触到两个带有螺钉的反向旋转和同向旋转挤出机。全啮合反向旋转双螺杆挤出机在停留时间分布窄、控制严格的条件下进行混合。流体在c形封闭通道中流动，就好像是由活塞或齿轮泵驱动的。另外，全啮合同向旋转双螺杆挤出机轴向开启，停留时间分布较宽。充分啮合的同向双螺杆挤出机在使用捏合盘时产生的分散混合作用非常好。

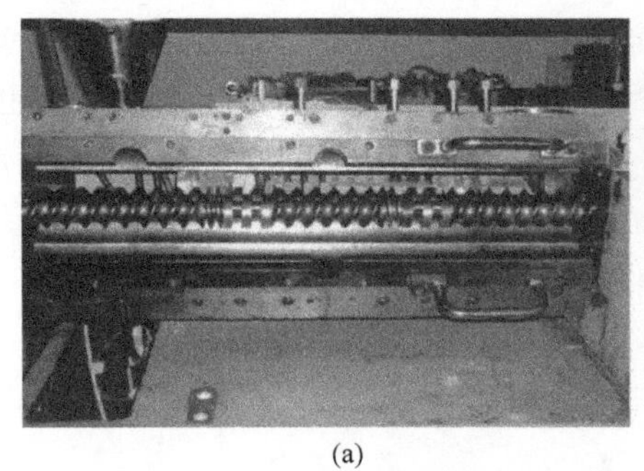
(a)

(b)

图 9.8 通过可分离筒的开口得到带螺钉共转挤出机和反转挤出机
(a) 全啮合同向旋转双螺杆挤出机在元器件上滑动；
(b) 全啮合反向旋转双螺杆挤出机在元器件上滑动。

9.2 混合操作分析

9.2.1 实验方法

本研究旨在了解分布混合过程基础知识，在分布混合过程中通常会引入示踪剂（颜料或有色聚合物）[20-24]。示踪剂的分配要么随着混合的进行而进行，要么在完全停止时中断。对混合后的残余样进行切片和分析，以提供示踪剂的分布[25-29]。对于不透明的混合物，需要使用更复杂的技术，如 X 射线衍射、能量色散 X 射线光谱、磁共振成像和超声波，从而获得组分的分布[30-38]。

使用直接或间接方法测定成分的浓度分布可以定义各种定量混合指数[33,38-50]。研究人员建立了许多实验和理论分析方法来提供混合指数[33,38-50]。一般情况下，得到的是浓度分布的统计数据[43,47-50]。例如，如果对配方中某一成分的浓度 c_i 进行 N 次测量，就可以计算出任何成分的浓度分布的方差 s^2：

$$s^2 = \frac{1}{N-1}\sum_{i=1}^{N} (c_i - \bar{c})^2 \tag{9.2}$$

式中：c 为平均浓度[2]。

方差值小则表明混合物接近一个均匀系统。另外，如果混合的成分被分离，就会出现最大方差[4,36]：

$$s_0^2=\bar{c}(1-\bar{c}) \tag{9.3}$$

混合指数可以根据任何成分浓度分布的标准偏差超过同一成分分离样品的标准偏差进行定义。混合指数 MI，对于分离的样本等于 0，对于完全随机的分布等于 1，其公式如下：

$$MI = 1 - \frac{s}{s_0} \tag{9.4}$$

测定浓度分布有多种方法，包括热重分析和X射线衍射（XRD）[33,37,39,42-43,47-50]。图9.9显示了用于收集XRD信息的方法，以表征热塑性弹性体悬浮液与导电颗粒混合的混合指数（ϕ=0.15）。通过收集不同黏合剂/颗粒浓度下的粉末衍射曲线，并采用类似于Ritfeld的方法将XRD数据与配方中各成分的浓度联系起来，进行了校准实验。

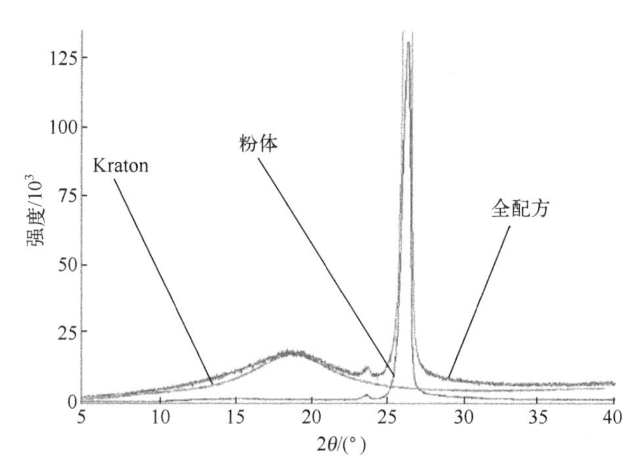

图9.9　用于收集XRD信息以表征与导电粒子混合的热塑性弹性体悬浮液的混合指数的方法[9]

在间歇式混合机中，不同混合时间测定的黏合剂浓度分布如图9.10所示。弹性悬浮液使用强化间歇式混合机处理5min、25min和45min，分别消耗0.3MJ/kg、1.5MJ/kg和2.9MJ/kg的比能[12]。黏合剂浓度变化的宽度随混合时间的增加而减小，表明均匀性得到改善。黏合剂的MI值从0.89增加到0.94，再增加到0.98，反映了随着时间的增加，比能输入也增加，均匀性得到了改善。在混合过程中，颗粒团聚体的尺寸也减小了，在颗粒团聚体范围内固定的黏合剂得到了释放。这有效地改变了固体的体积分数ϕ，因为在凝聚物范围内固定的黏合剂流体对悬浮液的流动性没有贡献。

通过测定混合过程中的相对黏度值和计算的最大包装分数ϕ_m表明，ϕ_m随着MI的增加而增加。混合过程中，空间浓度差异减小。随着颗粒尺寸分布宽度的增加，体积生成的颗粒簇被分解成各种尺寸的颗粒簇，故包装更紧凑，因此ϕ_m更高。这些预期的粒子群变化减小了ϕ/ϕ_m比例，使含能悬浮液的剪切黏度和弹性随比能输入的增加而减小。

图9.11为用同转和反转双螺杆挤出机和间歇式混合机加工所得的粉末/

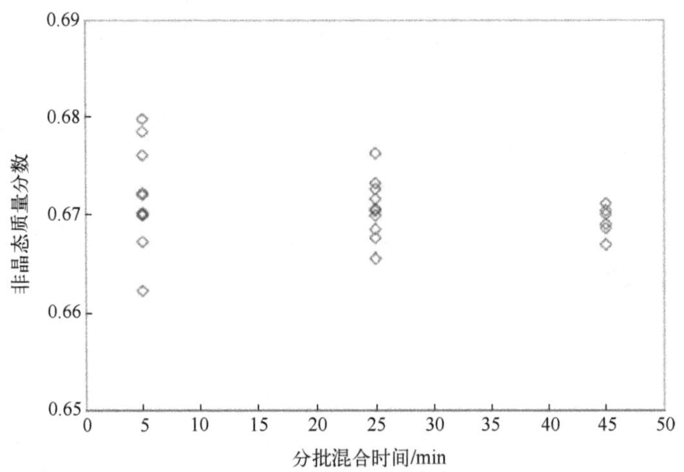

图 9.10 从分批混合试样的 TGA 实验中获得的黏合剂（Kraton 弹性体加上 Tufflo 增塑剂）的质量分数[9]

Kraton 弹性体试样的混合指数。本着用实例演示技术的想法，这些结果显然没有对同转和反向转双螺杆挤出机混合能力进行全面比较。在这个例子中，螺杆的转速、质量流量和模具的开缝条件相同，在同转和反转双螺杆挤出实验中，挤出机的最大压力值在相同的范围内。如图 9.11 所示，在相同的操作条件下，同向旋转双螺杆挤压工艺与反向旋转双螺杆挤压工艺相比，粉末组分的混合性更好（浓度分布更均匀）。这并不奇怪，因为同向旋转挤出机是轴向开放的，而完全啮合的反向旋转挤出机是轴向关闭的（泄漏流除外）。与同向旋转双螺杆挤出机相比，反向旋转双螺杆挤出机的停留时间分布更窄，反向混合更小，这限制了反向旋转双螺杆挤出机的分配混合能力。

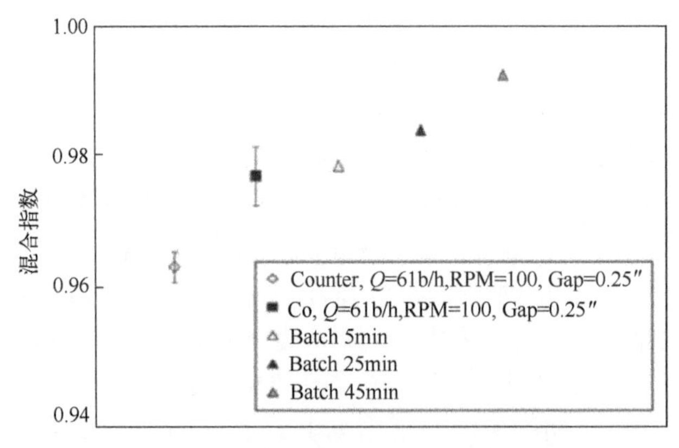

图 9.11 用间歇式混合器和同向与反向双螺杆挤出加工的试样的石墨相混合指数（来自 XRD 值）[9]

比较连续混合器和分批混合器的MI结果发现，在使用的条件下，分批混合过程产生的MI值与同转双螺杆挤出过程的MI值相当。因此，这种MI测定方法可用于比较不同几何形状和操作条件的影响，并与混合物功能特性建立联系。

图9.12给出了通过表征浓度分布确定混合指数的另一个例子。使用两种不同的双螺杆挤压方法（TSE-1和TSE-2）、分批加工（Batch 1）和基于溶液的加工方法（Solv-Ext）[49]对低易损（LOVA）配方进行了加工。有趣的是，基于溶液的方法通常被认为是一种非常有效的混合方式，但溶液法加工的混合物是最差的，该结果强调了获得这种混合的定量测量方法的重要性。

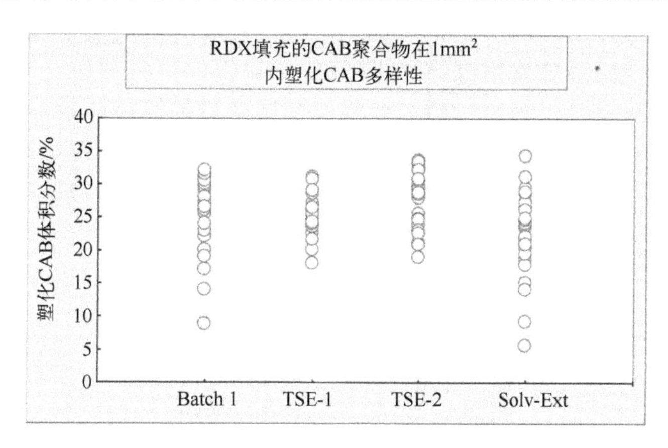

图9.12 采用双螺杆挤出方法、分批加工、基于溶液的加工方法对低脆弱性配方中乙酸-丁酸纤维素和醋酸丁酸纤维素（CAB）的浓度分布进行了研究[49]

9.2.2 加工和混合过程的数值模拟

质量、动量和能量守恒的耦合方程可以通过符合壁面滑移条件的数值求解，并结合合适的能量公式本构方程（见第8章流变特性和黏塑性本构方程）。各种分析和数值模拟方法已被应用于研究挤出机产生的热机械历史[6,9,12-14,16-17,19-20,22,25-26,28-29,41,51]。其中一些模型将在分析双螺杆挤出过程中详细讨论（见第10章）。

数值模拟源代码可用于跟踪非扩散示踪粒子并生成混合度度量[10,13-15,22,26]。运用动力学工具，包括粒子跟踪、预测Lyapunov指数和Poincaré截面，允许区分规则或混沌运动条件发生的条件。在规则运动中，相邻粒子之间的距离随停留时间线性变化。另外，在混沌运动中，相邻粒子之间的距离随停留时间呈指数变化。此外，在混沌运动中，对初始条件具有极端的敏感性[13]。长啮合盘通常会引起杂乱的混合条件，形成良好的分配混合能力。然而，即使是某些类型的长啮合盘（那些在30°前或向后交错的圆盘），也存在管道流动，

[Kolmogorov-Arnold-Moser（KAM）表面] 几乎没有材料交换到管道流区域的外部[13]。这些分析对于螺杆结构定制过程中选择最佳的几何形状以及为了特定操作和适当选择操作条件是非常有用。

当需要将纳米颗粒加入聚合物黏合剂中时，混合操作变得尤其重要。例如，将纳米黏土和纳米管纳入含能配方是一个挑战。这种纳米颗粒的表面体积比和纵横比非常高，即使是非常低浓度的纳米颗粒也能使悬浮液呈现凝胶状，导致剪切黏度和弹性急剧增加[40,44-46,52-54]。纳米颗粒的掺入也会改变半结晶聚合物黏合剂的结晶度[55-61]。特别是，半结晶黏合剂的剪切诱导结晶度会受到影响。在热固性黏合剂的情况下，热固化黏合剂的固化速率和最终固化程度对纳米夹杂物非常敏感[46]。

有许多影响因素，包括沉降、偏析、剪切诱导的颗粒迁移以及黏合剂的毡层过滤，可以使含能配方中的成分发生分层[62-63]。需要控制这些分层影响，特别是要防止形成无法处理的材料死区。壁面滑移的形成对黏合剂迁移引起的分层效应也很重要[64-69]。轧辊驱动工艺[6]的流动不稳定性和流经模具的流动，导致表面和批量挤出呈现不规则形态（鲨鱼皮、熔体断裂和总挤出物不规则），也与黏合剂和浓缩悬浮液的壁面滑移行为密切相关[70-71]。

9.3 含能材料的成形

9.3.1 铸造

铸造是指在重力或其他力的作用下，熔融目标材料流入模具，并在模具型腔内凝固的过程[72-73]。虽然铸造的原理看起来很简单，但是要想铸造成功，必须考虑很多因素和变量。一般情况下，铸造可用于创建复杂的大型几何形状。铸造需要的资本设备要求很低，而且这个过程适合自动化。不幸的是，这种方法也有缺点，包括受力学性能、孔隙率和表面光洁度的限制。此外，铸造缺陷与所涉及产品的质量密切相关。典型铸造过程中出现的几种常见缺陷：①流动性不足、浇注温度低或浇注过程缓慢导致型腔不能完全充填；②在凝固的最后阶段，由于收缩的限制而产生热裂；③产品表面因凝固收缩而产生内部空洞或凹陷[74]。

用目标含能材料填充套管取决于材料的物理性能。含能填料的密度是决定填充过程的一个重要因素。一般来说，它应该尽可能接近配方的最大密度。大多数军事应用是基于颗粒状的固体化合物，它们与其他爆炸性或惰性添加剂混合，使化合物的密度在 1.5~1.7g/cm^3左右[75]。

9.3.1.1 熔铸

熔铸是最简单的工艺之一，如图 9.13 所示。这种工艺的理想配方应具有较低的熔化温度，该熔化温度不同于其分解温度。通常情况下，用蒸气加热罐体使熔铸配方组分达 90~120℃时熔化。炸药配方，包括 2,4,6-三硝基甲苯（TNT）、1,3,3-三硝基嗪（TNAZ）和 2，4-二硝基茴香醚（DNAN），都是典型的熔铸配方组分[76-77]。例如，纯 TNT 的熔点为 80.4℃，远低于 300℃的分解温度。一般来说，在这个过程中需要较低的蒸气压降低毒性吸入。此外，在冷却过程中不应该有任何收缩或开裂。对于 TNT 而言，熔体铸件的一个缺点是凝固后会收缩 11%~12%（按体积计算）。这导致产物的配方性能较弱且易碎，这可能会增加撞击感度和热不稳定性[78]。

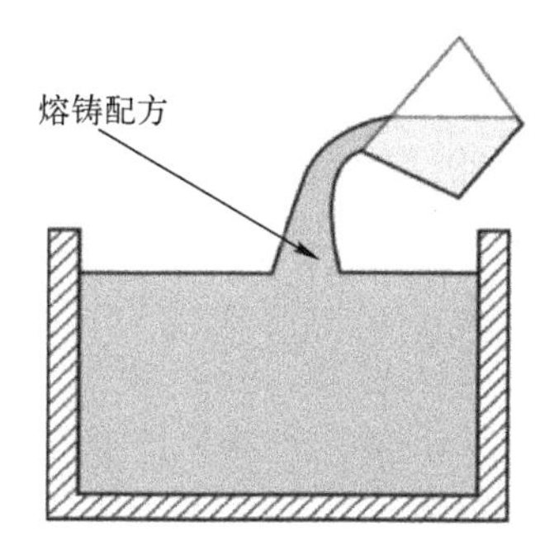

图 9.13　熔铸工艺示意图

9.3.1.2 聚合物黏结炸药

聚合物黏结炸药（PBX）是一种爆炸材料，该炸药配方通过聚合物黏结在一起，如图 9.14 所示。由于普通炸药的熔点较高，不易熔化成铸件，故聚合物黏结炸药（PBX）类型具有以下几个优点。例如，如果使用弹性体作为聚合物基体，它可以吸收冲击波，因此，PBX 不敏感，就不可能成为受意外刺激引爆的材料。此外，硬质聚合物可以使 PBX 变硬，使其在恶劣的负载条件下保持精确的形状[79]。

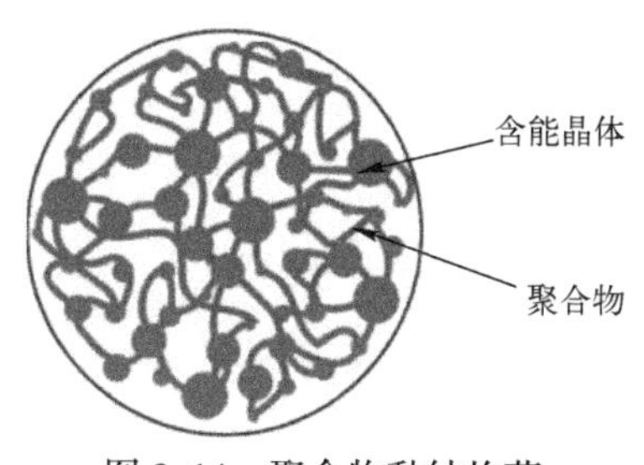

图 9.14　聚合物黏结炸药

9.3.2 挤压成形

综述了各种挤出工艺的混合性能。挤压流动也可以通过加压过程制成含能颗粒，在加压过程中，含能材料被迫流过模具开口，从而产生与模具开口形状大致相同的截面形状的装药（对于弹性黏合剂，模具设计能保证挤出膨胀的变化符合要求）。这种方法有几个优点，比如可形成多种可能的形状，以及增加强度，减少材料浪费。由于挤压过程中会产生相当大的变形，所以在挤压过程中会产生缺陷，包括表面裂纹、气孔、中心裂纹等[74]。

含能悬浮液的流变特性（如第8章所述）和挤压过程的数学模型[12,17,19]可用于确定压降与流量的关系，详细地研究温度、剪切速率、挤压模具中停留时间分布，不论挤出应用的类型。对于螺杆驱动过程，需要建立数学模型，以便对模具和挤出机同时进行数学建模[12,17,19]。有关双螺杆挤出机在含能材料加工过程的数学模拟的更多信息，请参阅第10章。

9.3.2.1 柱塞挤出成形

推进剂一般采用挤压法加工。最简单的挤压形式是基于柱塞的挤压，在该挤压过程中，将组合物装入容器，并在高压下通过模具开口进行挤压（图9.15）。一般而言，压力应取决于料浆、挤出速度、模具尺寸和模具设计。

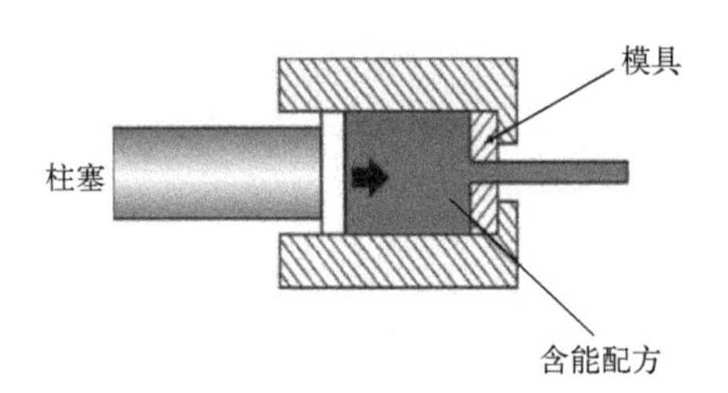

图9.15 柱塞挤出成形

9.3.2.2 使用挤出机连接的挤出模具成形

使用螺杆挤出成形技术可以解决柱塞挤出成形技术的缺点，例如要求预先混合配方的间歇过程。螺杆挤出成形是一个连续的过程（图9.16）；因此，对于一个单一的过程而言，配方的数量是没有限制的。一个连续的过程有很多好处：①产品一致性更好；②整体质量可提升；③材料的变化减少；④异常情况或材料可快速检测；⑤可避免批次间出现大量废料，而节省成本[80]。

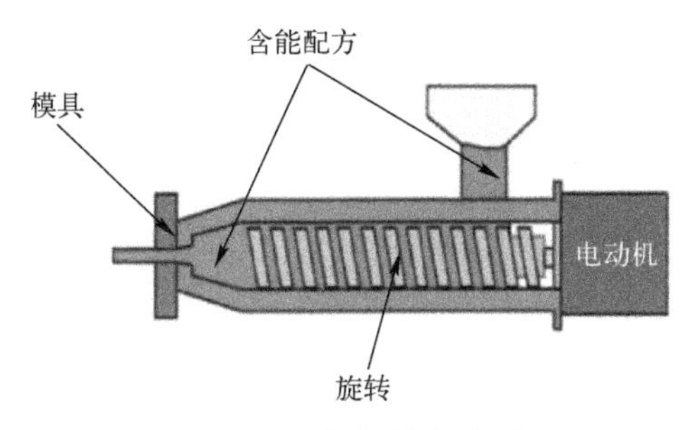

图9.16　螺杆挤出成形

9.3.3　加压成形

在加压成形过程中，材料在两个模具之间被压缩，这与锻造过程相似。加压成形的优点是：①材料利用率高；②质量好；③尺寸控制好。一般情况下，加压成形适用于含能材料的小尺寸装药。压力、填料、模具形状、长径比、温度等参数控制，均会对含能材料的质量和性能产生影响。可通过多种加压方向（单向压力/静压压力）或加压方式（递增加压/持续加压）等进行加工。

9.3.3.1　直接加压法

在这种方法中，压力是单向加载的（图9.17）。为了使装药密度均匀，并保证重复性，控制压力和晶体粒度是很重要的。一般情况下，使用真空加压法（95%不使用真空）可以达到99%左右的理论密度。然而，这种方法可能会由壁面摩擦而产生压力梯度，从而对配方的性能和感度产生负面影响。

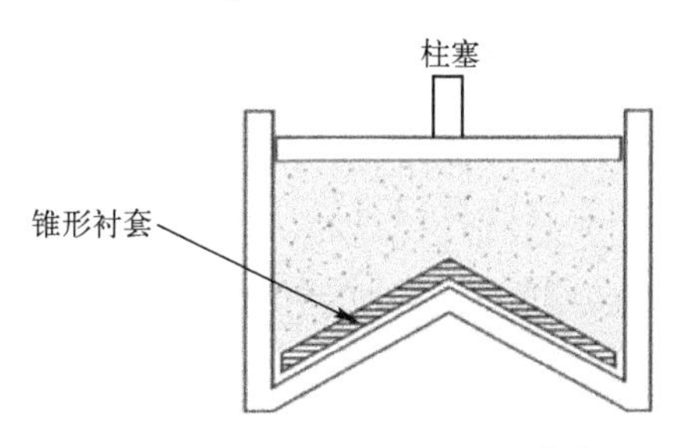

图9.17　直接加压装药成形[81]

9.3.3.2　渐进加压法

该方法旨在克服直接加压成形过程中的压力梯度问题。通过在模具中添加炸药，并在每次添加后进行压制，可以克服压力梯度问题（图9.18）。然而，一个可能的缺点是每次物料添加之间都存在干扰。

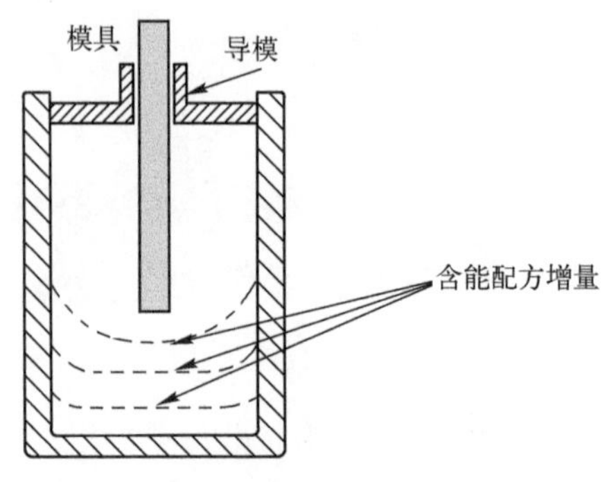

图 9.18　渐进加压成形[81]

9.3.3.3　静压与等静压法

这些方法是为了提升均匀性、尺寸稳定性和高装药密度而开发的。含能材料包含在橡胶中，在施加压力之前通过不可压缩的油将其抽离［图 9.19（a)］。在此情况下，可以消除壁面摩擦，但仍存在一些各向异性和残余应变问题。为了解决这些限制，可以通过将橡胶袋悬浮在没有任何表面接触的油中，进行等静压成形［图 9.19（b)］。

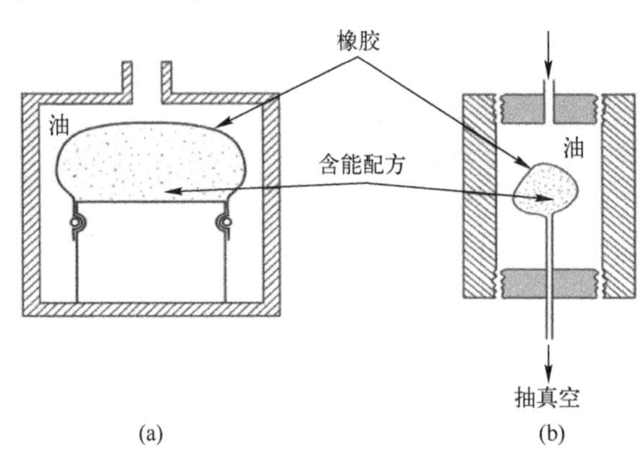

图 9.19　静压成形（a）和等静压成形（b)[81]

一个类似的等静压成形技术，也称为干袋加压成形，进一步将压制粉末和部分袋分离以免与液压油接触。图 9.20 展示了一个干袋等静压工具，用于压制细长的钢坯、异形和不对称的零件。长宽比接近 100 的零件可以沿其整个纵轴以均匀的密度容易被压制。

压制粉末包含在聚氨酯零件袋中，该零件袋可以通过金属压制工具成形，以形成不可能形成的几何形状。将工具组件插入一个压力容器中，该压力容器内衬有一个固定的薄壁聚合袋，将其从与液压流体的直接接触中分离出来

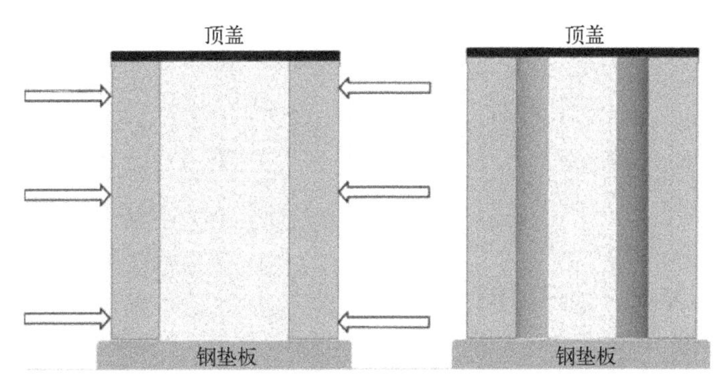

图9.20　等静压工艺

产生等静力，因此称为干袋。粉末柱的末端牢牢地固定在系统中。沿零件袋的长度施加均衡力，以使粉末在内部固结。在长度不变（底板和盖子固定）的情况下，粉末柱体积减小为横截面半径的平方函数。

不同体积密度、黏合剂、增塑剂以及粒度分布的粉末，在某给定压制参数下，各自的压制比（CR）可由式（9.5）表征：

$$\mathrm{CR}=\frac{D_{\mathrm{t}}^{2}}{D_{\mathrm{p}}^{2}} \tag{9.5}$$

将多个特定配方的样品进行等静压成形和测量，确定压实比，其中 D_{t} 为任意给定轴向位置的工具直径，D_{p} 为相应轴向位置的零件直径。对于特定配方粉末，压实比随温度、压力、时间等过程控制参数的变化而变化。一旦粉末CR在特定的压制工艺中得到很好的表征，在零件中心轴上的离散位置就可以通过应用式（9.6）来设计袋子工装，从而获得形状轮廓：

$$D_{\mathrm{t}}=D_{\mathrm{p}}\times\sqrt{\mathrm{CR}} \tag{9.6}$$

等静压件沿其中轴线方向变坚固、变笔直，表面光洁度与压粉的粒度一致[82]。

9.4　包覆工艺

含能晶粒的包覆是含能材料制造中的一个重要单元工艺。含能粒子通常是用溶解在适当溶剂中的聚合物来进行包覆的[32,83-88]。因此，聚合物对颗粒的润湿性很重要。如果粒子只部分封装在聚合物中，就会出现感度问题。通过分析含能晶体中的缺陷，建立了包覆效果的评价方法[89]。

在配方加工过程中使用溶剂时，聚合物类型、密度、大小和形状分布都会发生变化[90-92]。这些影响可以显著改变配方的加工性能和最终性能，包括晶体缺陷类型和密度[89]。

参 考 文 献

[1] D. M. Kalyon, Mixing in continuous processors, *Encyclopedia of Fluid Mechanics*, 7, 887-926, 1988.

[2] I. Manas-Zloczower and Z. Tadmor, *Mixing and Compounding of Polymers: Theory and Practice*: Carl Hanser Verlag GmbH Co KG, Munich, Germany, 1994.

[3] C . Rauwendaal, *Polymer Extrusion*: Carl Hanser Verlag GmbH Co KG, Munich, Germany, 2001.

[4] Z. Tadmor and C. G. Gogos, *Principles of Polymer Processing*: John Wiley and Sons, New York, 1979.

[5] H. Gevgilili, D. M. Kalyon, and A. Shah, Processing of gun propellants in continuous shear roll mills, *Journal of Energetic Materials*, 26, 29-51, 2007.

[6] D. M. Kalyon, H. Gevgilili, and A. Shah, Detachment of the polymer melt from the roll surface: Calendering analysis and data from a shear roll extruder, *International Polymer Processing*, 19, 129-138, 2004.

[7] J. M. McKelvey, *Polymer Processing*: John Wiley and Sons, New York, 1962.

[8] C. Kiparissides and J. Vlachopoulos, Finite element analysis of calendering, *Polymer Engineering & Science*, 16, 712-719, 1976.

[9] M. Erol and D. Kalyon, Assessment of the degree of mixedness of filled polymers: Effects of processing histories in batch mixer and co-rotating and counter-rotating twin screw extruders, *International Polymer Processing*, 20, 228-237, 2005.

[10] Z. Ji and D. M. Kalyon, Two dimensional computational study of chaotic mixing in two-tipped kneading paddles of co-rotating twin screw extruders, *ANTEC: Society of Plastics Engineers Annual Technical Papers*, *1*, 1323-1327, 1992.

[11] D. M. Kalyon, C. Jacob, and P. Yaras, An experimental study of the degree of fill and melt densification in fully-intermeshing, co-rotating twin screw extruders, *Plastics Rubber and Composites Processing and Applications*, 16, 193-200, 1991.

[12] D. M. Kalyon and M. Malik, An integrated approach for numerical analysis of coupled flow and heat transfer in co-rotating twin screw extruders, *International Polymer Processing*, 22, 293-302, 2007.

[13] A. Lawal and D. M. Kalyon, Mechanisms of mixing in single and co-rotating twin screw extruders, *Polymer Engineering & Science*, 35, 1325-1338, 1995.

[14] A. Lawal and D. M. Kalyon, Simulation of intensity of segregation distributions using three-dimensional fem analysis: Application to corotating twin screw extrusion processing, *Journal of Applied Polymer Science*, 58, 1501-1507, 1995.

[15] A. Lawal, D. M. Kalyon, and Z. Ji, Computational study of chaotic mixing in co-rotating two - tipped kneading paddles: Two - dimensional approach, Polymer *Engineering & Science*, 33, 140-148, 1993.

[16] A. Lawal, S. Railkar, and D. Kalyon, 3-D analysis of fully flighted screws of co-rotating twin screw extruder, *ANTEC: Society of Plastics Engineers Annual Technical Papers*, 45, 317-322, 1999.

[17] M. Malik, D. Kalyon, and J. Golba Jr, Simulation of co-rotating twin screw extrusion process subject to pressure-dependent wall slip at barrel and screw surfaces: 3D FEM analysis for combinations of forward-and reverse-conveying screw elements, *International Polymer Processing*, 29, 51-62, 2014.

[18] J. L. White, H. Potente, and U. Berghaus, *Screw Extrusion: Science and Technology*: Carl Hanser Verlag GmbH Co KG, Munich, Germany, 2001.

[19] M. Malik and D. M. Kalyon, Three-dimensional finite element simulation of processing of generalized Newtonian fluids in counter-rotating and tangential twin screw extruder and die combination, *International Polymer Processing*, 20, 398-409, 2005.

[20] D. Bigio, K. Cassidy, M. Dellapa, and W. Baim, Starve-fed flow in co-rotating twin screw extruders, *International Polymer Processing*, 7, 111-115, 1992.

[21] D. Bigio and L. Erwin, Effect of screw stagger on mixing in a tangential counter-rotating twin screw extruder, *International Polymer Processing*, 4, 242-246, 1989.

[22] A. Gotsis, Z. Ji, and D. M. Kalyon, Three-dimensional analysis of the flow in co-rotating twin screw extruders, *ANTEC: Society of Plastics Engineers Annual Technical Papers*, 36, 139-142, 1990.

[23] A. Morikawa, K. Min, and J. White, Flow visualization of the rubber compounding cycle in an internal mixer based on elastomer blends, *International Polymer Processing*, 4, 23-31, 1989.

[24] J. M. Ottino, *The Kinematics of Mixing: Stretching, Chaos, and Transport, 3*: Cambridge University Press, Cambridge, UK, 1989.

[25] B. David and Z. Tadmor, Extensive mixing in corotating processors, *International Polymer Processing*, 25, 38-47, 1988.

[26] D. M. Kalyon, A. D. Gotsis, U. Yilmazer, C. G. Gogos, H. Sangani, B. Aral et al., Development of experimental techniques and simulation methods to analyze mixing in co-rotating twin screw extrusion, *Advances in Polymer Technology*, 8, 337-353, 1988.

[27] D. M. Kalyon and H. N. Sangani, An experimental study of distributive mixing in fully intermeshing, co-rotating twin screw extruders, *Polymer Engineering & Science*, 29, 1018-1026, 1989.

[28] K. Kubota, R. Brzoskowski, J. L. White, F. C. Weissert, N. Nakajima, and K. Min, Comparison of screw extrusion of rubber compounds with different extruder/screw combinations, *Rubber Chemistry and Technology*, 60, 924-944, 1987.

[29] A. Lawal and D. M. Kalyon, Non-isothermal model of single screw extrusion of generalized Newtonian fluids, *Numerical Heat Transfer, Part A Applications*, *26*, 103-121, 1994.

[30] R. A. Armistead, CT: Quantitative three-dimensional inspection, *Advanced Materials & Processes*, 133, 42-48, 1988.

[31] R. H. Bossi and G. E. Georgeson, The application of X-ray computed tomography to materials development, *JOM*, 43, 8-15, 1991.

[32] B. L. Greenberg, D. M. Kalyon, M. Erol, M. Mezger, K. Lee, and S. Lusk, Analysis of slurry-coating effectiveness of CL-20 using grazing incidence X-ray diffraction, *Journal of Energetic Materials*, 21, 185-199, 2003.

[33] D. M. Kalyon, E. Birinci, R. Yazici, B. Karuv, and S. Walsh, Electrical properties of composites as affected by the degree of mixedness of the conductive filler in the polymer matrix, *Polymer Engineering & Science*, 42, 1609-1617, 2002.

[34] D. M. Kalyon, R. Yazici, C. Jacob, B. Aral, and S. W. Sinton, Effects of air entrainment on the rheology of concentrated suspensions during continuous processing, *Polymer Engineering & Science*, 31, 1386-1392, 1991.

[35] A. Szalaya, K. Pintye-Hodi, K. Joo, and I. Eros, Study of the distribution of magnesium stearate with an energy dispersive X-ray fluorescence analyser, *Pharmazeutische Industrie*, 66, 221-223, 2004.

[36] R. Yazici and D. M. Kalyon, Degree of mixing analyses of concentrated suspensions by electron probe and X-ray diffraction, *Rubber Chemistry and Technology*, 66, 527-537, 1993.

[37] R. Yazici and D. M. Kalyon, Method and apparatus for X-ray analysis of particle size, U.S. Patent 6, 751, 287, 2004.

[38] J. Sinton, J. Crowley, G. Lo, D. Kalyon, and C. Jacob, Nuclear magnetic resonance imaging studies of mixing in a twin-screw extruder, *ANTEC: Society of Plastics Engineers Annual Technical Papers*, 36, 116-119, 1990.

[39] E. Birinci, R. Yazici, D. M. Kalyon, M. Michienzi, C. Murphy, and R. Muscato, Statistics of mixing distributions in filled elastomers processed by twin screw extrusion, *ANTEC: Society of Plastics Engineers Annual Technical Papers*, 45, 1720-1725, 1999.

[40] E. A. Demirkol and D. M. Kalyon, Batch and continuous processing of polymer layered organoclay nanocomposites, *Journal of Applied Polymer Science*, 104, 1391-1398, 2007.

[41] A. Gotsis and D. Kalyon, Simulation of mixing in co-rotating twin screw extruders, *ANTEC: Society of Plastics Engineers Annual Technical Papers*, 35, 44-48, 1989.

[42] D. M. Kalyon, D. Dalwadi, M. Erol, E. Birinci, and C. Tsenoglu, Rheological behavior of concentrated suspensions as affected by the dynamics of the mixing process, *Rheologica Acta*, 45, 641-658, 2006.

[43] D. M. Kalyon, R. Yazici, and A. Lawal, Techniques to analyze goodness of mixing of concentrated suspensions and simulation of mixing in extrusion flows, in *Joint Army, Navy,*

NASA, *Air Force Propellant Development and Characterization Meeting*, Livermore, CA, 1993.

[44] I. Küçük, H. Gevgilili, and D. M. Kalyon, Effects of dispersion and deformation histories on rheology of semidilute and concentrated suspensions of multiwalled carbon nanotubes, *Journal of Rheology*, 57, 1491-1514, 2013.

[45] S. Ozkan, H. Gevgilili, D. Kalyon, J. Kowalczyk, and M. Mezger, Twin-screw extrusion of nano-alumina-based simulants of energetic formulations involving gel-based binders, *Journal of Energetic Materials*, 25, 173-201, 2007.

[46] S. Vural, K. B. Dikovics, and D. M. Kalyon, Cross-link density, viscoelasticity and swelling of hydrogels as affected by dispersion of multi-walled carbon nanotubes, *Soft Matter*, 6, 3870-3875, 2010.

[47] R. Yazici and D. Kalyon, Characterization of degree of mixing of concentrated suspensions, *ANTEC: Society of Plastics Engineers Annual Technical Papers*, 3, 2845-2850, 1993.

[48] R. Yazici and D. Kalyon, Quantitative measurement of mixing quality, in *Joint Army, Navy, NASA*, Air *Force Propellant Development and Characterization Meeting*, Houston, TX, 1998.

[49] R. Yazici and D. M. Kalyon, Quantitative characterization of degree of mixedness of LOVA grains, *Journal of Energetic Materials*, 14, 57-73, 1996.

[50] R. Yazici and D. M. Kalyon, Analysis of degree of mixing in filled polymers by wide-angle X-ray diffraction, *ANTEC: Society of Plastics Engineers Annual Technical Papers*, 2, 2076-2080, 1997.

[51] A. Lawal and D. M. Kalyon, Analysis of nonisothermal screw extrusion processing of viscoplastic fluids with significant back flow, *Chemical Engineering Science*, 54, 999-1013, 1999.

[52] K. B. Shepard, H. Gevgilili, M. Ocampo, J. Li, F. T. Fisher, and D. M. Kalyon, Viscoelastic behavior of poly (ether imide) incorporated with multiwalled carbon nanotubes, *Journal of Polymer Science Part B: Polymer Physics*, 50, 1504-1514, 2012.

[53] H. T. Kahraman, H. Gevgilili, D. M. Kalyon, and E. Pehlivan, Nanoclay dispersion into a thermosetting binder using sonication and intensive mixing methods, *Journal of Applied Polymer Science*, 129, 1773-1783, 2013.

[54] H. T. Kahraman, H. Gevgilili, E. Pehlivan, and D. M. Kalyon, Development of an epoxy based intumescent system comprising of nanoclays blended with appropriate formulating agents, *Progress in Organic Coatings*, 78, 208-219, 2015.

[55] G. Mago, F. T. Fisher, and D. M. Kalyon, Deformation-induced crystallization and associated morphology development of carbon nanotube-PVDF nanocomposites, *Journal of Nanoscience and Nanotechnology*, 9, 3330-3340, 2009.

[56] G. Mago, F. T. Fisher, and D. M. Kalyon, Effects of multiwalled carbon nanotubes on the shear-induced crystallization behavior of poly (butylene terephthalate),

Macromolecules, 41, 8103–8113, 2008.

[57] G. Mago, D. M. Kalyon, and F. T. Fisher, Nanocomposites of polyamide–11 and carbon nanostructures: Development of microstructure and ultimate properties following solution processing, *Journal of Polymer Science Part B: Polymer Physics*, 49, 1311–1321, 2011.

[58] G. Mago, D. M. Kalyon, and F. T. Fisher, Crystallization and morphology of carbon nanofiber–nylon–11 nanocomposites, in *American Chemical Society Fall Meeting & Exposition, Philadelphia, PA*, 2008.

[59] G. Mago, C. Velasco–Santos, A. L. Martinez–Hernandez, D. M. Kalyon, and F. T. Fisher, Effect of functionalization on the crystallization behavior of MWNT–PBT nanocomposites, *Material Research Society Symposium Proceedings*, 1056, 295–300, 2008.

[60] C. Feger, J. D. Gelorme, M. McGlashan – Powell, and D. M. Kalyon, Mixing, rheology, and stability of highly filled thermal pastes, *IBM Journal of Research and Development*, 49, 699–707, 2005.

[61] G. Mago, D. M. Kalyon, and F. T. Fisher, Polymer crystallization and precipitation–induced wrapping of carbon nanofibers with PBT, *Journal of Applied Polymer Science*, 114, 1312–1319, 2009.

[62] P. Yaras, D. Kalyon, and U. Yilmazer, Flow instabilities in capillary flow of concentrated suspensions, *Rheologica Acta*, 33, 48–59, 1994.

[63] U. Yilmazer, C. G. Gogos, and D. M. Kalyon, Mat formation and unstable flows of highly filled suspensions in capillaries and continuous processors, *Polymer Composites*, 10, 242–248, 1989.

[64] S. Aktas, D. M. Kalyon, B. M. Marín–Santibáñez, and J. Pérez–González, Shear viscosity and wall slip behavior of a viscoplastic hydrogel, *Journal of Rheology*, 58, 513–535, 2014.

[65] D. M. Kalyon, P. Yaras, B. Aral, and U. Yilmazer, Rheological behavior of a concentrated suspension: A solid rocket fuel simulant, *Journal of Rheology*, 37, 35–53, 1993.

[66] U. Yilmazer and D. M. Kalyon, Slip effects in capillary and parallel disk torsional flows of highly filled suspensions, *Journal of Rheology*, 33, 1197–1212, 1989.

[67] U. Yilmazer and D. M. Kalyon, Dilatancy of concentrated suspensions with Newtonian matrices, *Polymer Composites*, 12, 226–232, 1991.

[68] D. M. Kalyon, Apparent slip and viscoplasticity of concentrated suspensions, *Journal of Rheology*, 49, 621–640, 2005.

[69] J. F. Ortega – Avila, J. Pérez – González, B. M. Marín – Santibáñez, F. Rodríguez – González, S. Aktas, M. Malik et al., Axial annular flow of a viscoplastic microgel with wall slip, *Journal of Rheology*, 60, 503–515, 2016.

[70] H. S. Tang and D. M. Kalyon, Unsteady circular tube flow of compressible polymeric liquids subject to pressure–dependent wall slip, *Journal of Rheology*, 52, 507–526, 2008.

[71] H. S. Tang and D. M. Kalyon, Time–dependent tube flow of compressible suspensions

subject to pressure dependent wall slip: Ramifications on development of flow instabilities, Journal of Rheology, 52, 1069-1090, 2008.

[72] N. C. Johnson, C. Gotzmer, and R. C. Gill, Melt cast elastomeric PBX—Processing and properties overview, *Journal of Hazardous Materials*, 9, 41-45, 1984.

[73] D. J. Mynors and B. Zhang, Applications and capabilities of explosive forming, *Journal of Materials Processing Technology*, 125, 1-25, 2002.

[74] M. P. Groover, *Fundamentals of Modern Manufacturing: Materials, Processes, and Systems*: Upper Saddle River, NJ, Prentice Hall, 1996.

[75] J. Akhavan, *The Chemistry of Explosive*: RSC Publishing, Cambridge, UK, 2011.

[76] N. Sikder, A. K. Sikder, N. R. Bulakh, and B. R. Gandhe, 1, 3, 3-Trinitroazetidine (TNAZ), a melt-cast explosive: Synthesis, characterization and thermal behaviour, *Journal of Hazardous Materials*, 113, 35-43, 2004.

[77] T. M. Klapotke, A. Penger, C. Pfluger, and J. Stierstorfer, Melt-cast materials: Combining the advantages of highly nitrated azoles and open-chain nitramines, *New Journal of Chemistry*, 40, 6059-6069, 2016.

[78] D. Sun, S. V. Garimella, S. Singh, and N. Naik, Numerical and experimental investigation of the melt casting of explosives, *Propellants, Explosives, Pyrotechnics*, 30, 369-380, 2005.

[79] Q.-L. Yan, S. Zeman, and A. Elbeih, Recent advances in thermal analysis and stability evaluation of insensitive plastic bonded explosives (PBXs), *Thermochimica Acta*, 537, 1-12, 6/10/2012.

[80] F. M. Gallant, H. A. Bruck, and S. E. Prickett, Effects of twin-screw extrusion processing on the burning rate of composite propellants, Propellants, Explosives, Pyrotechnics, 31, 456-465, 2006.

[81] A. Bailey and S. G. Murray, *Explosives, Propellants, and Pyrotechnics*: Brassey's (UK), London, 1989.

[82] Loomis Products Company, Loomis Products Dry Bag Tool Design, 2014.

[83] B. L. Greenberg, D. M. Kalyon, M. Erol, M. Mezger, P. Redner, K. Lee et al., Structural analysis of slurry coated CL-20 (PAX 12 granules) using a novel grazing incidence X-ray diffraction method, in *Joint Army, Navy, NASA, Air Force Propellant Development and Characterization Meeting*, Charlottesville, V A, 2003.

[84] M. Mezger, S. Nicolich, R. Yazici, and D. M. Kalyon, Characterization of coating for energetic material, *Proceedings of the International Annual Conference at Frauhofer Institute fur Chemiche Technologie*, vol. 32-34, Fraunhofer-Institute fur Chemiche Technologie, Berghausen, Germany, 2001.

[85] M. Rege, S. Kovenklioglu, R. Yazici, D. M. Kalyon, E. Birinci, and A. Allred, Elastomeric coating of filler powders by slurry precipitation, *ANTEC: Society of Plastics Engineers Annual Technical Papers*, 45, 3489-3494, 1999.

[86] Z. Cao, S. Kovenklioglu, D. M. Kalyon, and R. Yazici, Dissolution study of BAMO/AMMO thermoplastic elastomer for the recycling and recovery of energetic materials, *Journal of Energetic Materials*, 15, 73-107, 1997.

[87] S. Kovenklioglu, R. Yazici, and D. M. Kalyon, Environmentally acceptable alternative solvent systems for CL-20 processing, in *Joint Army, Navy, NASA, Air Force Propellant Development and Characterization Meeting*, Houston, TX, 1998.

[88] D. M. Kalyon and S. Kovenklioglu, Disposal of chemical munitions using concomitant neutralization, gelation and encapsulation, *Journal of Energetic Materials*, 13, 165-183, 1995.

[89] R. Yazici and D. Kalyon, Microstrain and defect analysis of CL-20 crystals by novel X-ray methods, *Journal of Energetic Materials*, 23, 43-58, 2005.

[90] Z. Peralta-Inga, N. Degirmenbasi, U. Olgun, H. Gocmez, and D. Kalyon, Recrystallization of CL-20 and HNFX from solution for rigorous control of the polymorph type: Part Ⅰ, mathematical modeling using molecular dynamics method, *Journal of Energetic Materials*, 24, 69-101, 2006.

[91] N. Degirmenbasi, Z. Peralta-Inga, U. Olgun, H. Gocmez, and D. Kalyon, Recrystallization of CL-20 and HNFX from solution for rigorous control of the polymorph type: Part Ⅱ, experimental studies, *Journal of Energetic Materials*, 24, 103-139, 2006.

[92] R. Schefflan, S. Kovenklioglu, D. Kalyon, P. Redner, and E. Heider, Mathematical model for a fed-batch crystallization process for energetic crystals to achieve targeted size distributions, *Journal of Energetic Materials*, 24, 157-172, 2006.

第 10 章　全啮合同向双螺杆挤出机的连续加工与成形

穆努丁·马利克，大卫·F. 费尔，理查德·S. 穆斯卡托，
迈克尔·J. 费尔，马克·J. 梅兹格，史蒂文·M. 尼科里奇，
康斯坦斯·M. 墨菲，塞达阿·克塔斯，何静，巴哈迪尔·卡鲁夫，
唐汉松，迪尔汉·M. 卡利恩

10.1　含能材料连续加工简介

含能材料生产过程中会用到各种连续加工设备，包括连续剪切压延机、单螺杆螺旋压伸机、单螺杆捏合机、双螺杆螺旋压伸机等。含能材料连续制造的应用探索开始于 20 世纪 50 年代末，涵盖了多种含能材料产品，主要包括有溶剂推进剂和无溶剂推进剂、浇铸固化和压装炸药、烟火剂等。各种制造方法都具有优缺点，连续剪切压延机多用于含水分较多的物料，但在有些配方中控制温度分布时存在不足[1-2]。单螺杆螺压机的缺点是混料总质量有限，物料在其中不易分散均匀（详见第 9 章）。连续捏合机的主要构件为带有多个捏合齿的螺杆，它既可旋转也可振动[3]。捏合机内的捏合齿安装在筒壁和螺杆表面，这样可使物料混合均匀。但单螺杆系统还存在一些不足，如不能自清洁，几何适应性较差等。

双螺杆螺压机是目前最常见的连续生产设备，它具备较好的兼容性（提供标准部件和可自由拆卸的螺杆部件），有一系列螺杆组件用来混合/出料，驱除溶剂，挤压出成形的药柱，可用于生产照明弹装药、三基火药和炸药，也可用来处理纳米悬浊液。在含能边界层中含能材料均匀分散表明这种设备适用于制造低易损性弹药（LOVA）。

实践证明双螺杆螺压机具有安全、运行成本低等特点，能将物料混合均匀，生产过程易于控制，螺压机内压力较低，被认为是目前高能含能材料加工制备领域内的首选设备，因此美国国防部也大力推广该类生成设备，并对

双螺杆螺压机的工作过程开展了系统研究，尤其是在预测建模和测试方面。本章主要总结了过去30年的相关研究和试制工作的一些重要结论。

10.2 双螺杆挤出工艺

双螺杆挤出工艺可广泛应用于包括含能材料制造在内的许多行业。目前常用的双螺杆挤出工艺可分为反向旋转（切线或充分啮合）模式和同向旋转（充分啮合）模式[4-6]。图10.1所示的是一种两螺杆全啮合反向旋转的双螺杆螺压机[6]，图10.2所示的是一种两螺杆全啮合同向旋转的双螺杆螺压机[6]。大多数反向螺压机采用模块化零部件，允许使用可以装配在键控轴或花键轴上的螺旋杆[4,6-8]，如图10.3所示。每个螺杆结构都可看作一个新的混合装置/加工装置，因此，双螺杆螺压机具有的较好的兼容性，这是间歇式捏合机、单螺杆螺压机和捏合机无法比拟的。对含能材料的双螺杆挤出过程进行安全和优化应用，需要进行数学模拟和仿真，以确定最适合满足当前加工任务目标的几何形状和操作条件。

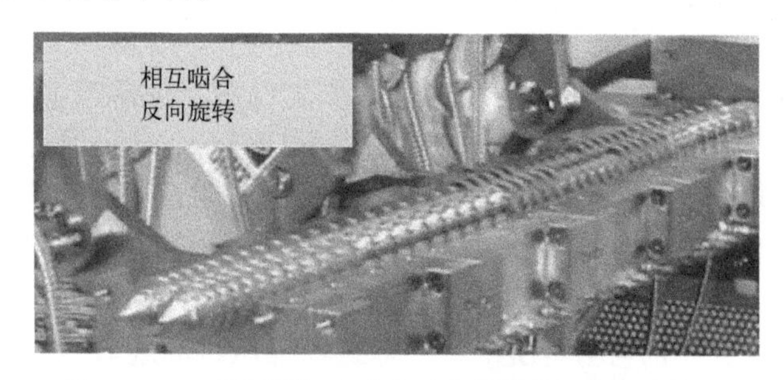

图10.1 一种两螺杆全啮合反向旋转的双螺杆螺压机

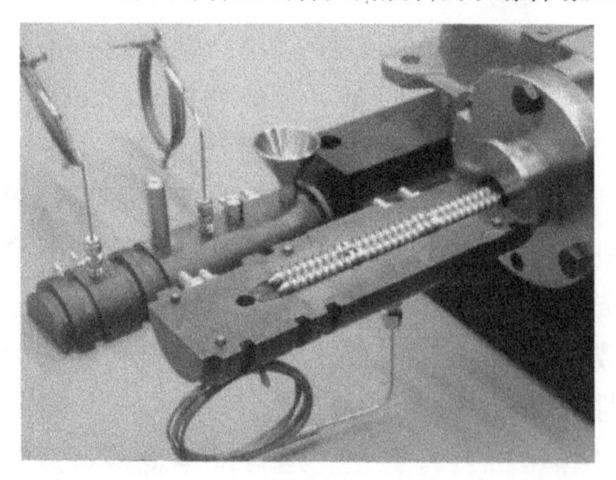

图10.2 一种两螺杆全啮合同向旋转的双螺杆螺压机（最小挤出直径为7.5mm）
资料来源：Material Processing & Research，Inc.。

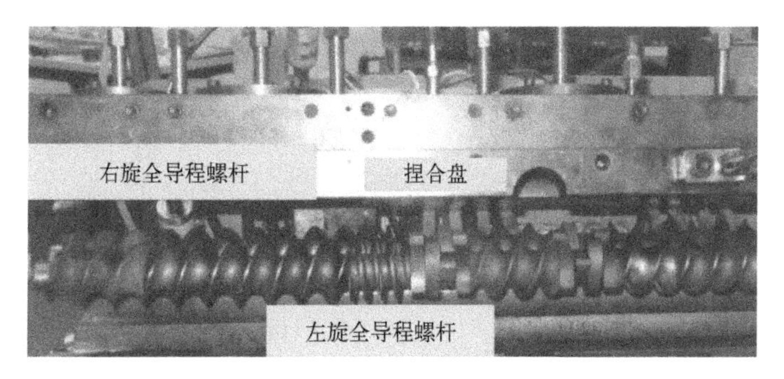

图 10.3　一种全啮合同向旋转双螺杆挤出系统的螺杆配置

10.2.1　全啮合同向旋转双螺杆挤压工艺的螺杆元件

有多种螺杆元件可用于全啮合同向旋转双螺杆挤出工艺，基本螺杆单元是一种全导程输送元件，它可正向或反向输运物料，可采用不同的导程、螺旋角和节距（图 10.3）。正向和反向输送的螺杆元件一般称为右旋元件和左旋元件（尽管存在一个问题，即通常可用的双螺杆螺压机螺杆的旋转方向可以是顺时针也可以是逆时针）。为了消除歧义，应该理解被指定为右旋（正向输送）的螺杆部分可以产生压力。在第 9 章中描述了可以使用的各种类型的螺钉、螺杆元件可以滑动到两个键控平行轴上，螺杆配置一般通过模拟来选择，以满足当前特殊加工挑战的加工需求。

10.2.2　混合区的建立

左旋与右旋元件的组合、挤压模具与右旋输运螺杆元件的组合、捏合盘与右旋螺杆截面的组合构成混合区（图 10.3）。捏合盘用于传递相对较高的剪切应力，提供分散的混合捏合盘可向前或向后交错，并呈不同的交错角度，一般为±30°、±45°、±60°和 90°（空挡捏合盘）。通常只要螺杆的轴向长度足够长，就可以通过组合左右向元件来配置多个混合段[9-10]。

全导程右旋输运螺杆元件可作为阿基米德螺杆泵，这种泵送作用产生足够的压力，使含能流体通过失压段。所述的失压段可由反向配置（左旋）或空挡捏合盘、左旋全导程片或左旋全导程片和捏合盘组合而成。挤压模具也是一个失压段，只有在前向输运螺杆段完全满段时才能产生压力（正压力梯度）。另外，反向交错捏合盘和反向输送全导程螺杆产生压力损失[11-13]。因此，双螺杆螺压机内的压力分布是非常复杂的，压力分布取决于螺杆结构、工作条件、物料的流变性能和热性能以及高能配方物料与螺压机壁面的相互作用等。

混合区通常包括正向和反向输运螺杆元件的组合[14-15]，只有在压伸机的失压段和增压段，螺杆是完全满的。在失压螺杆段或挤出模具前的右旋输运螺杆段所产生的压力增量等于失压段压降的绝对值。当失压段的压降发生变化时，用于右旋输运螺杆段的螺杆完全满盈的轴向长度发生变化[12,16]。因此，双螺杆螺压机的物料填充率是需要重点实时监控的重要参数之一，物料填充率与螺压机内压力分布密切相关，还与物料在螺压机内的形变过程、操作工艺参数（螺杆转速、物料的流量和温度）、物料的流变性能及物料与螺压机内壁间的摩擦因数有关。

10.2.3 排气

双螺杆螺压机在加工含能物料时，采用真空泵抽除空气或其他气体（排气）。配方在两个螺杆的啮合处发生变形，通常会产生反混合，产生自由表面（与空气接触的界面）。此外，在轴向方向气流不断流过材料，在自由表面提高了气体的去除效率。真空只能应用于螺压机的部分全断面。要保持真空，需要通过两端的熔体密封，即使用完全填充的螺杆部件或挤出模具。

施加在部分满段上的真空只有在部分满段螺杆段两端的熔体密封能够连续保持时才能保持。因此，部分全截面的存在和部分全截面两端熔体密封的可用性是真空应用的配方和分散化的基本要素。然而，双螺杆螺压机中存在部分全截面也会导致大量的空气进入正在加工的材料中，详见 10.2.4 节。

10.2.4 加气处理

在双螺杆螺压机的部分满段中，被加工的物料与空气共存（除非使用真空，如 10.2.3 节所述）[11,17-20]。液相和气相都与活动壁（螺杆表面）接触，形成动态接触线。接触线的稳定性取决于界面力、惯性黏滞力和弹性力的平衡[21-22]。当动态接触线变得不稳定时，气体会发生明显的夹带进入液相。例如，一个简单的实心圆柱部分沉浸到装有黏度 μ 和表面张力 σ 牛顿液体的容器，并以速度 U 旋转，对于这个简单的流动，当毛细管数 $Ca=\mu U/\sigma>1.2$ 时，也会产生空气夹杂[23]。然而，随着液相弹性的增加（稳态剪切下第一正压力系数增加），临界毛细管数增加[21]。因此，这个简单的几何图形表明，在双螺杆挤出过程中，当有部分充满运动表面的截面时[11,24]，相应的空气量将被纳入。

如前所述，同向旋转双螺杆螺压机的混合体积中存在一定程度的填充分布，即各螺杆段流体所占体积与总混合体积的比的分布[4,11]。前进（前送或压力产生）的各个部分的全导程的螺杆和前向交错的捏合盘只能部分装满。

在这种部分饱和的位置，压力仍然保持在环境中。在螺压机的部分满段，空气很容易进入被加工的流体中，并能引起流变性能（剪切黏度和避免滑移）和工艺性能的显著变化[11]。

应用 X 射线在传输模式下记录了在双螺杆螺压机中当空气以气泡的形式存在于 $\Phi = 0.57$（最大积聚分数 $\Phi_m = 0.64$）以球形颗粒填充的热塑性弹性体边界层悬浮液的情况，图 10.4 中的深色区域表示因空气存在而产生的低密度区。在双螺杆螺压机悬浮液形成过程中就已经混入了大量的空气。如第 8 章所述，这些气泡使螺压机中物料的流变行为和可挤出性发生改变。当真空作用于双螺杆螺压机的部分满段时，可部分或全部抽除悬浮液中的空气。去除空气后，该配方的剪切黏度增大，可避免滑移速度减小，这种变化导致浓缩悬浮液和凝胶的可加工性发生剧烈变化[11,19]。

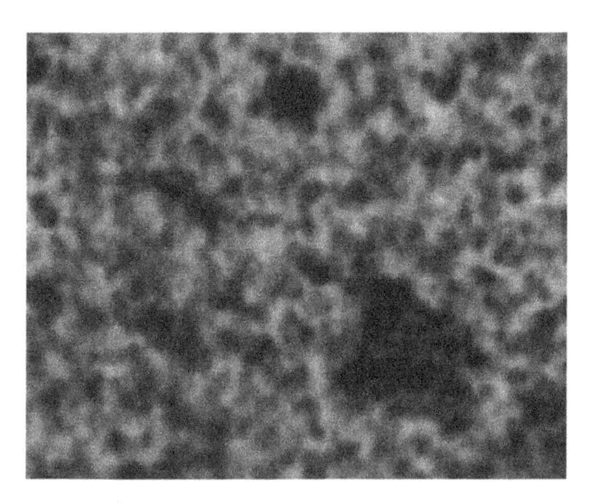

图 10.4　X 射线图像表面空气以气泡的形式存在于高浓度的悬浮液中[11]

10.3　双螺杆螺压机工作过程的机械模型

通过对双螺杆全啮合同向旋转挤压过程的流动和形变分析，揭示了该过程的三维本质[14,15-29]。其他相关实验研究还证实了双螺杆螺压机中复杂流体的结构性质的变化，以及其流变性能随比能输入的变化[9,10,26,30-32]。

对双螺杆挤出过程进行了数学建模和数值模拟研究[15,25-26,33-41]，发现有限元分析方法（FEM）特别适用于分析双螺杆挤出过程，因为守恒方程可以耦合求解，不需要简化挤出几何形状[13,36,42-43]，Gotsis 等首次对同向旋转双螺杆挤出过程进行了三维有限元分析[34]，用三维有限元网络覆盖双螺杆螺压机内的整个空间，解决了流动几何的时间依赖性。在该方法中，有限元网络既包括流动通道，也包括啮合螺杆单元。随着螺杆的旋转，流体边界会随时间不断更新。另一种有限元方法是使用有限元网络，它只覆盖了流体所占的体积，并在准稳态假设下在螺杆表面引入速度[35-36,38-40,44-45]。

大多数现有的双螺杆挤出数值分析都只考虑单一类型的螺杆单元，例如通过对一组以恒定的错角交错排列的捏合盘上的流动进行模拟[35-36,38,40,46-48]。Kalyon 和 Malik 已经证明[13]，压力损失（反向输运螺杆截面和模具）和压力增加（正向输送）螺杆元件的组合的数学建模是可行的，因此，在多个螺杆元件的长度上发生流动和传热是可能的，这是通过建立和利用覆盖整个混合段长度的有限元网络来实现的。其他一些文献还讨论了模具与双螺杆螺压机之间的耦合问题[13,42-43,49-50]。

10.3.1 本构方程

浓缩悬浮液实验表明，随着固体体积分数的增加，悬浮液的体积分数逐渐增大，即 $\boldsymbol{\Phi}$ 增大后，第一法向应力差 N_1 减小，当黏合剂相对黏度较低时，N_1 甚至可能为负值[51-52]。同时，$\boldsymbol{\Phi}$ 增大后浓缩悬浮液挤出膨胀率下降，接近牛顿流体方法得到的膨胀率。随着电阻率的减小，爬杆效应受到抑制[51]，这表明使用广义牛顿流体型（GNF）本构方程来描述含能悬浮液的流动和形变行为是正确的，如 Herschel-Bulkley 方程［式（8.6）和式（8.7）］[53]。

复杂二维和三维流动应用黏塑性本构方程时必须连续地为屈服流区和堵塞流区确定材料表面，通过正则化可以方便地消除，将式（8.6）和式（8.7）中给出的离散双区域剪切黏度模型替换为一个适用于剪切应力范围的单一方程[54-57]。还有一种该类正则化的例子是基于 Papanastasiou 模型[55]：

$$\underline{\tau}=\left\{\frac{\tau_0\left[1-\exp\left(-n_c\left|\sqrt{\frac{1}{2}(\underline{\boldsymbol{\Delta}}:\underline{\boldsymbol{\Delta}})}\right|\right)\right]}{\left|\sqrt{\frac{1}{2}(\underline{\boldsymbol{\Delta}}:\underline{\boldsymbol{\Delta}})}\right|}+m\left|\sqrt{\frac{1}{2}(\underline{\boldsymbol{\Delta}}:\underline{\boldsymbol{\Delta}})}\right|^{n-1}\right\}\underline{\boldsymbol{\Delta}} \tag{10.1}$$

式中：n_c 为经验参数。

需注意的是，该本构方程并不表示真正的黏塑性，而是近似地提供了一个接近黏塑性本构方程行为的剪切黏度材料函数。这种正则化方法已应用于无壁面滑移[58]且受壁面滑移影响的黏塑性流体流动的数值模拟中，包括通过模具的流动[59]、挤压流动[60-61]、单螺杆挤出流动[62]、双螺杆挤出流动[63]以及稳态运动后的停止流动[64]。对于黏塑性流体的简单剪切流动，特别是对于非定常流动问题，也有许多数值求解方法，但这些方法没有采用正则化[65-67]。然而，这种方法还没有应用于复杂的黏塑性流体流动或受壁面滑移影响的流动。

10.3.2　壁面滑移黏塑性流体的分析模型

黏塑性流体受壁面滑移影响的稳态流动和蠕变流动有各种解析解。如果 Herschel-Bulkley 型剪切黏度材料函数［式（8.6）和式（8.7）］被认为用来表示悬浮液的流动行为，简化的分析模型还提供了宾汉塑性流体模型、Ostwald-de Waele 幂律、在单双侧壁面滑移或不滑移的牛顿流体模型的解析解，受壁面滑移影响的 Herschel-Bulkley 流体模型的解析解可用于广义平面黏度计[68]、平面黏度计、泊松叶和矩形狭缝[69-70]、挤压[60-61,71]、单螺杆挤出[62,72]、非等温模[73]、混合挤压成形[74]、轴向环形[75]和可压缩泊松叶流动[64,76]。

10.3.3　双螺杆挤出过程数学模型的守恒方程

双螺杆挤出过程中蠕变流动在直角坐标系 x、y、z 轴中的守恒方程（典型雷诺数 $Re<<1$）如下。

连续性方程：

$$\frac{\partial u}{\partial x}+\frac{\partial v}{\partial y}+\frac{\partial w}{\partial z}=0 \tag{10.2}$$

动量方程：

$$\frac{\partial}{\partial x}\left(2\eta\frac{\partial u}{\partial x}\right)+\frac{\partial}{\partial y}\left[\eta\left(\frac{\partial u}{\partial y}+\frac{\partial v}{\partial x}\right)\right]+\frac{\partial}{\partial z}\left[\eta\left(\frac{\partial u}{\partial z}+\frac{\partial w}{\partial x}\right)\right]-\frac{\partial p}{\partial x}=0 \quad (u,v,w;x,y,z) \tag{10.3}$$

能量方程：

$$\rho C_p\left(u\frac{\partial T}{\partial x}+v\frac{\partial T}{\partial y}+w\frac{\partial T}{\partial z}\right)-k\left(\frac{\partial^2 T}{\partial x^2}+\frac{\partial^2 T}{\partial y^2}+\frac{\partial^2 T}{\partial z^2}\right)-\eta|\dot{\gamma}|^2=0 \tag{10.4}$$

在上述方程中，由于假设雷诺数较低，即基于流动的蠕变特性，运动方程中的惯性项被消去，与黏性力相比，重力通常可忽略不计。式中 x、y 为主流向截面的直角坐标，z 为沿挤出方向的坐标；u、v、w 分别为速度向量 $\boldsymbol{V}$ 在 x、y、z 方向上的分量；p 和 T 分别为局部流体压强和温度；ρ 为密度；k 为导热系数；C_p为定压比热容。同理，$|\dot{\gamma}|^2=\frac{1}{2}II_D$（$II_D$为形变张量速率的第二个恒量，$\underline{\boldsymbol{\Delta}}$）为形变速率张量的大小，可用下式表示：

$$|\dot{\gamma}|^2=2\left(\frac{\partial u}{\partial x}\right)^2+2\left(\frac{\partial v}{\partial y}\right)^2+\left(\frac{\partial u}{\partial y}+\frac{\partial v}{\partial x}\right)^2+\left(\frac{\partial v}{\partial z}+\frac{\partial w}{\partial y}\right)^2+\left(\frac{\partial w}{\partial x}+\frac{\partial u}{\partial z}\right)^2 \tag{10.5}$$

10.3.4 流动边界条件

聚合物加工的常规边界条件是无滑移条件，然而，如第 8 章所述，包括高能悬浮液和凝胶在内的各种复杂流体出现壁面滑移，体现了滑移速度与壁面剪切应力之间的关系。壁面滑移速度和壁面剪切应力通常是通过流变仪根据表面流动曲线与体积比之间的关系而得到的[77-84]。通过对简单剪切流中速度分布进行成像还可以收集滑移速度与壁面剪切应力的关系[20,85-93]，壁面滑移现象出现在挤出过程中，对其他聚合物加工过程中也会出现，包括注射成形[94]。

使用双螺杆挤出工艺加工填充率较高的高能悬浮液和凝胶难度很高，因为物料具有黏塑性和壁面滑移性[91-99]。此外，这类复杂的流体在挤压过程中容易脱黏，例如凝聚态的悬浮液中刚性颗粒的剪切诱导迁移可以通过间隙改变浓度分布[100-102]，壁面滑移对颗粒迁移速率也会产生影响[103-104]。在析出过程中浓缩悬浊液可能会分层，即在压缩[79,105-106]或挤压流动[107]过程中黏合剂渗漏出来，黏合剂的迁移效应也与壁面滑移密切相关[79]。

10.3.4.1 壁面滑移的边界条件

如上文及第 8 章所述，与高填充率凝胶状含能材料的加工过程模拟有关边界条件是壁面滑移条件，壁面滑移速度 $\boldsymbol{U}_s$ 定义为临近壁面流体的流体速度 $\boldsymbol{V}$ 与壁面移动速度 $\boldsymbol{V}_w$ 的差，在二维流场中牵引力 $\boldsymbol{n}\cdot\underline{\tau}$ 可分解为切向力和法向力[62,108-109]：

$$\boldsymbol{t}\cdot(\boldsymbol{V}-\boldsymbol{V}_w)=\beta(\boldsymbol{nt}:\underline{\tau})\text{或}\boldsymbol{t}\cdot(\boldsymbol{V}-\boldsymbol{V}_w)=\beta(\boldsymbol{nt}:\underline{\tau})^{S_b} \tag{10.6}$$

$$\boldsymbol{n}\cdot(\boldsymbol{V}-\boldsymbol{V}_w)=0 \tag{10.7}$$

式中：$\boldsymbol{n}$ 和 $\boldsymbol{t}$ 分别为单位外法线和固壁边界单元切线向量；β 为滑移系数；S_b 为壁面滑移指数。$S_b=1$ 是牛顿黏结液的纳维滑移条件。在三维条件下模拟两个切向量 $\boldsymbol{t}_1$ 和 $\boldsymbol{t}_2$ 需要定义表面几何张量 $\underline{\boldsymbol{I}_{\mathrm{II}}}$，此时纳维滑移条件 $S_b=1$[59,108]：

$$\underline{\boldsymbol{I}_{\mathrm{II}}}\cdot(\boldsymbol{V}-\boldsymbol{V}_w)=\beta\,\underline{\boldsymbol{I}_{\mathrm{II}}}\cdot(\boldsymbol{n}\cdot\underline{\tau}) \tag{10.8}$$

式（10.8）中 β 和 S_b 的大小与流体流经通道的材料及表面边界条件有关[81,110]，此外，还需考虑黏合剂的滑动及滑移系数 β 对压力的影响。

壁面滑移机制：刚性含能材料粒子的浓缩悬浮液的壁面滑移是在两种不同的壁面滑移机制的基础上提出的，第一种机制是生成一定厚度 δ 的滑移层（即 Vand 层，在该区域内粒子是自由的，因此只有黏合剂存在），在刚性粒子悬浮的过程中，粒子不能像离开壁面那样有效地充满临界壁面的空间，因此形成一种相对较薄但始终存在的靠近壁面的流体层，即表观滑移层或 Vand 层[111]。因为滑移层的厚度 δ 明显小于通道间隙，故滑移层与表面滑移看上去相似，因此称为壁面表观滑移[69,112-117]。本书图 8.10 中详细地描述了该机制，表示在平面 Couette 流动和圆柱管流动中已形成明显的滑移层。

对于刚性低长宽比粒子组成的浓缩悬浮液，δ 大小与粒子调和平均数 D_p 有关，目前文献［114］报道的 δ/D_p 值为 0.06，文献［103］中的 δ/D_p 值为 0.063，文献［118］中的 δ/D_p 值为 0.04～0.07。当 $\varphi<\varphi_m$ 时滑移层厚度可表示为 $\delta=f(D_p,\varphi,\varphi_m)$ 的形式，具体关系如下[69]：

$$\frac{\delta}{D_p}=1-\frac{\varphi}{\varphi_m} \tag{10.9}$$

还需要考虑滑移系数与压力的关系，例如，对于某稠度指数 m_b、剪切速率敏感指数 $n_b=1/S_b$ 的非牛顿黏合剂出现的滑移情况，其滑移系数 β 可表示为 $\beta=\delta_0\dfrac{(p_0/p)^{\kappa}}{m_b^{s_b}}$，式中 δ_0 表示压强为 p_0 时的表观滑移层厚度；κ 表示一个由挤压流动确定的参量。

文献［62-63，109，119］中提出了各种挤压工艺（单螺杆和双螺杆挤压流动和通过模具的流动）固体边界处考虑壁面滑移条件的方法，此外，在正向传输和反向传输螺杆单元的数值解中也已考虑到壁面滑移条件[6,31,42-43]。等温条件下，如果螺压机筒壁、螺杆和模具表面的物料相同，忽略压力对壁面滑移的影响，相同的壁面滑移条件可以应用于所有表面，包括螺钉、筒体和模具的表面[59,62-63,72,109]，但在模具、螺杆和筒壁上应用类似的滑移条件也存在明显的不足，即壁面滑移行为与温度、压力、粗糙度以及模具、螺杆和筒壁表面的物料有关[81,84,110,120-121]，因此，只有考虑不同边界壁面滑移系数的差异，才能得出更加符合实际的双螺杆挤出过程的动力学模型。

近年来对 Poiseuille 流动中聚合物熔体和聚合物悬浮液流动不稳定性的研究表明，壁面滑移条件对压力的依赖性会导致流动的不稳定性，该不稳定性表现为压力降和流量的振荡以及挤出模中挤出物表面和体积的不规则性，流动不稳定性主要是由在模具表面焊接线上流动边界条件连续不断被破坏而引起的[122-123]，相关的讨论详见后续的 10.3.4.2 节和 10.4 节，结果表明壁面滑移条件的压力依赖性应该是开展挤压过程模拟时应考虑的一个重要因素。

应用表观滑移层机制分析可得出滑移速度，$\boldsymbol{U}_s=\boldsymbol{V}-\boldsymbol{V}_w$，即接触面上的大量悬浮颗粒和表观滑移层流体速度 $\boldsymbol{V}$ 和壁面移动速度 $\boldsymbol{V}_w$ 的差，由式（10.8）可知，对于二维流动，壁面滑移条件为：$\boldsymbol{t}\cdot(\boldsymbol{V}-\boldsymbol{V}_w)=\beta(\boldsymbol{nt}:\underline{\tau})$ 或 $\boldsymbol{t}\cdot(\boldsymbol{V}-\boldsymbol{V}_w)=\beta(\boldsymbol{nt}:\underline{\tau})^{S_b}$。Couette 流动发生在静止或移动壁面上，滑移速度可为正也可为负，在压力驱动的毛细管和矩形狭缝流动中，滑移速度为正。假设 Ostwald-de Waele 幂律或幂函数 $\tau_{yz}=-m_b\left|\frac{dV_z}{dy}\right|^{n_b-1}\left(\frac{dV_z}{dy}\right)$表示黏合剂相剪切黏度，其中 m_b表示黏合剂稠度系数，n_b表示幂指数。分析发现不可压缩黏塑性悬浊液在纯阻力诱导的平面 Couette 流动和矩形狭缝或圆柱管模型中的稳态、非等温蠕变过程的表观滑移速度为[69]

$$U_s=\pm\frac{\delta}{m_b^{\frac{1}{n_b}}}(-\tau_{yz})^{\frac{1}{n_b}}=\pm\beta(-\tau_w)^{\frac{1}{n_b}} \tag{10.10}$$

式中：τ_w为平面 Couette 流动的剪切应力（在间隙上为常数），它是矩形狭缝或毛细管流动的壁面剪切应力，此处必须考虑“±”，因为在静止和移动壁面的平面 Couette 流动的滑移速度具有方向性。式（10.10）表明，若已知表观滑移层厚度 δ 和黏合剂材料的剪切黏度则可预估悬浊液的表观壁面滑动行为。假定黏合剂为牛顿流体，即 $m_b=\mu_b$，$n_b=1$，τ_w取负号时的滑移速度为 $U_s=\pm\beta(-\tau_w)=\pm\frac{\delta}{\mu_b}(-\tau_w)$，文献［84］和文献［118］中已通过实验证实 U_s和 τ_w存在线性关系，其中在 Aral 和 Kalyon[84]的实验中发现牛顿流体黏合剂的剪切黏度随温度的变化而变化，因此可将剪切黏度表示为$\mu_b(T)$，证实了壁面滑移速度 $U_s=\pm\frac{\delta}{\mu_b(T)}\tau_w$ 的正确性。

10.3.4.2 壁面滑移条件与法向应力/压力依赖性的重要性

聚合物黏结剂的壁面滑移行为也会造成模具的流动不稳定性，实验结果表明，在压力驱动条件下，聚合物液体或添加了各种添加剂的聚合物液体不会发生流动不稳定性，它们会产生稳定的贴壁状态或稳定的壁面滑移状态[120,124-125]。此外，聚合物的壁面滑移是正应力/压力的函数，随着正应力/压力的增大，壁面滑移速度减小[126-130]。如前所述，聚合物滑移系数 β_b可表示为压力 p 的函数：

$$\beta_b=\beta_{b0}\left(\frac{p_a}{p}\right)^{\kappa} \tag{10.11}$$

式中：p_a为大气压强；β_{b0}为聚合物在 p_a下的滑移系数；κ 为滑移系数的压力指数。

浓缩悬浮液聚合物黏结剂滑移行为的压力依赖性为预测压力驱动流动中流动不稳定性的产生提供了重要的理论基础[123]，对硅酮聚合物及其悬浮液在管状模具中流动的数值模拟表明，当聚合物熔体沿管长方向发生由弱到强的壁面滑移转变（反之亦然）时，可获得非定常流动[123]。本章 10.4 节中将详细介绍有关不稳定性发展的典型结果，因此，在分析各种相关的高填充悬浮液模具和工艺流程时，考虑壁面滑移的压力依赖性是非常重要的。

10.3.4.3　热边界条件和收敛准则

对于能量守恒方程（10.6）的求解，筒体和模具表面的热边界条件可包括恒定温度（Dirichlet 边界条件）或流量（Neumann 边界条件）的任意组合，Dirichlet 边界条件和绝热边界条件提供了行为边界，即流体在螺压机壁面的真实温度应在绝热和恒温边界条件确定的边界内。在本章给出的典型结果中，假定待加工流体进入螺压机的温度恒定为 T_0，圆筒和模具表面的温度为 T_b，螺杆表面和出口平面绝热，即$\partial T/\partial \boldsymbol{n}=0$，式中 $\boldsymbol{n}$ 为螺杆表面的单位法向量。

由于这些方程的解是通过活化能 c' 非零值的剪切黏度物质函数耦合的，因此解是迭代进行的，直到速度场和温度场都收敛到：

$$\frac{\sum\left[(|u_i|+|v_i|+|w_i|)^{\text{current}}-(|u_i|+|v_i|+|w_i|)^{\text{prebious}}\right]}{\sum(|u_i|+|v_i|+|w_i|)^{\text{current}}}\leqslant 0.01\% \tag{10.12}$$

和

$$\frac{\sum\left[(T_i)^{\text{current}}-(|T_i|)^{\text{previous}}\right]}{\sum(|T_i|)^{\text{current}}}\leqslant 0.01\% \tag{10.13}$$

式中：current 和 previous 为 i 点处的场变量，由当前和上一级的迭代分别求得，并且在未知自由度的节点数上求和。收敛速度与需要迭代的次数及收敛精度有关［每个标准方程（10.14）或式（10.15）］，在这里取决于流变和热参数。在一定的条件和材料特性下，收敛速度可能会变得非常慢，甚至在数值上变得不稳定，本章暂不讨论这种情况。

10.3.5　动力学工具的应用

轨迹线跟踪、Poincaré 分析和 Lyapunov 指数计算等各种动力学工具也可应用于双螺杆挤出机的二维和三维混合分布分析[15,26,44,46,131-134]，还可以考虑加工性能的时间依赖性和对原料流量变化的抑制作用[135]。

10.3.6　几何形状与工艺参数的影响

图 10.5 所示为完全啮合共转双螺杆挤出机的典型混合段，该混合段包含两组螺杆元件，即正向和反向输送全导程螺杆元件的组合。部分的全导程，正向输送螺钉将只有部分充满，在这种部分完全的截面上，被加工的流体只能在没有压力损失或压力增益的情况下被输送，并且只有与两个螺杆[11]之间的捏合区域相关的少量反向混合，这说明数值模拟中只需考虑前向输运螺杆

截面的完全满截面。前向输运螺杆的轴向长度是完全满的，但并不能事先确定，需要作为解决方案的一部分来确定。

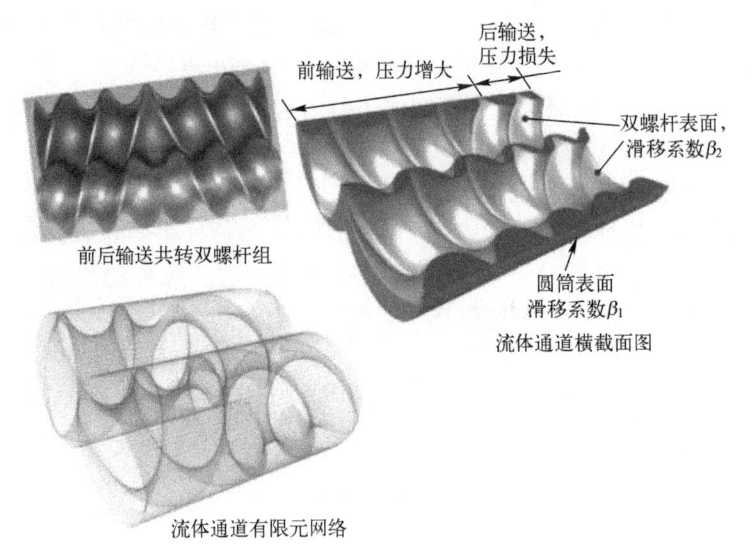

图 10.5　完全啮合共转双螺杆挤出机的典型混合段，包含两组螺杆元件，即正向和反向输送全导程螺杆元件的组合[43]

图 10.6 所示为增压型和减压型螺杆元件组合的第二网络的各种视图，该有限元网格由 4 个前移的全导程螺杆单元和 6 对捏合盘组成，盘宽为 12.5mm，90°交错，半导长换向全导程螺杆单元。图 10.6 列出了两种典型有限元网络的横截面，图 10.7 为第三螺杆结构和一个狭缝模具。如下所示，网格的分级参数的选择极为关键，对于给定的流体和挤压几何形状，最终结果与网格无关。

如图 10.6 所示，先考虑混合段，捏合块总轴向长度为 76.2mm，与捏合盘相连的反向全导程螺杆轴向长度为 12.7mm，捏合盘前螺杆的填充长度取决于操作条件、几何形状和流体性质，当填充度与目标流量相匹配时，用三维有限元模拟不同填充度下的操作方可正常运行，迭代计算填充度变化导致流量的变化和输运螺杆有效装填长度变化直到收敛于目标流量。

如图 10.8 所示，捏合盘由 6 对相同的交错圆盘组成，可在-90°~+90°以 15°的间隔，产生一系列的反向（R）和正向（F）转动。

捏合圆盘交角为±90°时称为空挡设置（传统术语源于阻力流动方向，但在这一段总是存在压力损失）。这组过程流体剪切黏度材料函数 η 模拟采用修正后的黏塑性 Herschel-Bulkley 方程[55]：

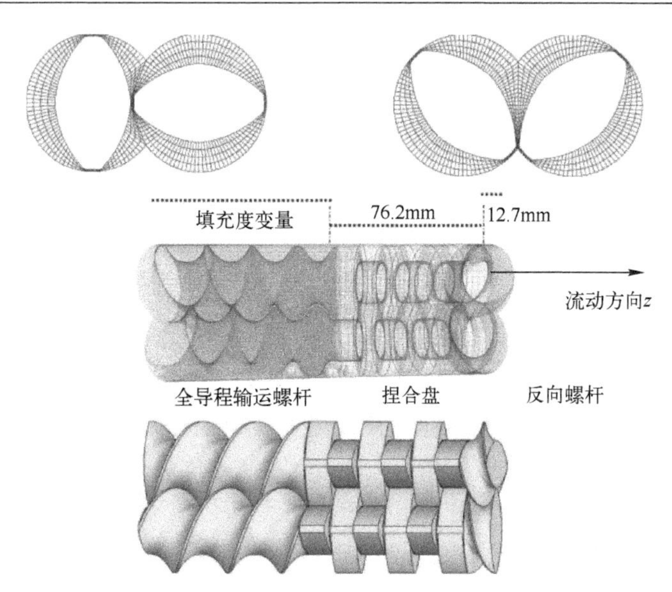

图 10.6　利用有限元网络模拟压力损失和压力获得单元的组合[13]

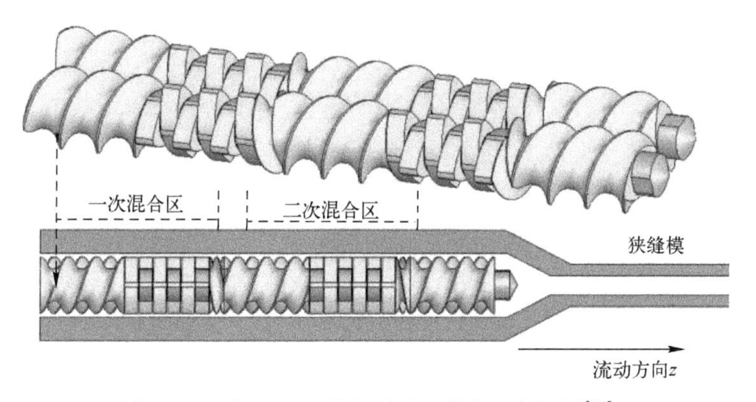

图 10.7　标准第三螺杆及模具的构造侧视图[13]

$$\eta(\dot{\gamma})=\left[m_0\,|\dot{\gamma}|^{n-1}+\tau_y\,\frac{1-\exp(1-n_c\,|\dot{\gamma}|)}{|\dot{\gamma}|}\right]\exp\left[-c'(T-T_{ref})\right] \quad (10.14)$$

式中：τ_y和 m_0分别为文献温度值 T_{ref}下的屈服应力和黏度系数；η 为幂指数；c'为活化能；n_c为压力增长指数，其中包含了一个简单的方程来表示黏塑性流体的剪切黏度行为。

Kalyon 和 Malik 在文献［13］中给出了 Herschel-Bulkley 方程的几何性质、物理性质、参数和处理条件。

首先应进行数值实验，以确定解的收敛性和准确性。网格生成代码应合理、灵活，以便在轴向和横向对网格进行适当的分级。有限元网格的质量可以用网格诊断代码评估，该代码通过计算元素的二面角的雅可比矩阵的行列式来确定元素的变化，通过网格的逐次细化进行仿真，分析有限元解的收敛性。

通过挤压机和模具的流量均匀性可以很好地衡量数值计算结果的准确性，流速 $q=q(z)$ 可表示为

$$q = \frac{1}{A}\int_A w\mathrm{d}A \tag{10.15}$$

式中：$A=A(z)$ 为流体流动通道的横截面积。

对于流动的连续性，流速 $q(z)$ 在流道的所有截面上应该是相同的，但数值计算求解中难免存在数值波动，波动越小，所求解就越精确。流速波动的度量可以看作给定的最大流速与出口流速的差与出口流速的比值。通过数值模拟与实验结果的比较表明，当流速波动控制在2%以下时，计算结果较为准确，所有的解都属于收敛解，其精度基于上述准则。

图 10.8 给出了一组典型的压力分布结果，横轴为沿流动方向的位置，纵轴为填充压力 $P=(1/A)\int p\mathrm{d}A$ 的变化曲线，此外，选取对多个 N_B 值进行计算并相互比较，得到网格尺寸对最终计算结果的影响规律。数值计算的对象为夹在输运螺杆和全导程换向螺杆的一组六对捏合盘（图 10.6），相邻盘间交角均为 90°，在图 10.8 中，N_B 是网格计算中在沿每个螺杆导程轴向划分出的切面数，$N_B=48$ 时计算节点为 62533 个，$N_B=128$ 时计算节点增至 315043 个。由图 10.8 可知，$N_B \geqslant 96$ 时得到的解与网格无关，流速较高时（最高 60kg/h）时重复类似计算，也表明 $N_B \geqslant 96$ 时解与网格无关。本书中所列的所有计算结果均为 $N_B=96$ 时所得。

此外，还开展了另一组模拟计算来描述螺杆旋转时的准稳态响应规律，并将数值模拟结果与实验结果进行了对比[136]，这些计算结果是根据 $c'=0$ 得出的。图 10.9 对比了在 220℃左右加工低密度聚乙烯时，相邻捏合盘夹角为 45°时旋转角度对压力的影响规律（通过将压力传感器安装在与捏合盘相邻的筒体表面进行实验测试），以及 Bravo 的等温数值模拟结果[39]，它们有效地验证了这里提出的实验方法。

混合段的填充压力分布如图 10.9 所示（夹在输运螺杆和全导程换向螺杆的一组六对捏合盘，相邻盘间交角均为 90°），采用了一个完整的网格，覆盖了所有的压力损失和压力增大螺杆元件，如图 10.10 所示。流体的温度分布以及因此在输运螺杆（增压螺杆元件）的压力升高取决于在混合段的换向螺

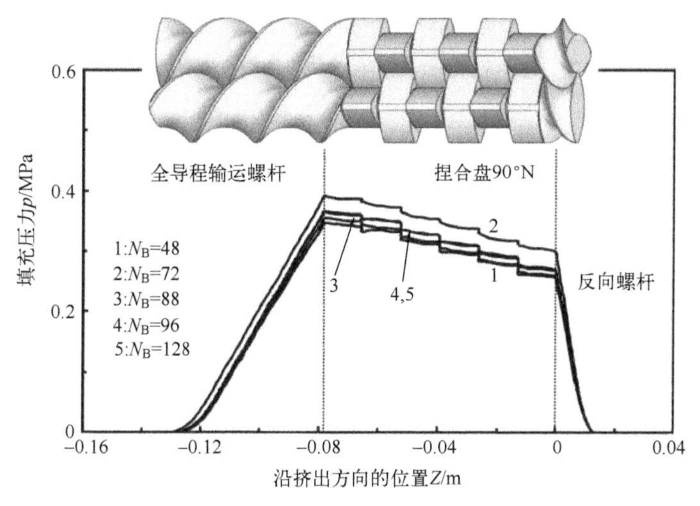

图 10.8　流速为 20kg/h、30min^{-1}（$c'=0$）时有限元解与网络大小的收敛性[13]

杆和捏合盘（减压元件）处流体的温度分布。此外，流体在换向段的温度分布由从输送段流出流体的温度分布决定。显然在传统的模拟方法中广泛迭代试错过程是必需的，这在耦合流动/传热的三维分析中价格也是非常昂贵的，由于非等温问题存在上述弊端，因此获得由多个压力增大和压力损失的螺杆元件组成的混合区域的真实数值解，或将全导程螺杆元件与模具一起进行三维模拟变得非常困难，本章所提出的方法可使上述问题得到明显改善。

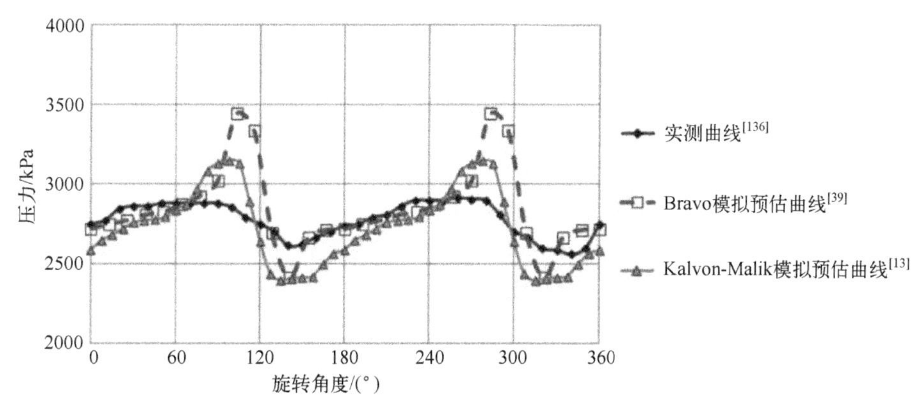

图 10.9　相互夹角为 45°的捏合盘组压力与旋转角度关系的 Kalvon-Malin 模拟预估曲线[13]
及其和 Brabo 模拟预估曲线[39]、McCullougn-Hilton 的实测曲线[136]的对比

图 10.10 所示的工况中，$c'=0$ 时的峰值压力为 0.54MPa，$c'=0.025\mathrm{K}^{-1}$时的峰值压力为 0.47MPa，压力在输运螺杆处增大，在换向螺杆和捏合盘组处

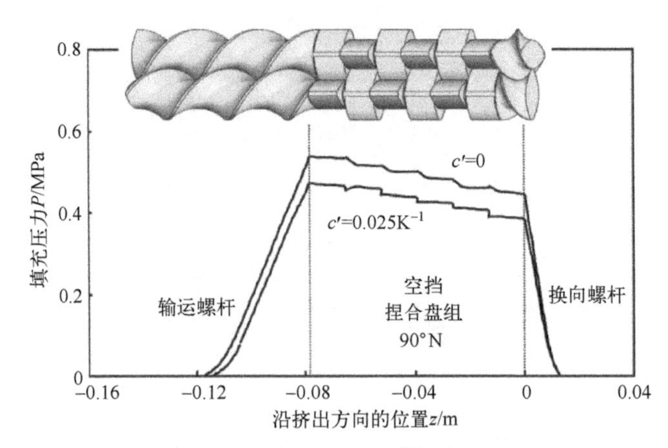

图 10.10　流速分别为 75kg/h、150min^{-1}时 $c'=0$ 和 $c'\neq 0$（0.025K^{-1}）下螺杆各部分填充压力分布情况[13]

减小，这是由于在混合区液体剪切黏度降低。非等温条件下的模拟细节如图 10.10所示，图 10.11 和图 10.12 为 $c'=0.025\text{K}^{-1}$时的情况，z 轴方向上(主要流动方向）的速度 w 分布情况揭示了流动过程中真实的三维本质问题，这是显而易见的，因为在每个截面上（图 10.12）的速度 w 可正可负，当流体被局部挤压在两个相互啮合的捏合圆盘之间时，它采取阻力最小的路径。如果通道局部朝后打开，流体将被迫回流；如果通道在正向局部打开，流体将被迫向正向流动。z 轴速度在整个横截面积上的积分提供了在稳定流动条件下保持恒定的体积流量，从图 10.12 中可以看出，径向压力梯度相对较高，这说明了为什么基于润滑假设（忽略径向压力分布）的数值分析是不现实的，这些结果揭示了为什么含能配方在双螺杆挤出过程中流动和传热需要进行三维模拟。

形变张量的大小（在图 10.11 和图 10.12 中被指定为剪切速率）和应力张量的大小表明两个螺杆之间以及螺杆和桶壁之间形成的间隙和间隙所起的作用，形变速率和应力张量在最小间隙处最大，这将提供最大的弥散混合速率。在间隙极小处，黏滞能量损耗最大，导致局部温度升高（图 10.11 和图 10.12)。温度升高时物料体现出非线性特性，表现为流体的剪切黏度降低，金属材料的剪切黏度也随之降低，从而降低了所产生的黏滞能量的损耗，这种情况一直持续到算法收敛时。对含能配方的数学建模和仿真的目的主要是确定合理的工艺温度，使之不超过含能材料的热分解温度（主要涉及安全问题)。

图 10.13 为一组六片 90°交角捏合盘与输运全导程螺杆接触面间流速、峰

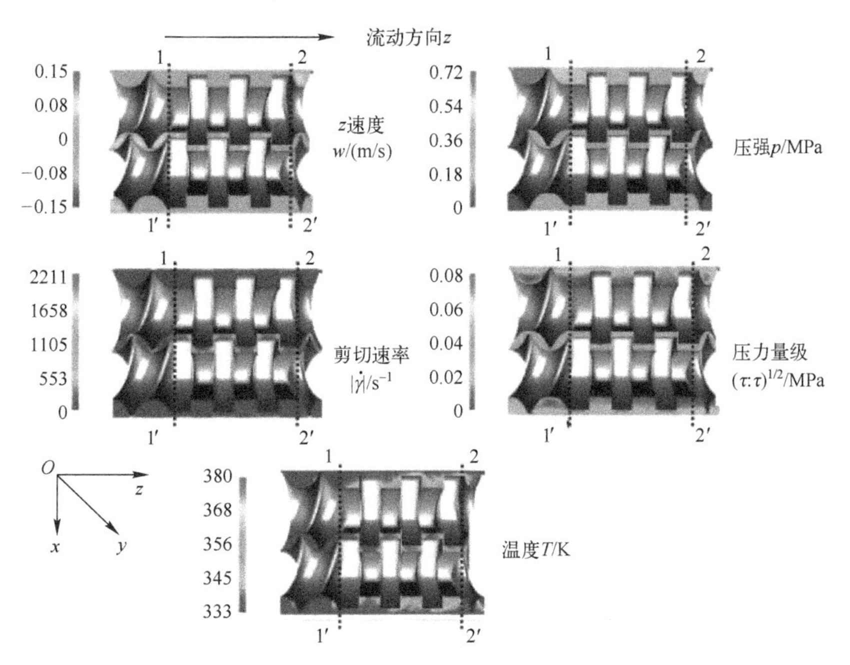

图 10.11　流速 75kg/h、150min^{-1}、$c'=0.025\mathrm{K}^{-1}$时速度、压强、剪切速率、压力量级和温度在 x–z 轴上的分布情况[13]

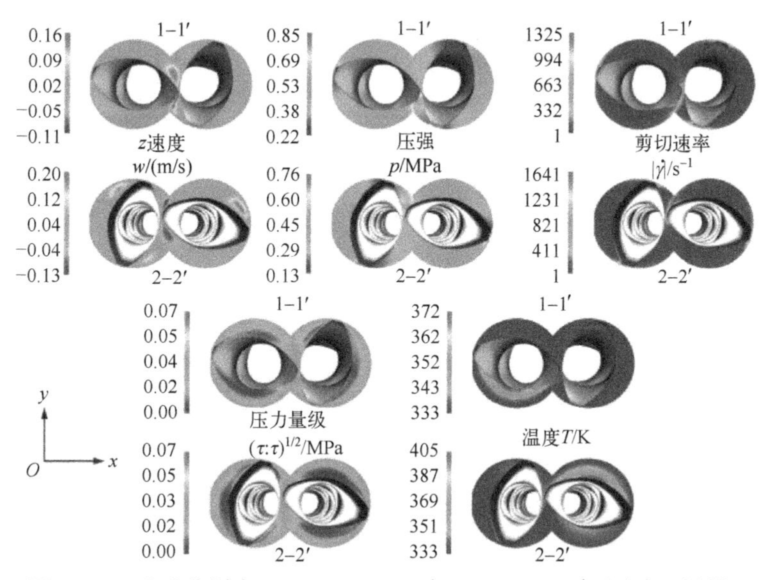

图 10.12　流速分别为 75kg/h、150min^{-1}、$c'=0.025\mathrm{K}^{-1}$下速度、压强、剪切速率、压力量级和温度在 y–z 轴上的分布情况[13]

值压强与活化能 c' 的关系曲线，模拟计算中全导程输运螺杆的轴向长度保持恒定，为螺杆导程的 2/3。随着活化能的 c' 增大，搅拌段的黏滞能量耗散指数降低了流体的剪切黏度，降低了全导程输运螺杆内的正压速率值，降低了捏合盘块和全导程换向螺杆段内的负压梯度值。由于捏合盘段的黏滞能量耗散率明显高于全导程输运螺杆段，因此增加 c' 的影响会使最大压力降低。

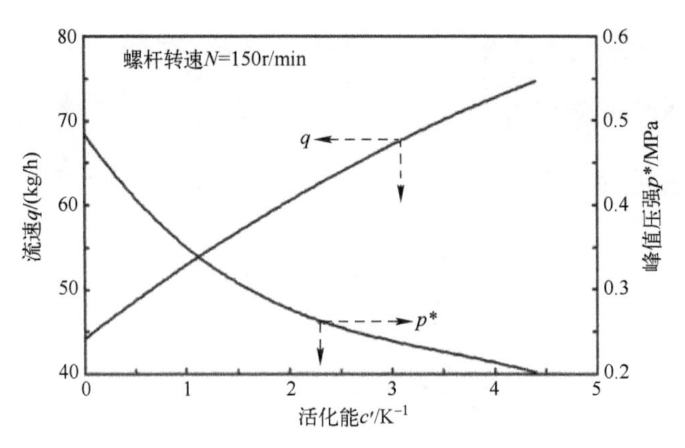

图 10.13　捏合盘间交角为 90°时接触面处流速、峰值压强与活化能 c' 的关系[13]

本节通过一系列模拟仿真来说明螺杆/捏合盘几何形状、重要工艺参数如质量流量和螺杆转速对结果的影响规律（图 10.14～图 10.16），其中图 10.14 为不同捏合盘的方向及夹角下的模拟结果，计算中设定的流速为 20kg/h，螺杆转速为 30r/min。

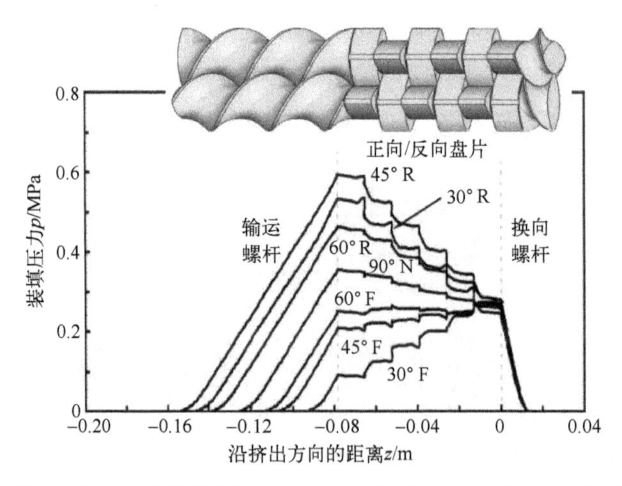

图 10.14　流速 20kg/h、螺杆转速 30r/min、活化能 $c'=0$、捏合盘在不同交错角度条件下两个螺杆间的填充压力沿挤出方向的分布情况[13]

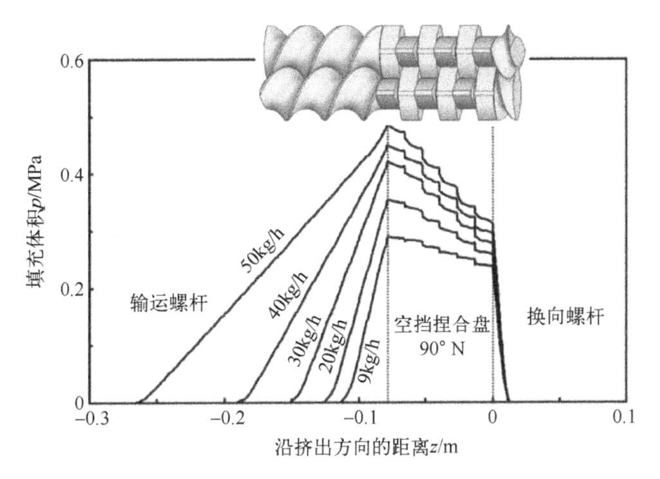

图 10.15　90°N 交错的空挡捏合盘、螺杆转速 30r/min 在不同流速（9~50kg/h）下两个螺杆间的填充压力沿挤出方向的分布情况[13]

与前期预估的情况相同，当捏合盘在反方向交错产生与主流方向相反的阻力方向时，会观察到压力损失，这就要求捏合盘前的螺杆元件产生足够的压力，以克服流体反向拖动时产生的压降，最大压降出现在输运螺杆元件和反向交错捏合圆盘之间的区域（图 10.14）。在捏合圆盘的不同交错角中，发现 45°R 产生的压降最大，因为 45°R 配置的捏合盘块与全导程螺杆截面的几何形状相似，其次是 30°R、60°R 和 90°N 的捏合盘块组。

通过对夹角分别为 30°、60°和 90°捏合盘组的分配混合效率的实验对比发现，当捏合盘之间交错角为±30°时，捏合盘组的分配混合效率最低[12]，这可能与双螺杆挤出过程中的管道流动有关，也就是说，产生了一个周围物料无法到达的“真空”区域，这表明在±30°的盘间交错角下，各组分物料很难均匀混合。实验观察到的捏合盘块内流动产生的管道区在±30°的盘间交错分布，与混沌分析中的 Kolmogorov-Arnold-Moser（KAM）曲线相对应，KAM 曲线是流体颗粒不能穿过的不变曲面，即流体在管中流动，保持在管中，不能与其他流体混合，这种相似性促使了动力学工具在双螺杆挤出过程中的首次应用[15,133]。非扩散的数值示踪粒子的 Poincaré 截面和滞留时间分布表明，盘间交错角为±30°的捏合盘组的滞留时间最短，这表明与其他交错角相比，在管道区域发现的材料在捏合盘段的滞留时间最短，从而验证了所提出的混合机制[15]。

在考虑流量和螺杆转速的情况下，正向交错的捏合盘组压力梯度为正，前向错列的捏合盘的产生压力的能力随着错列角的增大而减小（图 10.14）。

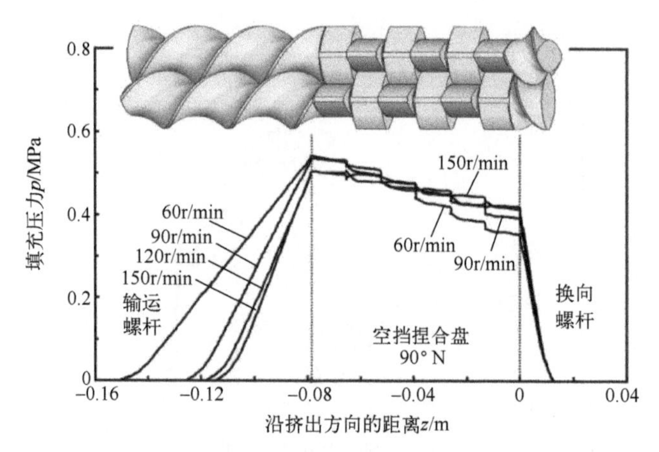

图 10.16　90°N 交错的空挡捏合盘、流速 60kg/h 在不同螺杆转速下两个螺杆间的填充压力沿挤出方向的分布情况[13]

空挡捏合盘（90°N）在正向和反向捏合盘构型的泵送特性之间有明显的过渡，产生负压梯度。对于方向错开的捏合盘组，45°R 处的负压梯度值最大，其次是 30°R 和 60°R。为了获得更高的压力增量以抵消与反向捏合盘组配置产生的压降，需要增加输运螺杆的填充长度（超过该长度的全导程螺杆完全充满），如图 10.14 所示。反向捏合盘组的圆盘在 45°R 交错的情况下可得最大的界面压力和填充度，正向错开的捏合盘组的圆盘在 30°F 交错的情况下可得最小的压力和填充度。

质量流速和螺杆转速对一种特殊混合区的影响如图 10.15 和图 10.16 所示（在输运螺杆和换向螺杆间夹有六组 90°N 捏合盘），在螺杆转速不变的情况下，随着质量流速的增大，捏合盘组和换向全导程螺杆的压力损失增大，因此要求在输运全导程螺杆段产生较高的压强增量值。由于全导程输运螺杆的增压速率主要受转速控制，因此只有通过流体的回流来增加全导程螺杆混合区填充程度，才能产生更高的压强增量（图 10.15）。

流量恒定下，增加螺杆转速的作用是增加与换向捏合盘组和换向全导程螺杆的压降。另外，随着转速的增加，输运全导程螺杆的压强增加率也随之增大，由于全导程螺杆元件的压力增加率大于捏合盘组的压力下降率，因此混合区的整体填充度随着螺杆转速的增加而减小。

10.3.7　挤压模具与挤出机的耦合

目前，用于混合区的数值分析方法，可以应用于产生压力的螺杆元件和挤压模具的组合，在这种组合中，全导程输运螺杆元件产生必要的压力增量，使流体在给定的流速下克服压降，一些典型的结果如图 10.17 和图 10.18 所示。这种模具/螺杆组合面临着压力产生与压力下降螺杆元件组合的数值分析相关的共同挑战。在典型的加工条件下，当离开第二混合区时（图 10.7），流体在全导程输运螺杆部分充满的条件下流动，直到螺杆完全充满并开始加压。螺杆的填充程度取决于螺杆的增压速率和克服模具总压降所需的总压升。

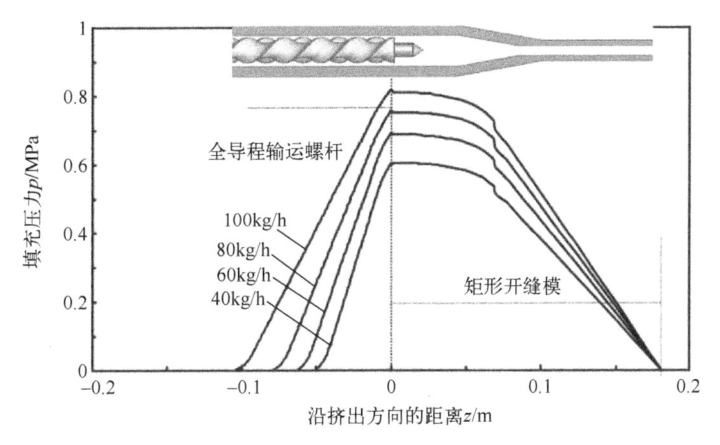

图 10.17　转速 90r/min、不同流速（40~100kg/h）下全导程输运螺杆和矩形开缝模的填充压力沿挤出方向的分布情况[13]

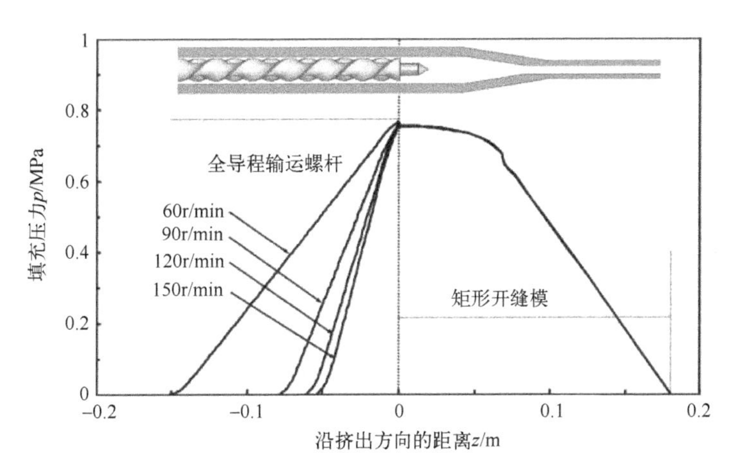

图 10.18　流速 90kg/h、不同转速 60~150r/min 下全导程输运螺杆和矩形开缝模的填充压力沿挤出方向的分布情况[13]

质量流量对挤出机填充度的影响如图 10.17 所示，随着质量流量的增大，模具处的总压降增大，全导程输运螺杆的耐压率降低，这导致螺杆的填充度随着质量流量的增加而增加。螺杆转速对恒流量填充度的影响如图 10.18 所示，螺杆转速增加时螺杆的压力增加率增大。另外，模具的总压降没有变化，导致全导程输运螺杆的填充度明显下降。总之，这些结果再次证明了全啮合共转双螺杆挤压过程中压力产生单元和压力损失单元之间的密切关系，表明只有解决压力产生和压力损失单元组合的数值模拟方法才能提供现实的解决方案。

10.4 流动不稳定性的发展

聚合物黏合剂的壁面滑移行为对压力的依赖性影响着模具流动中浓缩悬浮液流动不稳定性的发展。实验结果表明，在压力驱动条件下，聚合物或加入各种添加剂的聚合物液体不存在流动不稳定性，它们会产生稳定的贴壁状态或稳定的壁面滑移状态[120,124-125]。此外，聚合物的壁面滑移是聚合物正应力/压力的函数，壁面滑移速度随正应力/压力的增大而减小[126-130]。如 10.3.4.2 节所述，假定聚合物的滑移系数 β_{b0} 与压力 p 呈反比关系，$\beta_b = \beta_{b0}(p_0/p)^{\kappa}$，式中：$p_0$ 为大气压强；β_{b0} 为聚合物在 p_0 下的滑移系数；κ 为经验常数。

聚合物黏合剂在浓缩悬浮液中的滑移行为的压力依赖性为预测压力驱动流动中的流动不稳定性提供了一个重要的理论基础[122-123]，对聚二甲基硅氧烷（PDMS）及其悬浮液的数值求解表明，在熔融状态下的聚合物沿管道长度发生由弱到强的壁面滑移的流动条件下，熔融态聚合物可以获得非定常流动[122-123]。因此，在分析各种相关的高填充悬浮液模具和工艺流程时，考虑壁面滑移行为的压力依赖性是非常重要的。在双螺杆挤出过程中，引入压力依赖性的一个重要因素是气体的夹带效应。

图 10.19 和图 10.20 所示为与刚性球形颗粒 PDMS 悬浊液流动不稳定性相关的流变曲线研究进展以及表面和内部发生挤压变形的相关典型实验和理论结果。图 10.19 为纯 PDMS 的实验毛细管流变曲线数据与计算预估流变曲线的对比（画出了稳定和不稳定区域），在整个表观剪切速率范围内，壁面剪切应力的实验值与计算预估值吻合较好。实验数据表明，PDMS 的挤出物在较低的剪切速率（一般小于或等于 $5s^{-1}$）下不存在任何类型的表面和内部形变，图 10.19 中还给出了用高速摄像机直接拍到的挤出物的照片[137]。在相同的表观剪切速率范围内，数值模拟结果也预测了稳态流动。随着表观剪切速率的增大，挤出物表面首先变得不光滑，然后出现高频表面不规则现象，而该现象又随着流速的增加而出现大量的变形挤出物。数值模拟结果表明，在相同

的表观剪切速率范围内，将出现非定常流动。

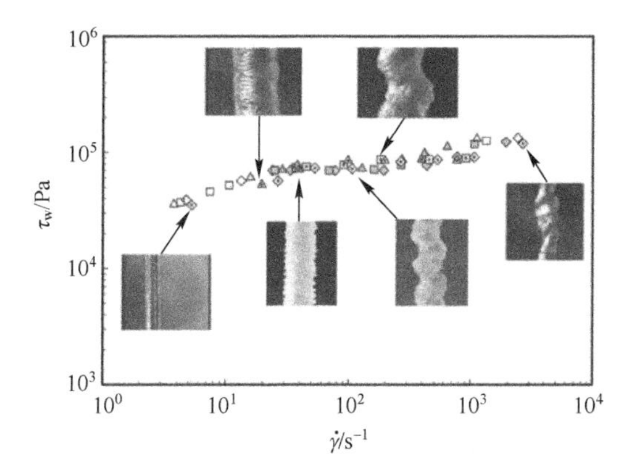

图 10.19 三种不同直径毛细管壁剪切应力与表观剪切速率的关系[122]

（图中菱形表示直径为 0.83mm 的毛细管；正方形表示直径为 1.5mm 的毛细管；三角形表示直径为 2.5mm 的毛细管。填充块表示非稳态，空白块表示稳态，符号中有小黑点的表示由实验获得的数据。）

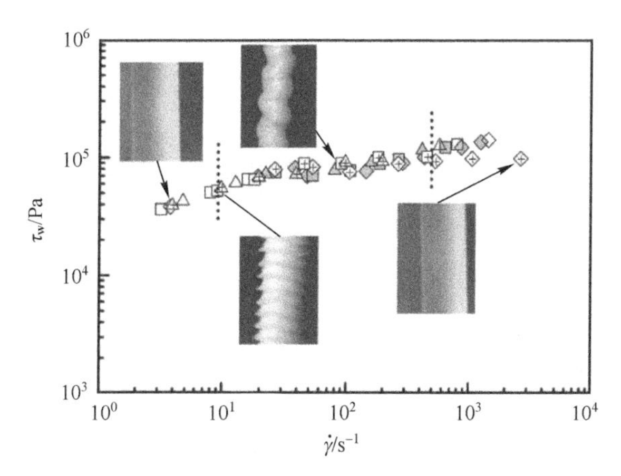

图 10.20 PDMS 悬浊液的实验流变曲线（$\phi=0.1$）与数值模拟曲线的对比[122]

（图中菱形表示直径为 0.83mm 的毛细管；正方形表示直径为 1.5mm 的毛细管；三角形表示直径为 2.5mm 的毛细管。填充块表示实验数据，虚线表示表观剪切速率的上下限，在此基础上对挤出形变进行了实验观察。）

图 10.20 中实验所得结果与数值计算预估结果具有较好的吻合，数值计算曲线较好地反映了 PDMS 悬浊液流动不稳定性的发展趋势。在图 10.19 和图 10.20 中，两条虚线之间的区域表示在毛细管模拟流动实验中观察到的表面形变和体积形变的表观剪切速率范围，通过实验可观察到表面和本体挤出物的剪切速率范围随颗粒的加入而减小。对于 $\phi=0.1$ 的悬浊液，观察分析挤

出物的形状及其在毛细管中流动的照片可发现当表观剪切速率范围为 10～500s^{-1}时挤出物会发生表面和体积扭曲，表观剪切速率低于或高于这一范围时，三种毛细管的挤出物表面均光滑。由图 10.19 和图 10.20 中还可以看出，数值模拟可准确预估表面和块体挤出不规则的流动不稳定现象[138-139]。

10.5 双螺杆挤出过程中的物料分离

如本书第 8 章所述，一些因素可导致含能配方组分分层。在狭长圆柱通道中，因剪切导致的颗粒远离高剪切速率区的迁移是重要的分离效应之一[100-102,140-142]。对于高填充率的悬浊液，在合理的颗粒半径和通道间隙比下，壁面塞流和滑移的形成是减小因剪切而导致的颗粒迁移效应的因素[104,143]。由剪切产生的颗粒迁移效应可推算含能颗粒及浓度沿挤出物径向分布的规律[138]。

在浓缩悬浊液的聚合流[79,106]或挤压流[107,139]中，黏合剂液体很容易过滤并从颗粒中分离出来[79]。在含能配方加工过程中固体片的形成和从黏合剂液体的过滤具有一定的危险性，应采取相应措施保证生产安全。

10.6 溶剂对工艺的影响

在双螺杆挤出前或挤出过程中，溶剂可用于溶解配方中的某些组分。如前所述，所用溶剂可以通过离心、受热挥发等方法去除，但当溶剂用于含能配方的双螺杆挤压工艺时，会使配方一些组分的结晶颗粒的形变类型、密度、尺寸和形状分布发生改变[144-146]，进而改变最大固体填充率，使物料的可挤压性受到影响，甚至使物料固化无法挤出。溶剂还会使配方的最终性能，包括晶体缺陷类型和密度发生明显改变[147]。

10.7 结　　论

双螺杆压伸工艺已被广泛地应用于含能材料加工领域。本章采用三维有限元法对双螺杆挤出过程进行了数值模拟，得到了黏塑性流体受壁面滑移影响时的能量守恒方程，为提高工艺安全性、优化工艺参数提供了技术依据。使用专用的分析方法对由完全啮合、共转双螺杆挤压过程中的失压和增压螺杆元件组成的整个混合段进行有限元分析，使螺杆元件与挤压模具的组合成为可能。本章所介绍的方法能够对共转双螺杆挤出过程中的过程动力学进行有效的处理和详细的分析，并对该过程的安全性做出评估。利用数学建模和基于三维有限元的双螺杆挤压过程的数值模拟可以事先确定性能不稳定材料的性质、形状和操作条件，使加工过程的安全性大大提高。因此，需要精确地确定壁面滑移条件和剪切黏度材料函数的参数以保证数值模拟计算的顺利进行（详见第8章）。

参考文献

[1] D. M. Kalyon, H. Gevgilili, and A. Shah, Detachment of the polymer melt from the roll surface: Calendering analysis and data from a shear roll extruder, *International Polymer Processing*, 19, 129-138, 2004.

[2] H. Gevgilili, D. M. Kalyon, and A. Shah, Processing of energetic in continuous shear roll mill, *Journal of Energetic Materials*, 26, 29-51, 2008.

[3] D. M. Kalyon and M. Hallouch, Compounding of thermosets in continuous kneaders, *Advances in Polymer Technology*, 6, 237-249, 1986.

[4] J. L. White, H. Potente, and U. Berghaus, *Screw Extrusion: Science and Technology*. Munich, Germany: Carl Hanser Verlag GmbH Co KG, 2001.

[5] S. Ozkan, H. Gevgilili, D. Kalyon, J. Kowalczyk, and M. Mezger, Twin-screw extrusion of nano-alumina-based stimulants of energetic formulations involving gel-based binders, *Journal of Energetic Materials*, 25, 173-201, 2007.

[6] J. Kowalczyk, M. Malik, D. Kalyon, H. Gevgilili, D. Fair, M. Mezger et al., Safety in design and manufacturing of extruders used for the continuous processing of energetic formulations, *Journal of Energetic Materials*, 25, 247-271, 2007.

[7] C. Rauwendaal, *Polymer Extrusion*. Munich, Germany: Carl Hanser Verlag GmbH Co KG, 2001.

[8] Z. Tadmor and C. G. Gogos, *Principles of Polymer Processing*. Hoboken, HJ: Wiley, 2006.

[9] D. M. Kalyon, D. Dalwadi, M. Erol, E. Birinci, and C. Tsenoglu, Rheological behavior of concentrated suspensions as affected by the dynamics of the mixing process, *Rheologica Acta*, 45, 641-658, 2006.

[10] M. Erol and D. Kalyon, Assessment of the degree of mixedness of filled polymers: Effects of processing histories in batch mixer and co-rotating and counter-rotating twin screw extruders, *International Polymer Processing*, 20, 228-237, 2005.

[11] D. M. Kalyon, R. Yazici, C. Jacob, B. Aral, and S. W. Sinton, Effects of air entrainment on the rheology of concentrated suspensions during continuous processing, *Polymer Engineering & Science*, 31, 1386-1392, 1991.

[12] D. M. Kalon and H. N. Sangani, An experimental study of distributive mixing in fully intermeshing, co-rotating twin screw extruders, *Polymer Engineering & Science*, 29, 1018-1026, 1989.

[13] D. M. Kalyon and M. Malik, An integrated approach for numerical analysis of coupled flow and heat transfer in co-rotating twin screw extruders, *International Polymer Processing*, 22, 293-302, 2007.

[14] W. Szydlowski and J. White, Improved model of flow in the kneading disc region of an intermeshing co-rotating twin screw extruder, *International Polymer Processing*, 2, 142-150, 1988.

[15] A. Lawal and D. M. Kalyon, Mechanisms of mixing in single and co-rotating twin screw extruders, *Polymer Engineering & Science*, 35, 1325-1328, 1995.

[16] D. M. Kalyon and H. N. Sangani, Characterization of distributive mixing in fully-intermeshing, co-rotating twin screw extruders, *ANTEC*: *Society of Plastics Engineers Annual Technical Papers*, 35, 124-128, 1989.

[17] J. Sinton, J. Crowley, G. Lo, D. Kalyon, and C. Jacob, Nuclear magnetic resonance imaging studies of mixing in a twin-screw extruder, *ANTEC*: *Society of Plastics Engineers Annual Technical Papers*, 36, 116-119, 1990.

[18] B. K. Aral, D. Kalyon, and H. Gokturk, The effects of air incorporation in concentrated suspension rheology, *ANTEC*: *Society of Plastics Engineers Annual Technical Papers*, 2, 2448-2451, 1992.

[19] B. K. Aral and D. Kalyon, Rheology and extrudability of very concentrated suspensions: Effects of vacuum imposition, *Plastics*, *Rubber and Composites Processing and Applications*, 24, 201-210, 1995.

[20] D. M. Kalyon, H. Gokturk, P. Yaras, and B. K. Aral, Motion analysis of development of wall slip during die flow of concentrated suspensions, *ANTEC*: *Society of Plastics Engineers Annual Technical Papers*, 1, 1130-1134, 1995.

[21] B. Bolton and S. Middleman, Air entrainment in a roll coating system, *Chemical Engineering Science*, 35, 597-601, 1980.

[22] E. L. Canedo, Flow and mass transfer in driven cavities with a free surface, 1985.

[23] W. Wilkinson, Entrainment of air by a solid surface entering a liquid/air interface, *Chemical Engineering Science*, 30, 1227-1230, 1975.

[24] D. M. Kalyon, C. Jacob, and P. Yaras, An experimental study of the degree of fill and melt densification in fully-intermeshing, co-rotating twin screw extruders, *Plastics Rubber and Composites Processing and Applications*, 16, 193-200, 1991.

[25] J. L. White and W. Szydlowski, Composite models of modular intermeshing co-rotating and tangential counter-rotating twin screw extruders, *Advances in Polymer Technology*, 7, 419-

426, 1987.

[26] D. M. Kalyon, A. D. Gotsis, U. Yilmazer, C. G. Gogos, H. Sangani, B. Aral et al., Development of experimental techniques and simulation methods to analyze mixing in co-rotating twin screw extrusion, *Advances in Polymer Technology*, 8, 337-353, 1988.

[27] B. Favis and D. therrien, Factors influencing structure formation and phase size in an immiscible polymer blend of polycarbonate and polypropylene prepared by twin - screw extrusion, *Polymer*, 32, 1474-1481, 1991.

[28] D. Bigio and L. Erwin, The effect of axial pressure gradient on extruder mixing characteristics, Polymer Engineering & Science, 32, 760-765, 1992.

[29] G. Shearer and C. Tzoganakis, Analysis of mixing during melt-melt blending in twin screw extruders using reactive polymer tracers, *Polymer Engineering & Science*, 39, 1584 - 1596, 1999.

[30] M. Huneault, Z. Shi, and L. Utracki, Development of polymer blend morphology during compounding in a twin screw extruder. Part Ⅳ: A new computational model with coalescence, *Polymer Engineering & Science*, 35, 115-127, 1995.

[31] A. Machado, J. Covas, and M. Van Duin, Evolution of morphology and of chemical conversion along the screw in corotating twin-screw extruder, *Journal of Applied Polymer Science*, 71, 135-141, 1999.

[32] J. Li, M.-T. Ton-That, W. Leelapornpisit, and L. Utracki, Melt compounding of polypropylene - based clay nanocomposites, *Polymer Engineering and Science*, 47, 1447 - 1458, 2007.

[33] J. L. White, J. K. Kim, W. Szydlowski, and K. Min, Simulation of flow in compounding machinery: Internal mixers and modular corotating intermeshing twin-screw extruders, *Polymer Composites*, 9, 368-377, 1988.

[34] A. Gotsis, Z. Ji, and D. Kalyon, 3-D analysis of the flow in co-rotating twin screw extruders, *ANTEC: Society of Plastics Engineers Annual Technical Papers*, 36, 139-142, 1990.

[35] H. H. Yang and I. Manas-Zloczower, Flow field analysis of the kneading disc region in a co-rotating twin screw extruder, *Polymer Engineering & Science*, 32, 1411-1417, 1992.

[36] H. Cheng and I. Manas-Zloczower, Study of mixing efficiency in kneading discs of co-rotating twin-screw extruders, *Polymer Engineering & Science*, 37, 1082-1090, 1997.

[37] A. Kiani, J. E. Curry, and P. G. Andersen, Flow analysis of twin screw extruders pressure and drag capability of various twin screw elements, *ANTEC: Society of Plastics Engineers Annual Technical Papers*, 1, 48-54, 1998.

[38] S. A. Jaffer, V. L. Bravo, P. E. Wood, A. N. Hrymak, and J. D. Wright, Experimental validation of numerical simulations of the kneading disc section in a twin screw extruder, *Polymer Engineering & Science*, 40, 892-901, 2000.

[39] V. Bravo, A. Hrymak, and J. Wright, Numerical simulation of pressure and velocity profiles in kneading elements of a co-rotating twin screw extruder, *Polymer Engineering & Science*, 40, 525-541, 2000.

[40] M. Mours, D. Reinelt, H. G. Wagner, N. Gilbert, and J. Hofmann, Melt conveying in co-rotating twin screw extruders: Experiment and numerical simulation, *International Polymer Processing*, 15, 124-132, 2000.

[41] K. Funatsu, S. I. Kihara, M. Miyazaki, S. Katsuki, and T. Kajiwara, 3D numerical analysis on the mixing performance for assemblies with filled zone of right-handed and left-handed double-flighted screws and kneading blocks in twin-screw extruders, *Polymer Engineering & Science*, 42, 707-723, 2002.

[42] M. Malik and D. Kalyon, 3D finite element simulation of processing of generalized Newtonian fluids in counter-rotating and tangential TSE and die combination, *International Polymer Processing*, 20, 398-409, 2005.

[43] M. Malik, D. Kalyon, and J. Golba Jr, Simulation of co-rotating twin screw extrusion process subject to pressure-dependent wall slip at barrel and screw surfaces: 3D FEM analysis for combinations of forward and reverse-conveying screw elements, *International Polymer Processing*, 29, 51-62, 2014.

[44] Z. Ji and D. M. Kalyon, Two dimensional computational study of chaotic mixing in two-tipped kneading paddles of co-rotating twin screw extruders, *ANTEC: Society of Plastics Engineers Annual Technical Papers*, 1, 1323-1327, 1992.

[45] H. Cheng and I. Manas-Zloczower, Distributive mixing in conveying elements of a ZSK-53 co-rotating twin screw extruder, *Polymer Engineering & Science*, 38, 926-935, 1998.

[46] T. Ishikawa, S. I. Kihara, and K. Funatsu, 3D non-isothermal flow field analysis and mixing performance evaluation of kneading blocks in a co-rotating twin screw extruder, *Polymer Engineering & Science*, 41, 840-849, 2001.

[47] B. Alsteens, V. Legat, and T. Avalosse, Parametric study of the mixing efficiency in a kneading block section of a twin-screw extruder, *International Polymer Processing*, 19, 207-217, 2004.

[48] C. Denson and B. Hwang, The influence of the axial pressure gradient on flow rate for Newtonian liquids in a self wiping, co-rotating twin screw extruder, *Polymer Engineering & Science*, 20, 965-971, 1980.

[49] A. Lawal, S. Raikar, and D. Kalyon, A new approach to simulation of die flow which incorporates the extruder and rotating screw tips in the analysis, *International Polymer Processing*, 12, 123-129, 1997.

[50] W. Zhu and Y. Jaluria, Residence time and conversion in the extrusion of chemically reactive materials, *Polymer Engineering & Science*, 41, 1280-1291, 2001.

[51] B. K. Aral and D. M. Kalyon, Viscoelastic material functions of noncolloidal suspensions with spherical particles, *Journal of Rheology*, 41, 599-620, 1997.

[52] S. E. Mall-Gleissle, W. Gleissle, G. H. McKinley, and H. Buggisch, The normal stress behavior of suspensions with viscoelastic matrix fluids, *Rheologica Acta*, 41, 61-76, 2002.

[53] R. B. Bird, G. Dai, and B. J. Yarusso, The rheology and flow of viscoplastic materials, *Reviews in Chemical Engineering*, 1, 1-70, 1983.

[54] M. Bercovier and M. Engelman, A finite - element method for incompressible non - Newtonian flows, *Journal of Computational Physics*, 36, 313-326, 1980.

[55] T. C. Papanastasiou, Flows of materials with yield, *Journal of Rheology*, 31, 385 - 404, 1987.

[56] G. R. Burgos, A. N. Alexandrou, and V. Entov, On the determination of yield surfaces in Herschel-Bulkley fluids, *Journal of Rheology*, 43, 463-483, 1999.

[57] M. M. Denn and D. Bonn, Issues in the flow of yield-stress liquids, Rheologica Acta, 50, 307-315, 2011.

[58] M. Chatizimina, G. C. Georgiou, I. Argyropaidas, E. Mitsoulis, and R. Huilgol, Cessation of Couette and Poiseuille flows of a Bingham plastic and finite stopping times, *Journal of Non-Newtonian Fluid Mechanics*, 129, 117-127, 2005.

[59] A. Lawal, S. Raikar, and D. M. Kalyon, Mathematical modeling of three-dimensional die flows of viscoplastic fluids with wall slip, *Journal of Reinforced Plastics and Composites*, 19, 1483-1492, 2000.

[60] D. M. Kalyon and H. Tang, Inverse problem solution of squeeze flow for parameters of generalized Newtonian fluid and wall slip, *Journal of Non-Newtonian Fluid Mechanics*, 143, 133-140, 2007.

[61] A. Lawal and D. Kalyon, Compressive squeeze flow of generalized Newtonian fluids with apparent wall slip, *International Polymer Processing*, 15, 63-71, 2000.

[62] A. Lawal and D. M. Kalyon, Non-isothermal model of single screw extrusion of generalized Newtonian fluids, *Numerical Heat Transfer*, *Part A Applications*, 26, 103-121, 1994.

[63] D. M. Kalyon, A. Lawal, R. Yazici, P. Yaras, and S. Railkar, Mathematical modeling and experimental studies of twin-screw extrusion of filled polymers, *Polymer Engineering & Science*, 39, 1139-1151, 1999.

[64] Y. Damianou, G. C. Georgiou, and I. Moulitsas, Combined effects of compressibility and slip in flows of a Herschel-Bulkley fluid, *Journal of Non-Newtonian Fluid Mechanics*, 193, 89-102, 2013.

[65] R. Huilgol, B. Mena, and J. Piau, Finite stopping time problems and rheometry of Bingham fluids, *Journal of Non-Newtonian Fluid Mechanics*, 102, 97-107, 2002.

[66] D. Vola, L. Boscardin, and J. Latché, Laminar unsteady flows of Bingham fluids: A nu-

merical strategy and some benchmark results, *Journal of Computational Physics*, 187, 441-456, 2003.

[67] L. Muravleva, E. Muravleva, G. C. Georgiou, and E. Mitsoulis, Numerical simulations of cessation flows of a Bingham plastic with the augmented Lagrangian method, *Journal of Non-Newtonian Fluid Mechanics*, 165, 544-550, 2010.

[68] A. Lawal, D. M. Kalyon, and U. Yilmazer, Extrusion and lubrication flows of viscoplastic fluids with wall slip, *Chemical Engineering Communications*, 122, 127-150, 1993.

[69] D. M. Kalyon, Apparent slip and viscoplasticity of concentrated suspensions, *Journal of Rheology*, 49, 621-640, 2005.

[70] L. Ferrás, J. Nóbrega, and F. Pinho, Analytical solutions for Newtonian and inelastic non-Newtonian flows with wall slip, *Journal of Non-Newtonian Fluid Mechanics*, 175, 76-88, 2012.

[71] A. Lawal and D. M. Kalyon, Squeezing flow of viscoplastic fluids subject to wall slip, *Polymer Engineering & Science*, 38, 1793-1804, 1998.

[72] A. Lawal and D. M. Kalyon, Analysis of nonisothermal screw extrusion processing of viscoplastic fluids with sighificant back flow, *Chemical Engineering Science*, 54, 999-1013, 1999.

[73] A. Lawal and D. M. Kalyon, Viscous heating in nonisothermal die flows of viscoplastic fluids with wall slip, *Chemical Engineering Science*, 52, 1323-1337, 1997.

[74] D. M. Kalyon, An analytical model for steady coextrusion of viscoplastic fluids in thin slit dies with wall slip, *Polymer Engineering Science*, 50, 652-664, 2010.

[75] D. M. Kalyon and M. Malik, Axial laminar flow of viscoplastic fluids in a concentric annulus subject to wall slip, *Rheologica Acta*, 51, 805-820, 2012.

[76] H. Tang, Analysis on creeping channel flows of compressible fluids subject to wall slip, *Rheologica Acta*, 51, 421-439, 2012.

[77] M. Mooney, Explicit formulas for slip and fluidity, *Journal of Rheology*, 2, 210-222, 1931.

[78] L. Utracki and R. Gendron, Pressure oscillation during extrusion of polyethylenes. Ⅱ, *Journal of Rheology*, 28, 601-623, 1984.

[79] U. Yilmazer, C. G. Gogos, and D. M. Kalyon, Mat formation and unstable flows of highly filled suspensions in capillaries and continuous processors, *Polymer Composites*, 10, 242-248, 1989.

[80] S. G. Hatzikiriakos and J. M. Dealy, Wall slip of molten high density polyethylene. I. Sliding plate rheometer studies, *Journal of Rheology*, 35, 497-523, 1991.

[81] Y. Chen, D. M. Kalyon, and E. Bayramli, Effects of surface roughness and the chemical structure of materials of construction on wall slip behavior of linear low density polyethylene

in capillary flow, *Journal of Applied Polymer Science*, 50, 1169-1177, 1993.

[82] K. Awati, Y. Park, E. Weisser, and M. Mackay, Wall slip and shear stresses of polymer melts at high shear rates without pressure and viscous heating effects, *Journal of Non-Newtonian Fluid Mechanics*, 89, 117-131, 2000.

[83] M. M. Denn, Extrusion instabilities and wall slip, *Annual Review of Fluid Mechanics*, 33, 265-287, 2001.

[84] B. K. Aral and D. M. Kalyon, Effects of temperature and surface roughness on time-dependent development of wall slip in steady torsional flow of concentrated suspensions, *Journal of Rheology*, 38, 957-972, 1994.

[85] F. Brochard-Wyart and P. De Gennes, Shear-dependent slippage at a polymer/solid interface, *Langmuir*, 8, 3033-3037, 1992.

[86] K. Migler, H. Hervet, and L. Leger, Slip transition of a polymer melt under shear stress, *Physical Review Letters*, 70, 287, 1993.

[87] F. Brochard-Wyart, C. Gay, and P. G. De Gennes, Slippage of polymer melts on grafted surfaces, *Macromolecules*, 29, 377-382, 1996.

[88] L. Léger, H. Hervet, and G. Massey, The role of attached polymer molecules in wall slip, *Trends in Polymer Science*, 2, 40-45, 1997.

[89] H. Münstedt, M. Schmidt, and E. Wassner, Stick and slip phenomena during extrusion of polyethylene melts as investigated by laser-Doppler velocimetry, *Journal of Rheology*, 44, 413-427, 2000.

[90] H. Gevgilili and D. M. Kalyon, Step strain flow: Wall slip effects and other error sources, *Journal of Rheology*, 45, 467-475, 2001.

[91] J. Pérez-González, J. J. López-Durán, B. M. Marín-Santibáñez, and F. Rodríguez-González, Rheo-PIV of a yield-stress fluid in a capillary with slip at the wall, *Rheologica Acta*, 51, 937-946, 2012.

[92] S. Aktas, D. M. Kalyon, B. M. Marín-Santibáñez, and J. Pérez-González, Shear viscosity and wall slip behavior of a viscoplastic hydrogel, *Journal of Rheology*, 58, 513-535, 2014.

[93] J. F. Ortega-Avila, J. Pérez-González, B. M. Marín-Santibáñez, F. Rodríguez-González, S. Aktas, M. Malik etal., Axial annular flow of a viscoplastic microgel with wall slip, *Journal of Rheology*, 60, 503-515, 2016.

[94] M. Kamal, S. Goyal, and E. Chu, Simulation of injection mold filling of viscoelastic polymer with fountain flow, *AIChE Journal*, 34, 94-106, 1988.

[95] T. Jiang, A. Young, and A. Metzner, The rheological characterization of HPG gels: Measurement of slip velocities in capillary tubes, *Rheologica Acta*, 25, 397-404, 1986.

[96] P. Halliday and A. Smith, Estimation of the wall slip velocity in the capillary flow of potato

granule pastes, *Journal of Rheology*, 39, 139–149, 1995.

[97] T. Kwon and S. Ahn, Slip characterization of powder/binder mixtures and its significance in the filling process analysis of powder injection molding, *Powder Technology*, 85, 45–55, 1995.

[98] P. Martin, D. Wilson, and P. Bonnett, Rheological study of a talc–based paste for extrusion–granulation, *Journal of the European Ceramic Society*, 24, 3155–3168, 2004.

[99] S. P. Meeker, R. T. Bonnecaze, and M. Cloitre, Slip and flow in pastes of soft particles: Direct observation and rheology, *Journal of Rheology*, 48, 1295–1320, 2004.

[100] F. Gadala–Maria and A. Acrivos, Shear–induced structure in a concentrated suspension of solid spheres, *Journal of Rheology*, 24, 799–814, 1980.

[101] D. Leighton and A. Acrivos, The shear–induced migration of particles in concentrated suspensions, *Journal of Fluid Mechanics*, 181, 415–439, 1987.

[102] R. J. Phillips, R. C. Armstrong, R. A. Brown, A. L. Graham, and J. R. Abbott, A constitutive equation for concentrated suspensions that accounts for shear–induced particle migration, *Physics of Fluids A: Fluid Dynamics* (1989–1993), 4, 30–40, 1992.

[103] S. Jana, B. Kapoor, and A. Acrivos, Apparent wall slip velocity coefficients in concentrated suspensions of noncolloidal particles, *Journal of Rheology*, 39, 1123–1132, 1995.

[104] M. Allende and D. M. Kalyon, Assessment of particle–migration effects in pressure–driven viscometric flows, *Journal of Rheology*, 44, 79–90, 2000.

[105] A. J. Bur and F. M. Gallant, Fluorescence monitoring of twin screw extrusion, *Polymer Engineering & Science*, 31, 1365–1371, 1991.

[106] P. Yaras, D. Kalyon, and U. Yilmazer, Flow instabilities in capillary flow of concentrated suspensions, *Rheologica Acta*, 33, 48–59, 1994.

[107] N. Delhaye, A. Poitou, and M. Chaouche, Squeeze flow of highly concentrated suspensions of spheres, *Journal of Non–Newtonian Fluid Mechanics*, 94, 67–74, 2000.

[108] W. J. Silliman and L. Scriven, Separating how near a static contact line: Slip at a wall and shape of a free surface, *Journal of Computational Physics*, 34, 287–313, 1980.

[109] Z. Ji, A. Gotsis, and D. Kalyon, Single screw extrusion processing of highly filled suspensions including wall slip, *ANTEC: Society of Plastics Engineers Annual Technical Papers*, 36, 160–163, 1990.

[110] J. L. White, M. H. Han, N. Nakajima, and R. Brzoskowski, The influence of materials of construction on biconical rotor and capillary measurements of shear viscosity of rubber and its compounds and considerations of slippage, *Journal of Rheology*, 35, 167–189, 1991.

[111] V. Vand, Viscosity of solutions and suspensions. I. Theory, *The Journal of Physical Chemistry*, 52, 277–299, 1948.

[112] M. Reiner and H. Leaderman, Deformation, strain, and flow, *Physics Today*, 13, 47, 1960.

[113] Y. Cohen and A. Metzner, Apparent slip flow of polymer solutions, *Journal of Rheology*, 29, 67-102, 1985.

[114] U. Yilmazer and D. M. Kalyon, Slip effects in capillary and parallel disk torsional flows of highly filled suspensions, *Journal of Rheology*, 33, 1197-1212, 1989.

[115] P. H. Kok, S. Kazarian, C. Lawrence, and B. Briscoe, Near-wall particle depletion in a flowing colloidal suspension, *Journal of Rheology*, 46, 481-493, 2002.

[116] H. Tabuteau, J. C. Baudez, F. Bertrand, and P. Coussot, Mechanical characteristics and origin of wall slip in pasty biosolids, *Rheologica Acta*, 43, 168-174, 2004.

[117] P. Ballesta, G. Petekidis, L. Isa, W. Poon, and R. Besseling, Wall slip and flow of concentrated hard - sphere colloidal suspensions, *Journal of Rheology*, 56, 1005 - 1037, 2012.

[118] F. Soltani and Ü. Yilmazer, Slip velocity and slip layer thickness in flow of concentrated suspensions, *Journal of Applied Polymer Science*, 70, 515-522, 1998.

[119] E. Mitsoulis, S. Abdali, and N. Markatos, Flow simulation of Herschel-Bulkley fluids through extrusion dies, *The Canadian Journal of Chemical Engineering*, 71, 147 - 160, 1993.

[120] A. Ramamurthy, Wall slip in viscous fluids and influence of materials of construction, *Journal of Rheology*, 30, 337-357, 1986.

[121] A. Lawal and D. M. Kalyon, Single screw extrusion of viscoplastic fluids subject to different slip coefficients at screw and barrel surfaces, *Polymer Engineering & Science*, 34, 1471-1479, 1994.

[122] H. Tang and D. M. Kalyon, Unsteady circular tube flow of compressible polymeric liquids subject to pressure-dependent wall slip, *Journal of Rheology*, 52, 507-525, 2008.

[123] H. Tang and D. M. Kalyon, Time - dependent tube flow of compressible suspensions subject to pressure dependent wall slip: Ramifications on development of flow instabilities, *Journal of Rheology*, 52, 1069-1090, 2008.

[124] D. M. Kalyon and H. Gevgilili, Wall slip and extrudate distortion of three polymer melts, *Journal of Rheology*, 47, 683-699, 2003.

[125] M. Fujiyama and H. Inata, Melt fracture behavior of polypropylene - type resins with narrow molecular weight distribution. Ⅱ. Suppression of sharkskin by addition of adhesive resins, *Journal of Applied Polymer Science*, 84, 2120-2127, 2002.

[126] D. S. Kalika and M. M. Denn, Wall slip and extrudate distortion in linear low-density polyethylene, *Journal of Rheology*, 31, 815-834, 1987.

[127] S. G. Hatzikiriakos and J. M. Dealy, Wall slip of molten high density polyethylenes. Ⅱ.

Capillary rheometer studies, *Journal of Rheology*, 36, 703–741, 1992.

[128] G. Vinogradov and L. Ivanova, Viscous properties of polymer melts and elastomers exemplified by ethylene–propylene copolymer, *Rheologica Acta*, 6, 209–222, 1967.

[129] T. J. Person and M. M. Denn, The effect of die materials and pressure–dependent slip on the extrusion of linear low – density polyethylene, *Journal of Rheology*, 41, 249 – 265, 1997.

[130] K. A. Kumar and M. Graham, Effect of pressure–dependent slip on flow curve multiplicity, *Rheologica Acta*, 37, 245–255, 1998.

[131] A. Lawal, D. M. Kalyon, and Z. Ji, Computational study of chaotic mixing in co–rotating two – tipped kneading paddles: Two – dimensional approach, *Polymer Engineering & Science*, 33, 140–148, 1993.

[132] A. Lawal and D. Kalyon, Three dimensional analysis of co–rotating twin screw extrusion using tools of dynamics, *ANTEC: Society of Plastics Engineers Annual Technical Papers*, 39, 3397–3400, 1993.

[133] A. Lawal and D. M. Kalyon, Simulation of intensity of segregation distributions using three–dimensional fem analysis: Application to corotating twin screw extrusion processing, *Journal of Applied Polymer Science*, 58, 1501–1507, 1995.

[134] M. Yoshinaga, S. Katsuki, M. Miyazaki, L. Liu, S. I. Kihara, and K. Funatsu, Mixing mechanism of three–tip kneading block in twin screw extruders, *Polymer Engineering& Science*, 40, 168–178, 2000.

[135] R. Mudalamane and D. I. Bigio, Process variations and the transient behavior of extruders, *AIChE Journal*, 49, 3150–3160, 2003.

[136] T. McCullough and B. Hilton, The extrusion performance of co – rotating, intermeshing twin screw extruder screw elements—An experimental investigation, *ANTEC: Society of Plastics Engineers Annual Technical Papers*, 39, 3372–3379, 1993.

[137] E. Birinci and D. M. Kalyon, Development of extrudate distortions in poly (dimethyl siloxane) and its suspensions with rigid particles, *Journal of Rheology*, 50, 313 – 326, 2006.

[138] D. Fair, D. M. Kalyon, S. Moy, and L. R. Manole, Cross–sectional functionally graded propellants and method of manufacture, US Patent # 7896989, 2011.

[139] A. Kaci, N. Ouari, G. Racineux, and M. Chaouche, Flow and blockage of highly concentrated granular suspensions in non–Newtonian fluid, *European Journal of Mechanics – B/Fluids*, 30, 129–134, 2011.

[140] M. M. Denn and J. F. Morris, Rheology of non–Brownian suspensions, *Annual Review of Chemical and Biomolecular Engineering*, 5, 203–228, 2014.

[141] E. C. Eckstein, D. G. Bailey, and A. H. Shapiro, Self–diffusion of particles in shear

flow of a suspension, *Journal of Fluid Mechanics*, 79, 191-208, 1977.

[142] D. Leighton and A. Acrivos, Measurement of shear-induced self-diffusion in concentrated suspensions of spheres, *Journal of Fluid Mechanics*, 177, 109-131, 1987.

[143] M. Allende, D. F. Fair, D. M. Kalyon, D. Chiu, and S. Moy, Development of particle concentration distributions and burn rate gradients upon shear-induced particle migration during processing of energetic suspensions, *Journal of Energetic Materials*, 25, 49-67, 2007.

[144] Z. Peralta-Inga, N. Degirmenbasi, U. Olgun, H. Gocmez, and D. Kalyon, Recrystallization of CL-20 and HNFX from solution for rigorous control of the polymorph type: Part Ⅰ, mathematical modeling using molecular dynamics method, *Journal of Energetic Materials*, 24, 69-101, 2006.

[145] N. Degirmenbasi, Z. Peralta-Inga, U. Olgun, H. Gocmez, and D. Kalyon, Recrystallizationof CL-20 and HNFX from solution for rigorous control of the polymorph type: Part Ⅱ, experimental studies, *Journal of Energetic Materials*, 24, 103-139, 2006.

[146] R. Schefflan, S. Kovenklioglu, D. Kalyon, P. Redner, and E. Heider, Mathematical model for a fed-batch crystallization process for energetic crystals to achieve targeted size distributions, *Journal of Energetic Materials*, 24, 157-172, 2006.

[147] R. Yazici and D. Kalyon, Microstrain and defect analysis of CL-20 crystals by novel X-ray methods, *Journal of Energetic Materials*, 23, 43-58, 2005.

第二部分：
未来的国家技术和工业基地

第 11 章　从实验室创新到生产和军事领域的转化

玛迪·比查伊，简·A. 普申斯基

11.1　引　　言

美国含能材料倡议协会最重要的目标之一是开展资助研发活动，包括将新技术和创新转化至政府和工业界。为了做好这件事，需要准确了解基金资助机制和技术开发标准。

美国的研发投资虽占主导地位，但总额相对不变，其他国家的研发投资已开始稳步增长，25 年来，按照国家研发投入占国内生产总值（GDP）的百分比，美国在经济合作与发展组织（OECD）国家中的排名从 1992 年的第 2 位下降到 2012 年的第 10 位[1]。美国国家中心在国家科学基金会（NSF）的科学与工程统计学新数据表明，2014 年美国开展的研究和实验开发（R&D）总额为 4777 亿美元[2]。经过通胀调整，2008—2014 年，美国研发总量平均每年增长 1.2%，与美国国内生产总值（GDP）的平均增长速度相匹配。

迄今为止，商业部是美国最大的研发机构。2014 年，美国国内企业研发费用为 3407 亿美元，占全国 4777 亿美元总额的 71%。长期以来，商业部门在国家研发绩效构成中占主导地位，1994—2014 年，其年度份额在 68%～74%之间[2]。高等教育部是美国第二大研发机构。2014 年，大学和学院研发费用为 647 亿美元，占美国总研发费用的 14%。在 20 年间（1994—2014 年），美国资助高等教育研发的份额介于 11%～15%。

2014 年，美国联邦政府提供了 523 亿美元，占美国总研发费用的 11%。其中联邦机构用于内部研发费用 344 亿美元（占美国总研发费用的 7%），由联邦政府资助的 41 个研发中心（FFRDC）占 179 亿美元（4%）。1994 年，美国联邦研发的绩效比例约为 15%，但此后几年逐渐下降[2]。在 2014

年，美国其他非营利组织（不包括大学和 FFRDC）的研发费用为 195 亿美元，占美国总研发费用的 4%，这一比例自 20 世纪 90 年代末以来略有增加。

2014 年，基础活动研究费用为 840 亿美元，占美国研发支出总额的 18%。应用研究费用 936 亿美元，占总额的 20%。大部分研发投入实验开发：3001 亿美元，即 63%。2014 年高等教育费用为 840 亿美元，占基础研究近一半（49%）。商业部门是第二大基础研究机构（26%）。2014 年应用研究费用有 936 亿美元，企业占了主导地位（57%）。高等教育排名第二占 20%，校内联邦成员和 FFRDDC 合计占应用研究总数的 17%。主导发展业务占 2014 年该类别的 3001 亿美元的 88%。

2014 年基础研究 840 亿美元占美国总研发费用的 45%。然而，联邦基金在应用研究（936 亿美元的 36%）和发展（占 3001 亿美元的 16%）的比例基础上不突出。商业部门为应用研究提供了最大的资金份额（52%），为发展研究的主要份额（82%），它也占了基础研究资金的一部分（27%）。

图 11.1 概述了美国、中国、欧盟和日本的预测趋势。从图中可以清楚地看出，中国在 2018 年超过欧盟。

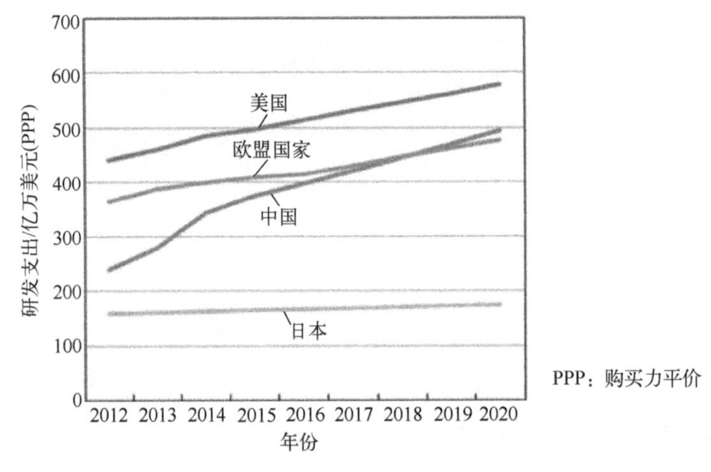

图 11.1　年度研发支出的长期前景[3-4]

在过去的 75 年里，美国 GDP 的驱动力一直是科技进步。这个美国梦可以归功于范内瓦·布什提出的愿景。他在 1945 年指出美国没有国家科学政策。据他说“政府只是开始在国家的福利中利用科学，政府内部没有负责制定或执行国家科学政策的机构，国会没有专门讨论这个重要议题的常设委员会，科学一直在发展，它应该被带到舞台的中心——因为这是我们未来的希望[1]”。根据范内瓦・布什的建议，后续的总统和国会创建了许多支持科学革命的机构。

引领美国梦的最重要因素之一是将创造就业机会、所获得的福利和国内生产总值（GDP）紧密关联。根据美国艺术与科学学院的说法，几乎每一种新技术产品都可追溯到一个研究发现，而这通常根本不是应用研究的发现[1]。创新者和企业家是基础发现向产品或技术转化的重要因素。美国依靠工业机构、政府机构和实验室实现基本发现的转化应用。应该强调的是，学术界的作用必不可少，由于许多引领性的基础研究是在研究型大学中开展的。多年来，这种模式非常成功。联邦在 20 世纪末对基础研究的支持相对平稳，除去国家健康研究所和 2015 年美国竞争再授权行为目前仍然如此[5]。

小企业创新研究（SBIR）项目是由小企业管理局协调的美国政府项目，旨在帮助某些小企业进行研究和开发（R&D）[6]。资金采取合同或赠款的形式资助，接收方项目必须具有商业化潜力，必须满足美国政府的具体研发需求。如 SBIR 计划由 Roland Tibbetts 创建，旨在通过联邦研究美国关键基金投资的优先事项，建立强大的国民经济，以支持科学卓越和技术创新。SBIR 计划旨在支持拥有 500 名或更少员工的小型企业。该计划是在 1982 年颁布的“小企业创新发展法”的法律之下建立的，旨在向小企业颁发联邦研究补助金。SBIR 计划最初有四个目标：

（1）促进技术创新；

（2）利用小型企业满足联邦研发需求；

（3）促进和鼓励少数群体和弱势群体参与技术创新；

（4）增加源自联邦研究和开发的私营部门商业化创新。

该计划必须由美国国会定期重新授权，但重新授权通常包含在每个新预算中。该计划于 2012 财年通过国防授权法重新授权[7]。SBIR 计划是一项竞争激烈的项目，鼓励国内小企业参与有商业化潜力的联邦研发。通过有竞争力的奖励项目，SBIR 能使小企业发掘其技术潜力，并激励其从商业化中获利。通过将合格的小企业纳入国家研发领域，高科技创新得到了激励，美国由于满足了其特定的（高科技创新）研发需求，从而让企业有了创新精神。

另一个项目是小企业技术转让（STTR），其扩大了联邦创新研发领域的融资机会。该项目主要是拓展公共/私营部门伙伴关系，从而涵盖小企业和非营利研究机构的合资机会。STTR 项目的独特功能是要求小企业在第一阶段和第二阶段与研究机构正式合作。STTR 最重要的作用是在基础科学和相应的商业化创新之间建立桥梁。在 SBIR 和 STTR 项目中，第一阶段的主要目标是论证新技术或概念的可行性；第二阶段是一个测试和评估阶段，申请人论证他们的概念在目标环境中能否正常运作；第三阶段涉及私营部门或联邦机构的资金（在 SBIR 项目之外），以使该技术商业化[6]。

从基础发现到制造业的技术转移有许多其他的资金来源，包括来自政府、非营利组织、私营企业和其他工业来源的直接合同。尽管如此，这一贡献主要集中在联邦传统的资助过程，因为大多数与含能材料相关的研发活动是美国国防部（DoD）重点关注的研究方向。

11.2 技术成熟度

如本章引言中所示，研究人员可以获得多种研发资金来源，以支持基础研究和应用研发。但是大学、私营公司和政府实验室的资金和参与程度用国家举措和技术成熟度（TRL）。

TRL 标准最初由美国航空航天局（NASA）引入，后来被美国国防部等其他机构采用。

使用 TRL 的主要目的是帮助管理层做出有关技术开发和转移的决策。它被视为管理组织内研究和开发活动进展所需的几种工具之一。

TRL 的特点：①对技术状态的共同认知；②风险管理；③有关技术资助的决策；④技术转移决策。然而，TRL 的一些特征限制了它们的功效和作用。例如，准备就绪不一定适用于适当性或技术成熟度，以及用于特定系统环境中一个成熟产品，可能比一个较低成熟度的产品具有较差的准备程度。此外，还必须考虑许多因素，包括产品运行环境与当前系统的相关性，以及与产品系统架构匹配性。有 9 个级别的 TRL[8]：

TRL 1——观察的基本原理和报告：从科学研究到应用研究转移，系统和体系结构的基本特征和行为，描述性工具是数学公式或算法。

TRL 2——技术概念或者应用制定：应用研究、理论和科学原理聚焦于特定的应用领域来定义概念，描述应用的特征，为应用模拟或分析开发分析工具。

TRL 3——分析和实验的关键功能和/或概念的特征证明：概念的证明，通过分析和实验室研究启动积极的研发，使用代表性数据训练的软硬平台论证技术的可行性。

TRL 4——实验室环境中的组件/子系统验证：独立原始模型的实施和测试，技术元素的整合，使用全尺度问题或数据集的实验。

TRL 5——相关环境中的系统/子系统/组件的验证：原始模型在代表性环境中的全面测试，基本技术要素与合理切实的支撑要素集成，基于原始模型的开发符合目标环境的界面。

TRL 6——系统/子系统模型或相关终端到终端环境（地面或空间）中的原始模型论证：针对现实问题开发原始模型，与现有系统的部分集成，提供有限的文件，在实际系统应用中充分论证工程的可行性。

TRL 7——操作环境（地面或空间）中的原始模型系统论证：操作环境中的原始模型系统论证，系统具有近似于操作系统的规模，大多数功能可用于论证和测试，与附属和辅助系统完美集成，提供有限的文件。

TRL 8——在运行环境（地面或空间）中测试和评价实际系统任务合格性：系统开发结束后，与操作硬件和软件系统完全集成。完成大多数用户文档、培训文档和维护文档。在模拟和操作场景中测试所有功能，完成验证和确认（V&V）。

TRL 9——通过任务操作（地面或空间）的实际系统“任务证明”：完成操作硬件/软件系统的集成，实际系统已在其运行环境中进行了彻底的论证和测试，完成所有的文档，有成功的运作经验，确保工程支持到位。

与 TRL 相似，制造成熟度（MRL）的指导路线将由决策制定者制定[9]。制造业风险的识别和管理必须从技术开发的最初阶段开始，并贯穿于项目生命周期的每个阶段。制造业准备和可生产性，对于系统的研发和用于系统的技术准备与能力的研发同样重要。MRL 的评估是为了开展下列事项：

（1）确定制造业成熟度的当前水平；

（2）鉴定成熟度的不足及相关成本和风险；

（3）为制造成熟和风险管理提供基础。

不成熟的制造过程可能会产生以下问题。

（1）在规划和设计过程中不注意制造业；

（2）供应商管理计划不佳；

（3）劳动力知识和技能缺乏。

制造成熟度评估（MRA）解决了这些未解决的问题，以降低制造风险。但是，它仍然没有解决产品是否可靠或可维护的问题。包括以下内容：①确定设计成熟度；②成本和资金分析；③材料的可用性和成熟度；④过程能力和控制；⑤质量管理；⑥制造业劳动力；⑦设施和特殊设备；⑧制造业管理。表 11.1 列出了 MRA 的 10 个级别的列表与描述。

表 11.1　管理状态水平[9]

阶段（如DoDI 5000.02中所述）	引导出	MRL级别	定　义	描　　述
物料解决方案分析	材料开发决策审查	1	确定基础制造意义	基础研究拓展了可能具有制造意义的科学原理。焦点是制造业机会的高水平评估。研究不受约束
		2	确定制造概念	发明开始。在应用环境中描述的制造业科学和/或概念。材料和工艺方法的鉴别仅限于论文研究和分析。初始制造业的可行性和问题不断涌现
		3	概念的制造论证开发	开展分析或实验室实验以验证论文研究。实验的硬件或过程已创建，但尚未集成或未具有代表性。已经对材料可制造性过程进行了表征，但是需要进一步评估和论证
	里程碑A决定	4	在实验室环境中生产技术的能力	所需的投资，例如确定制造技术开发。确保可制造性，可生产性和质量的过程已经到位，并且这些过程对于生产技术的论证者是足够的。原型构建的制造风险鉴定。确定制造成本的主体。完成设计概念的可生产性评估。确定关键设计性能参数。确定工具、设备、材料处理和技能方面的特殊需求
技术开发	里程碑B决定	5	在生产相关的环境中生产原始模型组件的能力	完善制造策略，并集成风险管理计划。启用/关键技术和组件的鉴定是完整的。已在生产相关的环境中的组件上论证了原始模型材料，工具和测试设备以及人员技能，但是许多制造工艺和过程仍在开发中。制造技术开发工作已启动或正在进行中。正在进行的关键技术和组件的生产能力评估。成本模型是基于终端到终端的价值流程图
设计		6	在与生产相关的环境中生产原型系统或子系统的能力	开发了初始制造方法。已经定义并描述了大多数制造过程，但是仍然存在明显的工程/设计变更。完成关键组件的初步设计。完成关键技术的生产能力评估。在与生产相关的环境中，已在子系统/系统上论证了原型材料、工具和测试设备以及人员技能。详细的成本分析包括设计交易。分配成本目标。可生产性考虑因素决定了系统开发计划。确定了长周期和关键的供应链要素。完成里程碑B的工业能力评估
工程和制造开发	CDR（关键设计评审）后评估	7	在典型生产环境中生产系统及其子系统或组件的能力	进行详细设计。材料规格被批准。具有可用于满足计划的中试生产线建设进度的材料。在典型生产环境中论证了制造工艺和过程。进行详细的生产力交易研究和风险评估。使用详细设计更新成本模型，汇总到系统级别，并根据目标进行跟踪。进行降低单元成本的工作。评估供应链和供应商的质量保证。长周期采购计划到位。开始生产工具和测试设备的设计与开发
	里程碑C决定	8	论证中试线能力，准备开始低速生产	详细的系统设计基本上完整且足够稳定，可以进入低速生产。所有材料均可满足计划的低速生产进度。制造和质量工艺和过程在中试线环境中经过验证，处于控制下并且准备好低速生产。已知的生产力风险不会对低速生产带来明显的风险。工程成本模型由详细设计驱控并经过验证。供应链建立并稳定。完成里程碑C的工业能力评估

续表

阶段（如 DoDI 5000.02 中所述）	引导出	MRL 级别	定　义	描　　述
生产和部署	全速生产设计	9	低速生产论证。能力到位已开始全速生产	主要的系统设计功能稳定且经过测试和评估证明。材料可以满足计划的速率生产进度。建立制造工艺和过程并将其控制到 3-σ 或其他合适的质量水平，以满足低生收率环境中的设计关键特性公差。进行生产风险监控，达到 LRIP 成本目标，验证了学习曲线。实际成本模型针对全速率生产环境而开发，并具有持续改进提升的影响
运营与支持	—	10	全速生产论证和精益生产实践到位	这是最高的生产就绪水平。工程/设计变更很少且通常仅限于质量和成本改进提高。系统、组件或项目正在全速生产，并满足所有工程、性能、质量和可靠性要求。所有材料、制造工艺和过程、检查和测试设备都已投入生产，并控制在 6-σ 或其他合适的质量水平。全速生产单元成本满足目标，并且资金对于所需的生成速率而言是充足的。精益实践良好建立且持续不断进行工艺过程改进提高

就主导地位而言，学术界的 TRL 1 研究活动由联邦机构资助，如美国科学基金会和国立卫生研究院。美国海军研究办公室、陆军研究办公室和空军科学研究办公室也为 TRL 1 研究提供资金，但资金资助水平明显较低。TRL 2 研发活动也得到这些机构的支持，但额外基金资助来源可通过其他陆军、海军和空军中心的合同获得。其他美国国防部机构，如国防导弹局、国防减灾局、国防高级研究计划局和国防部中心也提供资金资助。很少见到学术界参与 TRL 3 或更高级别的（科技开发）。当 TRL 级别大于 3 时，研发工作由行业或国家实验室开展。

11.3　含能材料的资金来源

研究、开发、获得资质、扩大规模、技术转移和生产的每个阶段的资金，必须是用于支持该阶段活动所需的基金资助类型。以下部分定义了适用于新含能材料的研发、资格认证和采购的一些拨款，将采用新含能材料的最终项目条款的资格。美国国防部将研发资金活动分类如下。

为执行采购计划，需要国会通过年度国防拨款法提供的预算授权，以便承担义务和付款项。在由总统签署的拨款法案中，国会规定了可能使用的每种特定拨款的目的，以及每项拨款下提供的预算授权金额（表 11.2）。

表 11.2 美国国防部 RDT & E 基金资助分类系统[10-11]

分 类	科技活动描述
基础研究（6.1）	可以在不考虑特定应用的情况下更好地理解现象。有远见的、高回报的科学研究
应用研究（6.2）	用知识的拓展和应用来理解意图以满足特定需求。开发有用的材料、设备、系统或方法。应用研究（6.2）的官方 RDT & E 估算不包括国防健康研究，尽管此项目包含在总体美国国防部科技预算的整个 AAAS 估算中
先进技术开发（6.3）	子系统和组件开发并集成到模型原型中，以便在模拟环境中进行现场实验和/或测试及概念验证测试
	武器开发活动
高级组件开发和原始模型（6.4）	在现实的操作环境中评估集成技术或原型。技术从实验室转移至运行使用中
系统开发和论证（6.5）	为实际生产做成熟系统的开发。建立的原型性能已达到或接近计划运行系统的级别，包括实时测试
RDT & E 管理支持（6.6）	对于维持一般 RDT & E 工作的装置或运转的基金资助，包括测试范围、军事建设以及对实验室和测试车辆的维护
操作系统开发（6.7）	努力升级已部署或已获得短期全面生产的系统

研究、开发、测试和评估（RDT & E）拨款账户用于资助承包商和政府机构开发设备、材料或计算机应用软件的研究、开发、测试和评估工作，以及其最初的运营测试和评估（IOT & E）。资金被批准用于购买最终产品、武器、设备、部件和材料，以及开发和测试系统所需的服务。RDT & E 资金还用于支付从事研发项目的专门活动的运营成本。RDT & E 资金用于投资类型的成本（例如，复杂的实验室测试设备）和费用类型的成本（例如，研发专用设施的平民雇员的工资）。对于每项服务（陆军、海军和空军）都有两项 RDT & E 拨款，其中一项拨款用于覆盖其他国防机构，另一项拨款用于运营测试和开发测试活动的单独机构的开支。

采购类别包括一些采购拨款账户名目，如造船和换装海军、空军飞机采购，陆军导弹采购，海军陆战队采购等。采购拨款用于为投资项目提供资金，并应涵盖用于运营或库存项目所需的一切费用。项目分项分为投资和由采购拨款资助的项目，包括那些系统单元成本超过 25 万美元的设备；所有集中管理的最终分项，由国防周转基金资助采购或源于国防周转基金的采购，为一些分项项目提供资助，包括系统购置、系统修改、主要使用寿命延长程序和初始备件。除某些例外情况外，制造和安装现有终端产品的费用也由采购批款供资。

每项服务内的一些组织控制着研发预算，具体如下：

（1）国家科学基金会（NSF）分为三个主管部门[12]：①研究及相关活

动；②教育和人力资源；③主要研究设备和设施建设。2013 年，NSF 采用了新的 One NSF 框架，旨在简化操作运营跨越组织和学科界限，以满足该机构在自适应智能系统中的优先事项、网络基础设施、STEM 教育、研究、跨学科工作的整合和外部网络安全。

（2）美国国防部（DOD）：基础研究的基金资助分布于几个国防部机构，每个机构都有自己特别关注的焦点[13]：

① ARO（陆军研究办公室）：士兵、地面部队任务导向（6.1）；

② AFOSR（空军科学研究办公室）：飞行员、航空航天任务导向（6.1）；

③ ONR（海军研究办公室）：海员、海洋、船舶和海洋任务导向（6.1~6.3）；

④ DARPA（国防高级研究项目管理局）：全国防地技术创新导向（6.1~6.3）；

⑤ DTRA（国防减灾局）：大规模杀伤性武器（6.1~6.3）；

⑥ CBDP（化学生物防御计划）：化学/生物战防御（6.1~6.3）；

⑦ CDMRP（国会指导医学研究计划）：医学研究（6.1）。

美国国防部部长办公室（OSD）：几乎所有 6.4 类及更高级别的研发都由大型私人承包商（洛克希德·马丁公司、波音公司、美国国家工商总局等）执行。这里强调了美国国防部研发基金资助下的一些可用项目计划。

1. 独立研究者的工作

美国国防部的大部分基础研究经费都投入独立研究者的工作中，并通过相对通用的广域公告（BAA）进行通知宣传[14]。这些工作的基金资助通常在 10 万~20 万美元/年，为期 3 年，并且可以继续。每年大约 20%的持续项目计划将移交。新的项目计划定期开展，也就是说，海军拥有其研究基础计划，空军也拥有其基础研究自主性。

2. 仪器

国防大学研究仪器项目计划（DURIP）每年夏天开始执行[15]。资金从 5 万~100 万美元不等；配套资金不是必需的，但该项目对于昂贵仪器非常有用。虽然任何人都可以提交，但是受到美国国防部资助的研究工作，更倾向于使用仪器的特点。

3. 年轻研究者

DTRA 和 DARPA 这两项项目中的每一项，都有青年项目计划[16-20]。项目申请人的资格通常是在获得博士或同等学位的 5 年内。提交给 DARPA 的申请资格是从最初的终身职位任命后的 6 年内。项目申请人要求具有美国公民身份或持有绿卡，但 DARPA 和 DTRA 这两项服务项目没有这个要求。可用资金从5万（陆军）~17万美元/年不等（海军）。提交截止日期各不相同，可从上述网站获得资助金额和主题的概要。

4. 范内瓦尔·布什教师奖

美国国防部有一项特别项目计划，在过去25年中为学院提供颁发的学位奖（获奖者平均年龄约20岁），是在国防部感兴趣的领域创建的杰出研究记录[21]。

尽管美国国防部各个机构习惯使用同行评审来区分程度，项目官员拥有远高于NSF项目官员的更大自由度。因此，与项目官员联系并了解共同兴趣点是必不可少的。白皮书非常有用（有时是必需的）。对长期项目计划可以随时提交提议，但提交项目季是在下一个财政年度（从10月1日开始），此时为新的开始，做出许多初步决定。没有标准的国防部提案格式，每个机构/办公室都有自己的提案要求。

5. 大学卓越中心

陆军和海军都支持大学附属研究中心，以解决更多的应用研发问题。空军（AF）支持相关的大学卓越中心（COE）（约5年期限），并与一个特定技术理事会相关：①在一个高优先级的AF兴趣领域开展研究；②教育在关键技术领域的美国学生；③AFRL与大学人员之间频繁地进行专业交流；④加强AFRL内部技术能力。陆军有类似的大学卓越中心。

6. 美国国防部实验室、中心和学校

美国国防部在各个实验室和中心开展了广泛的校内研究计划项目。这些计划为大学的研究工作提供了一定的机会。例如：加利福尼亚州蒙特雷的海军研究生学院，该学院每年都会征集研究计划以支持其工作。

美国国防工业的动态与其他商业部门不同。由国家安全问题、利润结构和合同授予标准引起的限制都是行业独有的。一个公司在国防工业方面的成功在很大程度上取决于其赢得政府合同的能力。按照传统，合同会给予那些已证明是学术引领的公司。然而，SBIR和STTR项目计划是许多公司建立这种地位的一个很好的途径。

国防部有几种类型的合同，包括成本补偿合同和固定价格合同，费用报销合同规定了可允许报销费用和支付费用。这些合同分为三种基本类型：①成本加固定费用合同，无论最终的履行成本如何，都要求支付固定费用；②成本加激励费用合同，根据与成本、绩效和交付时间表等因素相关的合同目标的实际结果，在规定的限度内计算费用的增加或减少；③成本加奖励费合同，根据承包商的业绩，根据预先确定的标准，由客户自行决定支付奖励费。根据成本补偿合同，通常是在达到里程碑时，承包商定期报销允许的费用，并根据合同进度支付部分费用，执行合同的一些成本费用部分或全部不允许通过法规、联邦采购登记（FAR）或其他法规进行报销[22]。

固定价格合同是稳固的固定价格合同或固定价格激励合同。根据稳固的固定价格合同，承包商同意以固定价格执行特定范围的工作（SOW），从而节省成本并承担成本超支的责任。在固定价格激励合同下，承包商与政府分享合同执行额度低于目标成本而产生的结余，分摊超出目标额度直至达到议定的最高价格而带来的成本，并且承担超出议定的最高价格成本的全部责任。因此，根据此类激励合同，承包商的利润也可根据是否满足指定的绩效目标而上调或下调。根据固定价格和固定价格类型的合同，承包商通常最高会收到可达合同价格 90%的里程碑付款或政府每月进度付款，金额相当于政府合同规定成本费用的 80%。剩余金额（包括利润或奖金）在交付和接受合同规定的最终项目条款时收取。需要补充的是，承包商有权就具体合同的具体条款和条件进行谈判[23]。

一旦技术达到 TRL 4 或更高的级别，国防部项目计划办公室就会启动制造技术（ManTech）项目，用来解决制造业面临的挑战并协助材料和部件制造的规模放大。ManTech 项目的愿景和使命非常广泛，但其预算有限。有限的资源通过严谨、综合和优先的策略，可以最好地满足 ManTech 项目的使命[24]。ManTech 项目在确定优先事项时采用以下四项原则：

（1）满足最高优先级的国防制造需求，在机遇窗口期有所作为；

（2）将制造研发工艺移植到生产应用中；

（3）解决普遍存在的制造业问题并开拓跨行业的新机遇；

（4）满足超出正常工业风险的制造技术需求。

ManTech 项目制定了一项策略，通过对美国国防制造需求积极广泛的支持，平衡了以往在加工工艺和制造技术上的不重视。美国国防部制造技术项目战略计划记录了该策略[24]。ManTech 项目策略包含四个战略重点，支持了国防工业基础和国防制造企业。战略重点如下：

（1）响应迅速且平衡的制造技术投资组合，以满足国防部的需求；

（2）对高度关联和协作的国防制造企业积极支持；

（3）对可制造性和制造工艺成熟度大的机构积极支持；

（4）对健康、充足、有效的国防制造基础设施和劳动力积极支持。

通过 2011 年《国防授权法案》（NDAA）建立的制造业和工业基础政策办公室（MIBP）对 ManTech 项目计划负有监督责任。负责制造业和工业基础政策的国防部副助理部长（DASD/MIBP）负责确保产业政策与制造业之间的连接得到牢固建立和有效协调。有关 MIBP 及其监督的其他计划和举措的信息可在 MIBP 项目计划中找到。

陆军、海军、空军、国防后勤局（DLA）和导弹防御局（MDA）均拥有 ManTech 项目计划。此外，美国国防部部长办公室（OSD）负责国防拓展部门的生产科学与技术（DMS & T）ManTech 项目计划。建立 DMS & T 项目旨在解决跨领域、改变游戏规则的举措，这些举措超出了任何一个军事部门或防卫厅的范围。DMS & T 项目专注于影响所有其他服务和代理商的问题，以使他们可以专注于自己的专属服务的 ManTech 项目问题。这些项目的董事和高级管理人员通过联合国防制造技术小组（JDMTP）的负责人进行协调。JDMTP 技术小组被准予识别和整合需求，开展联合项目规划，制定联合战略。ManTech 项目的国防部监督由 MIBP 提供[24]。

ManTech 项目由海军研究办公室于 1994 年建立的能源制造技术中心（EMTC）管理，该项目涉及含能材料，并且由海军运作，包括位于海军海上系统司令部的海军水面作战中心（NSWC）、印第安亥德分部、印第安亥德和马里兰州[5]。作为含能材料领域的知名领导者，印第安亥德分部为该团队的核心，提供全面的研究，包括含能材料学研究、开发、建模和模拟、工程、制造技术、生产、测试和评估，以及车队/运营支撑。

含能材料配方（推进剂、炸药和火工品）以及子系统组件（引信、雷管、助推器、点火器、安全装置和助力臂装置）对武器系统以及美国的国防性能和可靠性至关重要。应用包括导弹、火箭和枪炮推进，储存或弹药分离，弹头和弹药，障碍和排雷，耀斑、诱饵、灭火和机组人员逃生。含能材料本质上是危险的，需要特殊的工艺、设备、设施、环境考虑因素和安全预防措施。EMTC 在确保提供安全、经济和优质的产品的同时要牢记这一点。EMTC 为军事系统/子系统采购、生产需求以及含能材料工业所特有的制造问题开发解决方案[25]。

EMTC 不拥有或运营任何设施和设备，但实质上是一个虚拟企业，其涉及政府、工业和学术界确定需求和执行项目。EMTC 的目标是确定武器系统和制造业的基础需求，开发和论证所需的制造工艺技术解决方案，最后推广成果。

11.4 新能源材料企业的创业模式

创立一家专门从事含能材料的公司比创立专业的商业市场研发公司更加复杂。考虑到可能使用 1.1 级至 1.4 级炸药、推进剂或由燃料和氧化剂组成的自持反应材料，需要足够的安全设施。此外，为了开展国防部资助的科研工作，必须遵守许多法规。有许多机构负责审查和批准国防部资助的工作。国防承包商管理局（DCMA），国防安全系统（DSS），酒精、烟草、枪械和爆炸物处理机构（ATFE）以及国防承包商审计署（DCCA），将会先去美国国防部资助的新公司进行审批。通常情况下，按照《国防承包商弹药和爆炸物安全手册》规定，当缺乏安全性保障时，很难在一些传统的大学中创立一家含能材料公司。由于要接受频繁的检查和审计，完善的爆炸物和能量装置公司通常满足所有联邦要求。在签订合同之前，任何新公司必须进行彻底检查。还有其他限制条件，可以强加给进行含能材料领域研发或制造公司。具体的联邦资金来源可能包括与出口管制或 ITAR 限制紧密相关的特定合同。此外，一些合同可能涉及分类工作，然后安全级别呈指数级增长，包括安全许可和数据安全存储、网络安全和加密通信等要求[26]。

如果教师或应届毕业生决定在含能材料领域成立分公司，他们首先应该考虑建立适当的设施，从当前的弹药或爆炸物制造企业或位于大学附近的军事基地租用一个实验室可能是最佳选择。在私人或州政府帮助下，建立自己的设施也是另一种选择。一旦产品或技术更接近 TRL2 或 TRL3，就应考虑这些解决方案。向 SBIR 和 STTR 项目计划提交提案时并不需要设施，但在授予时应制订快速计划。应该理解 AFTE 许可和其他许可可能需要几个月才能获得批准。

小型初创公司需要考虑的另一个非常重要的方面是知识产权（IP）。在许多情况下，第一项技术或原始模型已在公司外部开发，知识产权可能归大学所有，但这不是问题。在大多数情况下，大学设有教师/学生技术转让办公室，这将帮助感兴趣的一方获得独家许可。之后，该公司可能会产生额外的专利，但公司与大学之间必须达成明确的协议，因此任何可能已在大学工作的人都不存在利益冲突问题。本章的合著者 Puszynski 博士于 1999 年创立了创新材料与工艺（IMP）有限责任公司。该公司利用从美国国防部获得的 SBIR Ⅰ和 SBIR Ⅱ拨款，几年内从 2 名兼职员工发展为 10 名员工。目前，该公司正在为美国陆军开发各种雷管和电起爆剂的规模化生产，资金由美国陆军通过由国防部技术中心（DOTC）管理的资助机制提供。

要部署任何新的含能材料或部件，材料或分项必须具备使用资格。涵盖海军含能材料资格的文件是海军标准（NAVSEAINS）8020.5C[27]。该说明书概述了推进剂、炸药、烟火剂和易燃固体材料的资格和最终类型要求。国防部其他部门具有类似的要求和标准，但与 NAVSEAINST 8020.5C 非常相似。一种含能材料必须符合标准的要求才能用于新的武器装备。在含能材料/组件完成材料鉴定后，使用该材料的装备将进入型号鉴定程序，纳入国防部库存清单中，并使其能够由国防各部门生产和使用。

最终产品鉴定按照国防采购系统（DAS）的指导方针进行，该系统是国防部为用户提供有效、经济和及时的系统管理过程。装备工程技术评审（SETR）过程由海军航空（NAVAIR）开发的，以符合 DAS 要求，并已改编为整个海军使用。它是一个迭代程序时间表，将技术评审映射到国防部 5000 号文档中描述的采集过程[13,28]。国防部其他部门采用类似的方法，以满足它们的需求。接下来，海军航空装备工程技术评审（NAVAIR SETR）过程用于解释在小项目的采购期间进行的各种技术评审。

NAVAIR SETR 过程通常在开发大型复杂装备时使用，但它可以针对组件级分项进行定制。A 类系统的完整 SETR 过程涉及更复杂，并且在系统设计和开发阶段进行了更多的技术评审。有关 SETR 过程的技术审查和说明的完整列表，可访问 NAVAIR 网站[28]。

11.4.1 初步技术评审

初步技术评审（ITR）是对该项目初始目标的多学科技术评审。此评审确保项目的技术基准足够严格，以支持有效的成本估算，并能进行独立评估。初步技术评审评估一个申报项目的能力需求和材料解决方法，并验证该项目所需的研究、开发、测试和评估、工程、后勤和项目基础，反映了整个技术挑战和风险的情况。此外，ITR 确保装备生命周期的决定性因素得到最大限度的量化，并在项目成本估算中获知这些参数的不确定性范围。

11.4.2 系统需求评审

需求评审（SRR）是一项多学科技术评审，旨在确保开发者具备进行初始系统设计能力。此评估系统需求是否在系统性能规格中被充分满足表现在以下几点：

（1）系统需求是否与材料解决方案分析（MSA）阶段的首选材料解决方案（包括其支撑概念）一致；

（2）系统需求是否与原始模型制作工作产生的可用技术一致；

（3）系统需求是否考虑了依赖系统的成熟度。

应定义源自初始能力文件（ICD）或能力发展文件草案（CDD）的所有系统需求和性能要求，并与成本、进度、风险和其他系统约束以及与最终的用户期望保持一致。此次审查的重要内容是项目办公室和开发人员对系统性能规范中的技术风险的理解。

11.4.3　初步设计评审

初步设计评审（PDR）是为了确保初步设计和基本系统架构的完整，并且技术上可以在成本和进度目标内满足能力需求。初步设计评审为采购社区、最终用户和其他利益相关者提供了一个理解初步设计期进行贸易研究的机会，从而在 CDD 正式验证之前确认设计决策与用户的性能和进度需求保持一致。PDR 还建立系统的分配基准。分配基准描述了所有系统元素的功能和接口特征（从更高级别的产品结构层次结构中分配和派生出的）以及为了论证实现指定特征所需的验证。每个较低级别系统元素（硬件和软件）的分配基准通常被建立并置于系统元件 PDR 的配置控制之下。对每个系统元素而言，均重复该过程，直到项目管理者在系统级 PDR 中建立了完整的分配基准才结束。

11.4.4　关键设计评审

关键设计评审（CDR）是为了确认系统设计稳定且有望满足系统性能要求；正如详细的设计文档所证明的那样，该系统正在按计划实现可承受性并且应该具有成本目标。此外，关键设计评审确定了系统的初始产品基准。系统 CDR 在集成系统设计工作结束时开始，并与系统功能和制造过程论证活动一同进行。CDR 为采购团体提供证据，证明系统下降到最低系统要素水平下具有满足系统性能规范需求的合理期望，该系统性能规范需求源自当前成本和进度约束内的能力开发文档（CDD）。CDR 还为系统及其组成系统元件建立初始产品基准。它还为启用系统元件建立了需求和系统端口界面，例如支持设备、培训系统、维护和数据系统。在这一点上，系统已达到必要的成熟度，从而开始制造、集成和测试具有可接受风险的预生产物品。

产品基准描述了生产、调遣/部署、运作和支援的详细设计。产品基准规定了所有必要的物理（形状、适合度和功能）特性，以及为生产验收测试和生产测试要求指定的选定功能特性，它可追溯到 CDD 中包含的系统性能要求。建立初始系统元件产品基准并将其置于系统元件 CDR 的配置控制之下，随后在物理配置审计（PCA）时验证。

11.4.5　生产成熟度评审

生产成熟度评审（PRR）用于确定系统设计是否已准备好生产，以及开发人员是否已完成足够的生产计划以进入低速初始生产（LRIP）和全速生产（FRP）阶段。随着时间的推移，生产准备程度增加，在项目生命周期的各个阶段完成增量评估。在早期阶段，生产准备评估应侧重于高水平的制造，例如识别高风险和低产量制造工艺或材料的需求，或满足设计要求的制造开发工作的需求。随着系统设计的成熟，评估应侧重于生产计划、设施分配、生产能力变化、工具和测试设备的识别和制造，以及长周期的分项。

完成 SETR 后，系统可以进入资格测试程序。在资格测试程序成功完成后，该分项被认为是合格的，并且可以启动服务发布过程。服务发布流程确保在项目采购之前开发所有采购文档，如绘图包和项目规格、运输分类、物流文件和采购计划。

11.5 含能材料领域的技术方案

美国国防部的主要部门以及大多数项目执行办公室（PEO）和项目管理办公室都有一个技术路线图，可以确定它们的技术差距和需求。路线图通常与近期和长期时间表相关联，这些日期是驱动基金决策的因素，非保密的路线图副本有时也在该组织的网站上公布。海军部的首要文件是未来海军能力（FNC）计划[29]。该计划于 2002 年启动，是一项科学和技术（S & T）计划，旨在开发尖端技术产品，并在 3~5 年内将其转给采购经理。该计划旨在提供成熟的产品，并将其整合到平台、武器、传感器或规范中，以改善海军和海军陆战队的作战和支援能力。

通过 FNC 计划，海军研究办公室（ONR）通过提出支持能力（EC）的技术投资来应对科技能力差距。EC 由一个或多个相互关联的产品组成，它们共同提供解决一个或多个短板的独特能力。这些投资始于实验室中建立分析概念验证或组件实验验证，随后在 3~5 年的开发周期中成熟，以便可以在相关环境进行模型或原型演示。一旦技术得到证明，采购赞助商就开始进一步地研究、开发、测试和评估（RDT & E），以便设计出产品并整合到记录或其他程序的采购计划中，最终将新功能部署到舰队或部队。

FNC 产品属于九个功能区域或支柱之一：

（1）有效的人力资源：直观的系统和人员工具，用于将水手和海军陆战队员与正确的工作相匹配，并培训他们的任务基本能力；

（2）企业和平台推动因素：交叉技术可降低采购、运营和维护成本；

（3）远征机动战：海军地面部队，特别强调定期和非常规战争；

（4）强制健康保护：在发生伤亡时降低发病率和死亡率的医疗设备、用品和程序；

（5）FORCEnet：C^4ISR、网络、导航、决策支持和空间技术，为信息时代的海战提供架构框架；

（6）电力和能源：能源安全，高效电力和能源系统，高能量和脉冲电力；

（7）海上基地：提供运营独立性的物流，航运和海上转运技术；

（8）海盾：导弹防御、反潜战、水雷战和舰队/部队保护技术，提供全球防御保障；

（9）海上打击：武器、飞机和远征战技术，提供精确和持久的攻击力。

美国海军实验室也正在制定含能材料专用路线图，该路线图将确定感兴趣的研究领域和负责机构。

11.6　未来趋势

美国国防部的责任是保证美国的安全。它的任务取决于军事和文职人员和设备是否在正确的地点、适当的时间、适当的能力和适当的数量，保护国家利益。它有一个全面的战略计划[30]，与管理和预算办公室（OMB）和其他联邦机构合作，共同确定和完善联邦跨机构优先（CAP）目标。每个 CAP 目标都在国防部绩效和优先目标的构建中确定，以帮助理解未来的协调和整合工作。2015—2018 年美国国防部战略计划有五个战略目标：

目标 1：击败对手，遏制战争，捍卫美国；

目标 2：保持现成的力量满足任务需求；

目标 3：加强和提高劳动力总量的健康和有效性；

目标 4：通过创新和技术卓越实现主导能力；

目标 5：改革和重塑美国国防机构。

显然，每个机构都有自己的详细战略计划。在大多数情况下，这些战略计划是公开的，可以从各自的网站下载。为了了解当前的研发计划，必须遵循众多广泛的机构公告（BAA）。这些 BAA 可以直接从代理商网站或 grants.gov 网站获得[14]。

含能材料领域的 R&D 征集也可以从美国国防部军械技术联盟（DOTC）获得，但是，需要有会员资格。

政府和工业界对几个研发领域感兴趣。两个持续引起关注和支持的领域是纳米技术以及含能和非含能材料的增材制造[30]。含能材料增材制造是一个相当新的领域，国防部许多机构开始为三个主要研究领域（即炸药、推进剂和烟火技术）制定需求和路线图。显然，随着科学和工程不同领域技术的进步，对含能材料领域的创新有巨大需求。然而，安全性、可靠性、稳定性、灵敏度和易加工处理性是决定新技术和产品实用性的关键因素。但是，如上所述，许多机构和美国国防部中心都对含能材料的各个方面感兴趣，增材制造是增长最快的领域之一。例如，新泽西州皮卡汀尼兵工厂的美国军备研究和开发工程部门将增材制造整合到爆炸程序中，如引信和雷管、电子子系统、弹头、枪支推进系统、弹药等其他项目[31]。

有许多传统的含能材料的制造工艺和材料，可能会受到含能量和系统的2D和3D打印的变革的影响，这迫切需要新的技术和设备，从而可以在含能材料领域内实现上述转变。然而，这些新技术通过提供更安全、更可靠的关键部件和材料，以及按需交付，可很好地服务美国国防部。

11.7 结　论

含能材料研究领域的研究人员可以获得大量资金和商业机会。本章概述并讨论了其中一些机会。一个重要的因素是了解各政府机构的技术差距，这些信息通常在该机构的技术路线图中得到确认。大多数计划办公室和计划执行办公室都会发布其技术需求的非涉密版本，从而推动其技术投资决策。熟悉该机构的需求将有助于研究人员选择有利于政府机构的研究领域，并有助于集中他们的提案。

新化合物或技术从实验室转移到工厂的过渡是一个非常烦琐和昂贵的过程。为了加强过渡，强烈建议进行研发工作的组织人员熟悉预期最终项目的系统要求，以便他们在研发阶段考虑这些需求。研发机构应确保完全熟悉SETR流程，以便在产品通过鉴定和服务发布过程时跟踪和支持其产品。

参考文献

[1] American Academy of Arts and Sciences, *Restoring the Foundation*, Cambridge, MA: American Academy of Arts & Sciences, 2014, p. 62.

[2] National Center for Science and Engineering Statistics, InfoBrief, *National Science Foundation*, 2016, http://www.nsf.gov/statistics/ (accessed October 19, 2016).

[3] 2013 R&D magazine global funding forecast, http://www.rdmag.com/digital-editions/2012/12/2013-rd-magazine-global-funding-forecast (accessed October 19, 2016).

[4] 2013 R&D magazine global funding forecast, https://www.iriweb.org/sites/default/files/2016GlobalR&DFundingForecast_2.pdf (accessed October 19, 2016).

[5] America Competes Reauthorization Act of 2015, H.R. Bill 1806, 2015, https://www.congress.gov/bill/114th-congress/house-bill/1806/text (accessed October 19,

2016).
[6] SBIR-STTR. SBIR-STTR: America's seed fund. https://www.sbir.gov/ (accessed October 19, 2016).
[7] National Defense Authorization Act, 2012, https://www.gpo.gov/fdsys/pkg/PLAW-112publ81/pdf/PLAW-112publ81.pdf (accessed October 19, 2016).
[8] Definition of technology readiness levels, https://esto.nasa.gov/files/trl_definitions.pdf (accessed October 19, 2016).
[9] Manufacturing readiness level (MRL) deskbook, 2011, http://www.dodmrl.com/MRL_Deskbook_V2.pdf (accessed October 19, 2016).
[10] Department of Defense, Instruction 5000.02—Operation of the defense acquisi-tion system. DOD, 2008, http://www.dtic.mil/whs/directives/corres/pdf/500002p.pdf (accessed October 19, 2016).
[11] DoD Financial Management Regulation 7000.14-R, 2016, Vol. 2B, http://comptroller.defense.gov/fmr/02b/ (accessed October 19, 2016).
[12] National Science Foundation. http://www.nsf.gov/ (accessed October 19, 2016).
[13] Guidance and tools, 2013, Office of the Deputy Assistance Secretary of Defense, http://www.acq.osd.mil/se/pg/guidance.html (accessed October 19, 2016).
[14] Grant opportunity, http://www.grants.gov/ (accessed October 19, 2016).
[15] Defense University Research Instrumentation Program (DURIP), http://www.onr.navy.mil/Science-Technology/Directorates/office-research-discovery-invention/Sponsored-Research/University-Research-Initiatives/DURIP.aspx (accessed October 19, 2016).
[16] Office of Naval Research—Young Investigator Program, http://www.onr.navy.mil/science-technology/directorates/office-research-discovery-invention/sponsored-research/yip.aspx (accessed October 19, 2016).
[17] U.S. Air Force—Young Investigator Program, https://community.apan.org/wg/afosr/w/researchareas/12792.young-investigator-program-yip/ (accessed October 19, 2016).
[18] U.S. Army—Young Investigator Program, http://www.arl.army.mil/www/default.cfm?page=8 (accessed October 19, 2016).
[19] DARPA—Young Investigator Program, http://www.darpa.mil/work-with-us/for-universities/young-faculty-award (accessed October 19, 2016).
[20] DTRA—Young Investigator Program, http://www.dtra.mil/ (accessed October 19, 2016). 21. Vannevar Bush Faculty Fellowship (VBFF), http://www.acq.osd.mil/rd/basic_research/program_info/vbff.html (accessed October 19, 2016).
[21] Vannevar Bush Faculty Fellowship (VBFF), http://www.acq.osd.mil/rd/basic_research/program_info/vbff.html (accessed October 19, 2016).
[22] Code of Federal Register, https://www.acquisition.gov/?q=browsefar (accessed October 19, 2016).

[23] Fixed price contracts, https://www.acquisition.gov/far/html/Subpart%2016_2.html (accessed October 19, 2016).
[24] DoD Manufacturing Technology Program Strategic Plan, 2012, https://www.dodmantech.com/About/files/FINAL_DoD_ManTech_Pgm_2012_Strat_Plan.pdf (accessed October 19, 2016).
[25] Energetics Manufacturing Technology Center, Office of Naval Research, http://www.onr.navy.mil/Science-Technology/Directorates/Transition/Manufacturing-ManTech/Navy-Mantech-Center-Excellence/EMTC.aspx (accessed October 19, 2016).
[26] The International Traffic in Arms Regulations (ITAR), https://www.pmddtc.state.gov/regulations_laws/itar.html (accessed October 19, 2016).
[27] NAVSEAINST 8020.5C: Qualification and final (type) —Qualification procedures for navy explosives, https://www.google.com/?gws_rd=ssl#q=SEA+Instruction+(NAVSEAINST)+8020.5C (accessed October 19, 2016).
[28] Technical reviews, Naval Air Systems Command, 2015, http://www.navair.navy.mil/nawctsd/Resources/Library/Acqguide/reviews.htm (accessed October 19, 2016).
[29] Future naval capabilities, Office of Naval Research, http://www.onr.navy.mil/en/Science-Technology/Directorates/Transition/Future-Naval-Capabilities-FNC.aspx (accessed October 19, 2016).
[30] Agency strategic plan 2015-2018, U.S. Department of Defense, http://dcmo.defense.gov/Portals/47/Documents/Publications/ASP/FY2016_2018ASP.pdf (accessed October 19, 2016).
[31] DoD Ordnance Technology Consortium, http://www.nac-dotc.org/ (accessed October 19, 2016).

第12章　下一代含能材料发展所需的多学科团队

凯·J. 廷德尔，丹尼尔·马兰戈尼，尼古拉斯·J. 马兰戈尼

12.1　引　　言

“尤里卡（Eureka）!”科学家渴望得到顿悟的那一刻，他们终于可以说，“我找到它了!”然而，独力研究者很少体验到“尤里卡时刻”，在孤立中做出成果。相反，“尤里卡时刻”目前需要跨学科合作[1-2]。Johnson[2]在著作《我们如何走到今天重塑世界的六项创新》中举了一个例子：Ada Lovelace 和 Charles Babbage 的例子，他们为21世纪出现的计算机创造了软件编程，以及 Leonardo da 达·芬奇在15世纪画了草图，近代才成为直升机。这些远超越时代的天才是多学科合作的例子，或者花时间融合各学科领域解决研究问题的个人[2]。DNA 结构的确定涉及一名化学家、两名物理学家和一位动物学家[3]。

21世纪问题的复杂性和解决这些问题所需的创新需要采用多学科方法[4-5]。多个学科对单个问题上的关注为更全面地理解该主题提供了机会[5-6]，并允许推进而不是渐进式步骤[2,7]。事实上，“20世纪最成功的研究实验室是那些在智力上对大多数研究人员开放的实验室”[5]。

正如本章将要讨论的那样，美国联邦研究基金资助正在从单独的研究个人转向多学科团队[8]。此外，本章还将讨论适合快速模式。美国联邦政府认识到在研究领域交叉时发展创新思维的价值[8]。同样，全国各地的研究机构都试图通过多学科团队提供内部种子基金的机会来打破学科孤岛。这种方法对于更多的“尤里卡时刻”来说是必要的。

12.2　美国联邦研究概况

美国联邦机构认识到，21世纪的世界问题不仅能通过科学的进步逐渐来

解决，而且能通过技术突破来解决。为了创造一个可以出现颠覆性技术的环境，联邦机构一直让多学科中心，专注于特定主题领域。例如，美国国家科学基金会（NSF）[8]于1985年制订了工程研究中心计划，以便在跨学科环境中与学术界合作，并“加强美国的竞争力”。两年后的1987年，NSF又制订了科学技术中心（STC）计划，目的是在基础研究领域创建包括国家实验室和工业在内的跨学科合作。将研究和教育相结合，STC计划带来了创新和变革，而这些创新和变革不会通过传统的资助机制来实现。

此外，美国能源部（DOE）自2009年以来一直资助能源前沿研究中心（EFRC）。EFRC与工业、国家实验室和非营利组织的大学合作，可以解决世界能源“巨大挑战”。另一个多学科联邦机构的例子是美国国防部（DoD）Minerva研究计划，旨在“提高对塑造美国全球安全利益的社会基础、文化和政治力量的理解”[9]。这个多学科的项目包括人文科学、社会科学和国防部软科学。这些项目的结果为外国政策制定者、战争规划者和作战人员提供了对某一感兴趣区域的社会、文化和政治见解的信息。

由于美国联邦资金的跨学科性，出版物数据中正形成一种新的趋势，其中1/3的参考文献包括该出版物研究领域之外的学科[10]。美国国家科学院[8]报告称，2013年，科学与工程出版物的独立作者仅占10%，另外90%由两位或更多作者撰写。另一个结果是设立了以多学科工作为重点的新奖项。2016年初，美国心理学会（APA）设立了一个新的奖项，即APA跨学科团队研究奖。该奖项是为APA认可跨学科研究在解决当今社会复杂问题和发展创新技术方面的重要性而设立。

此外，一些组织还为科学研究团队提供资源。美国癌症研究所[11]是美国国立卫生研究院之一，为研究团队从事科学研究的人员提供团队科学工具包。该工具包包括期刊文章、新闻文章和用于学习团队科学各个领域的工具，从理论到培训再到虚拟协作工具。自2010年以来，每年都会举办科学团队科学会议[12]。这一新兴领域的研究人员关注于有效合作的发展和维持相关的各种议题。同样在2010年，美国研究发展专业人员组织成立[13]。研究开发专业人员发展并支持多学科研究人员团队，通过校外资助和发展联邦、工业或其他学术伙伴关系来提高他们的能力[13]。

全国制造业创新网络：

2012年，美国总统奥巴马在弗吉尼亚州的一家航空发动机工厂发表讲话，宣布了要通过强大的制造业保持美国在全球市场竞争力的计划。该愿景包括建立美国制造业创新网络（NNMI），将联邦政府与工业和高等教育结合起来，以创建能够解决现实世界问题的有效中心。截至2016年，有8个NNMI投入运营。总的来说，除了 5 亿美元的联邦支持外，这些机构还利用配套资金建立了一个拥有超过 10 亿美元资源的制造业研究机构网络[14]。此外，800 多个合作组织正在共同努力，支持下一代跨学科项目解决当前和未来的制造问题。这些合作伙伴包括通用电气和美铝等主要公司、卡内基梅隆大学和麻省理工学院等一流大学，以及许多小型企业和非营利组织。2015 年年度报告显示，研究所启动了 147 个研发项目，通过各种教育计划促进了劳动力发展，并在其特定的技术重点领域促进了制造业创新区域生态系统的增长[14]。

NNMI 计划在这样的前提下建立，即新的制造工艺可能是以前认为在旧制造系统中无法实现的产品设计商业化的关键。这包括颠覆性创新和现有制造业的渐进式改进。NNMI 计划将学术界、工业界和政府集中在大型多学科中心。NNMI 计划旨在通过将跨学科工作集中在制造问题上来提高美国制造业的竞争力，例如增材制造、数字技术、轻质金属、宽带隙半导体、先进复合材料、集成光子学、混合电子、光纤和智能制造。

NNMI 计划的愿景是确保美国成为先进制造业的全球领导者。为了支持这一愿景，NNMI 报告指出，它的使命是将人员、想法和技术联系起来，以解决“与行业相关的先进制造挑战，从而提高工业竞争力和经济增长，并加强国家安全”（NNMI 战略计划）。国家含能材料计划（NEMI）与 NNMI 任务保持一致，并已成为 NNMI 的重要组成部分。NEMI 通过与行业、学术界和政府合作，通过对目前含能材料工业生产基地的革新，加强美国安全。将 NEMI 转变为 NNMI 能够推动其在下一代含能材料学方面的持续研究和开发，以满足 21 世纪作战人员的需求。专注于下一代含能材料学的 NNMI 将把急需的颠覆性创新带入制造含能材料学领域。

12.3 “突破性科学”的主要内涵

传统的开发和生产方法着重于定义的过程。定义的过程就是定义的流程。在定义的过程中，假定从一开始就知道有关系统需要知道的所有内容。这意味着团队通常会花费大量时间预先指定需求并逐步定义过程。因此，系统开发和执行旨在适应确定性和可预测的模式。更具体地说，它并不打算在执行阶段就要求创造性的改变。就生产输出方面而言，其结果有明确定义且属静态的。相反，考虑到并非所有事情都提前定义好，而是依赖基于透明度、检查和适应的方法，非常有创意和智慧的环境被更好地描述，不是通过预定义的过程模型，而是开放的过程模型。柔性制造涉及各种产品类型的小批量生产，以便在保持灵活性的同时实现效率[15]。透明度侧重于确保可以观察到有关系统的已知或发现的内容；检查强调了持续反馈和评估的必要性；适应性强调随着过程的进展需要改变和发展的必要性。

应用技术来改变动力源甚至推进装置和可燃物的设计，不仅需要开发新技术，还需要高效开发、适应性强的团队。对如何应用新含能材料学的明确期望需要更多想象力——这需要潜力。应用的期望处于两个非常重要的过程中：突破性科学的成分，特别是在含能材料学领域，需要前端拥有积累了丰富经验的、敏捷的多学科团队，后端拥有先进的纳米技术和生产过程。

灵活开发方法：

如果含能材料学的进步是为了解决传统技术发展缓慢和生产缓慢的问题，那么需要多学科团队避免这些问题，需要灵活的团队组织，便于在短期重复中开发新技术，持续测试和灵活地发布数据[16]。研究和开发（R&D）团队可以使用许多灵活方法。各种模型都是为简短、明确的操作而开发的，可提供高价值的输出。此外，为实现高效的开发，它们有严格组织的流程、最少的规范文档及所有利益相关方的持续反馈，以验证进度[16]。这些团队还需要采用协作文化，这种文化也模仿所创建的新技术的预期的灵活性和现场设计，减少文档和行政负担，有利于定期评估和进度检查。

灵活团队对于开发新形式的含能材料学是必要的，这些含能材料学会打破了旧的技术、自动化和生产模型。因此，研发团队必须让最终用户和其他利益相关者参与进来，以确保他们的创新与生产能力相关。除了材料创新之外，下一代含能材料学技术还需要在生产工艺上进行创新。如果研发团队的目标是创建仍然适合旧系统生产的规范的新技术，那么灵活团队可能会错失目标。但是，如果输出技术适应新设计的变化，就可以适应灵活团队的想法。通过这种方式，新技术的应用与真正的灵活团队之间存在着天然的协同作用。沿着这些方向，新兴的含能材料学研究技术将有效地加速国家目前含能材料生产、储存和退役的进程。这将产生政治和经济影响，需要加以考虑。当生命周期发生重大变化时，围绕能量周期建立的工业必须进行适应调整。

以装配线制造为例，它提供了一个可视化的非适应性生产过程，这需要前端设计明确考虑装配设置的限制。在这种情况下，如一个团队的目标是开发出最好的新创意，而不受设计限制的约束，那么最终可能会得到一个无法通过静态制造环境获得的想法。但是，如果输出技术是灵活的，例如 3D 打印，它将为开发团队提供各种新的想法。因此，如果应用程序技术相比于旧的和更静态的过程保持动态优势，那么它需要在相同规范内工作的开发团队。

12.4 柔性制造

Denning[17]指出，未来柔性制造的成功将取决于“掌握能够产生快速和持续创新的激进管理技术”。传统生产和制造技术的复杂性和费用使得改变传统思想变得困难。例如，制造车门需要生产相同的车门，直到购买或重新制造出生产车门所需的机械成本效益为止——这就解释了为什么汽车可能依赖几十年前制造的零件[17]。软件是一个产品的例子，用来依赖传统的开发和生产方案，但已经改变了依赖灵活的过程。由于以这种缓慢而昂贵的方式开发的软件不能保证满足原始开发问题的要求，因此需要适应更迭代、更正确和更快的速度。

Joe Justice 在 2008 年看到了 Progressive Insurance X 奖的发布。该奖项为每加仑 100 英里符合道路法律安全规范的汽车制造商提供了 1000 万美元的奖励。作为回应，他创建了 Wikispeed。他刚开始一个人，但通过社交网络工具，找到了志愿者来参与这个项目。在 3 个月内，他在 4 个国家拥有一个由 44 名成员组成的团队，致力于开发一个参与竞争的功能原型[17]。虽然他们仅排在第 10 位，但他们击败了数百个汽车运营商，其中一些是大型和老牌运营商。尽管 Wikispeed 可能很容易被忽略，但它们确实是柔性制造的一个生动例子。

灵活团队很受欢迎，因为他们为开发人员、制造商和管理员解决了问题[16]。这些团队能够将项目分解为短期攻关，旨在快速、高效、专注于小范围解决方案，不考虑潜在的错位与总体要求。当项目作为一个整体进行时，有时受生产潜力和用户需求的限制而产生的范围和需求的变化会不断挑战进度。在攻关期间，多学科团队可以针对更具体的问题开发更具创造性的解决方案，而无须在开始时考虑设计限制。在美国，两种最流行的灵活方法是 Scrum 和 XM[16]。

1. 开发团队

自 Schwaber 和 Beedle[18]最初用开发团队（scrum team）作软件开发以来，开发团队已被用于支持产品开发。作为一种产品开发方法，它仍然侧重于项目管理而不是编码细节，这使它在各种项目的开发中被广泛使用。开发团队使用产品所有者作为联系点，定义利益相关者需要什么。产品所有者需要了解最终产品需求，协调创建和输出的要求，并将这些要求传达给团队[16]。重要的是，产品所有者有助于保护开发团队免受设计或 eXMectation 的影响。虽然允许改变主意，但只有在攻关开始时才会引入变化，而不是在攻关期间引入。

开发团队致力于明确利用团队成员的意见、技能和能力。开发团队成员必须完全致力于团队，不仅提供建议，还提供解决方案。该团队通常是多学科的，可从每个成员那里寻求真正的解决方案。在这个过程中，局外人可能会提出意见，但只有团队成员才能做出决定。团队成员应该直接参与攻关任务。

开发团队的工作长达一个月（有时更短）的时期，称为攻关期[16]。在带头人（scrum master）的带领下，这些攻关采用了可以解决的用户故事形式。用户故事是所需解决方案的元素，旨在充分了解解决方案的特征对团队的意义。Carroll 于 2010 年指出，用户故事可以“作为（用户角色）、我想要（功能）、以便我（实现某个目标）”的形式进行表达。选择故事以帮助定义攻关的范围，并且标识任务以便解决故事。在攻关期间，几个管理工具用于跟踪进度（例如烧毁图表），并由带头人在显著区域显示，供整个团队查看。每天都会有一个全体团队的短会，以便共享想法和进度报告。考虑到团队成员已经完成的工作，他们分享当天的个人目标，并以他们的方式解决障碍或潜在的障碍。在攻关结束时，与产品所有者一起举行评审会议，以讨论进度、重新评估团队方向、重新确定故事的优先级，并根据需要采用相关的新故事。

2. 极端制造

极端制造（extreme manufacturing，XM）是一个灵活的制造和开发框架，受到开发团队的启发。XM 的名字来自另一个敏捷软件开发过程，即极端编程（XP）。XM 和 XP 都假设最终用户是相对本地的并且与开发团队交织在一起。它还假设“向客户提供频繁更新不是问题：构建和发布版本快速简便，并且向所有客户推出实施很容易”[16]。这部分是由于第一个假设：经验丰富的最终用户可以是完整的团队成员。最终用户团队成员或客户有助于直接塑造产出和期望。虽然客户可能知道需要什么，但团队的其他成员并不认为最终用户可以开发可交付成果所需的用户界面。因此，团队的其他成员在开发中扮演更积极的角色。

XP 开发通常被视为一个游戏，它重视交互和人际协作，而不是正式的文档和结构化的交互[16]。客户经常向团队介绍故事，例如开发团队，然后开发人员估计完成与故事相关的任务所需的时间。与故事相关的工作在迭代中完成——类似于开发团队的攻关。迭代周期从计划开始，到最终用户接受可交付成果结束。迭代通常比短跑更短，每次持续约两周。团队在此过程中会协商完成任务，一旦所有相关任务都经过全面测试，故事就会被接受，并完成。

由于每次迭代都是为了产生可用的可交付成果，因此，开始规划会话通常会定义为项目构建框架的任务，这些任务可用于创建更多功能性工作所需的更复杂的输出[16]。每次迭代都采用在阶段期间可合理完成的工作量。由于还需要在迭代期间完成返工和修复，因此，在工作负载计数中会考虑与预期调整相关的故事。

3. 灵活性

就像软件一样，制造业的灵活生产也需要团队的灵活管理，需要更新技术。在 Wikispeed，开始的工作是确定客户需要“通过精确定义的测试，优先考虑要处理哪些测试，在短周期内工作以提供满足测试的功能或产品，向客户确定需求，这是否是他们真正想要的，然后再继续循环”[19]。这些周期在每周迭代中进行测试，其中包括与远程合作伙伴的协作，以便找到更好的方法来完成需要完成的工作。其中最重要的部分是，测试一开始时得到了很好的定义——这是与大型团队一起快速迭代计划的关键方面[19]。就像 Scrum 一样，Wikispeed 开始用一个问题攻关。合作者将努力找到问题的最快、最便宜和最准确的答案。

4. 下一代含能材料

开发团队或极端制造可以成为含能材料领域工作的多学科团队的范式。以这种方式设计项目将使含能材料设计和生产呈指数级飞跃。对先进含能材料的需求随着对性能和生产的需求而增加。例如，随着炸药可燃物的增加，对功率和效率的需求增加以及安全性和准确性结合，以及减少开发时间与生产和运输灵活性的需求[20]。这些要求在许多方面适得其反。解决方案需要前端有快速有效的开发解决方案，后端有动态生产平台以及应用的明确计划。灵活的多学科团队的使用突出了研究开发人员和专家快速工作的潜力。

美国国防部已明确表达了这一点，它希望将下一代含能材料付诸行动。Kavetsky 等[20]报告称，“国防部必须继续适应当前技术变革的步伐，迅速将新技术和突破性技术整合到业务系统中，并持续促进创新的研发环境，以保证军事力量的领先地位”（第 8 页）。这可以通过大型预算项目来完成，以资助 NEMI。NEMI 可以作为资助灵活研发团队在能源设计和生产方面取得指数性飞跃的渠道，而不是遵循古老的美国联邦增量资金流程来实现增量技术进步。NEMI 将使研究人员、开发人员、生产商和最终用户参与进来，以确保下一代含能材料的适用性和相关性。

美国国防部确定需要雇用该领域的顶尖科学家，这些是 NEMI 的成员。然而，正如灵活团队的讨论所看到的，还需要有效利用人力资本来创建解决方案和可交付成果，以便在快速输出和灵活生产的环境中扩展含能材料的潜力。正如灵活团队代表的只是项目工作中单次、小部分的、小型的有实力的团队，纳米技术意味着在小规模和微观层面上释放资源潜力[21]。在纳米层面上研究技术，不仅适合灵活团队的潜力，还可以挖掘资源的潜力，这些资源可以“彻底改变工程、制造、加工产品和服务，当然还有军事系统”[21]。

当灵活团队仅限于庞大而静态的可交付系统时，这些团队的优势就会丧失。如果灵活团队只有一个不可更改的工厂来生产商品，那么它不仅受到团队创造新想法的潜力的限制，而且受到工厂生产超出现有机械变革的小范围的潜力的限制。然而，纳米含能材料相比于其庞大的对应物具有能量释放和机械优势[21]。这种趋势可能获得能量指数增大而质量仅是前几代含能材料一小部分的材料。进而使所需的输出可以变得像开发技术的团队一样灵活。

12.5 下一代含能材料的配方

现在已经讨论了突破性科学的要素，这对下一代含能材料的发展意味着什么？政府、学术和行业合作伙伴遵循的最佳配方是什么？仅仅拥有合适的成分是不够的。一代含能材料如何发展和生产的问题，需要在一定程度上纳入所有必要的学科。

前几章确定了含能材料生命周期所需的科学和技术。建模和模拟对于产品开发和质量控制是必要的（第9章）。预测建模允许研究人员确定不同环境中含能材料的相互作用（第4章）。对于含能配方的流变性的深入理解对其生命周期中的几个过程是必要的，特别是在连续加工操作中（第6章）。自1985年以来，史蒂文斯理工学院主要与美国海军、美国陆军和国防承包商合作，开发了相关的能力，包括新的流变仪和新的数据分析方法。这些功能允许精确地表征含能配方的流变性能，并促进精确的数学建模和加工操作模拟，以确保优化安全性、几何形状和操作条件，从而在含能材料制造过程中实现更好的质量和过程控制。同样，流变学家与得克萨斯理工大学研究团队在含能增材制造方面的协作也减少了试错试验。多学科的协作加快了基于打印加工方法的发展步伐，节省了时间、精力和金钱。此类的例子是推动NEMI向前发展的多学科合作类型的基础。

NEMI由11所大学和若干政府及行业合作伙伴组成，将学术界和政府的技术资源与私营企业的制造资源相结合。各种研究学科的专业知识范围包括但不限于以下内容：

（1）流变学和聚合物工程；
（2）数学和数值模拟；
（3）材料科学；
（4）纳米材料；
（5）爆炸物工程；
（6）物理学；
（7）材料工程；
（8）化学；
（9）电气工程；
（10）化学工程；
（11）机械工业；
（12）环境毒理学；
（13）工业工程；
（14）经济学。

NEMI 中包含的专业知识不仅限于弹药的含能材料研究，还可以应用于石油和天然气工业、建筑业，甚至农业和医药领域的技术。常规和非常规石油和天然气业务都可以使用 NEMI 开发的技术来增加石油和天然气的产量。康奈尔研制出一种基于火药的基因枪，可以将涂有 DNA 的颗粒直接沉积到组织中，这种枪直接应用于将遗传物质注入作物，使作物抵抗感染[12]。下一代基因枪可以将 NEMI 开发的纳米含能技术用于农业和医疗领域。

技术转让机会是无穷的，但如果没有大学创新转移到私营企业的制造能力的发展途径，这将是不可能的。成功的秘诀可以在 Leydesdorff 和 Etzkowitz[23]的三螺旋模型中找到。三螺旋是工业、学术界和政府的相互依赖关系。在这个模型中，混合型组织由工业、学术界和政府组成。这些混合组织中的一个例子是由美国国防部（DoD）或美国能源部（DoE）资助的由国家创新研究所网络（NNMI）组成的研究所[24]。NNMI 将政府资金与行业和学术资金相融合，通常由一个行业、学术界和政府合作伙伴组成的非营利组织领导。这些研究所将学术界的研究基地与工业制造业基地相结合，解决国家制造业问题，为未来创造创新。

同样，NEMI 旨在与工业、学术专家和政府合作，以提高国家的安全。NEMI 之间的相互作用使学术界和政府建立了几个研究实验室，致力于同时开发相同的技术。它们发现在开发这些技术的实验中遇到了类似的问题，同时发现一个实验室开发了一个创新的解决方案，可以推进另一个实验室的实验。这些实验室开始在 NEMI 的结构中协同工作时，可以节省时间、精力和成本。

12.6 结　论

为了确保美国的安全，必须对目前的工业基础进行重大改革。为了美国的未来，有必要对下一代含能材料及其生产过程进行重大投资。Johnson 于 2014 年对其进行了最好的说明：“保持在你的学科范围内，你将有更轻松的时间进行渐进式的改进……但这些学科界限也会成为一些无形的限制，只有越过这些界限，才能获得更大的想法。”美国可以准许含能材料进行逐步改进提高，或者也可以创造一个机会，将政府、工业界和学术界的资源结合起来，推动国家向前发展。NEMI 和其中的灵活团队正在准备应对这一机遇，并有可能成为下一代含能材料研究中突破性科学的催化剂。

参考文献

[1] Andersen, H. (2013). The second essential tension: On tradition and innovation in interdisciplinary research. *Topoi*, 32 (1), 3-8.

[2] Johnson, S. (2014). How we got to now: Six innovations that made the modern world. New York City, NY: Riverhead Books.

[3] Chemical Heritage Foundation. (2016). James Watson, Francis Crick, Maurice Wilkins, and Rosalind Franklin. Retrieved from https://www.chemheritage.org/historical-profile/james-watson-francis-crick-maurice-wilkins-and-rosalind-franklin.

[4] Dino, R. N. (2015). Crossing boundaries: Toward integrating creativity, innovation, and entre-preneurship research through practice. *Psychology of Aesthetics, Creativity, and the Arts*, 9 (2), 139-146. doi: 10.1037/aca0000015.

[5] Kornberg, K. (2016). You, me, and we: Biolabs for the 21st century. *Cell*, 164 (6), 1097-1100. doi: 10.1016/j.cell.2016.02.017.

[6] Sigelman, L. (2009). Are two (or three or four…or nine) heads better than one? Collaboration, multidisciplinarity, and publishability. *PS: Political Science and Politics*, 42 (3), 507-512.

[7] Henneke, D. and Lüthje, C. (2007). Interdisciplinary heterogeneity as a catalyst for product innovativeness of entrepreneurial teams. *Creativity & Innovation Management*, 16 (2), 121-132. doi: 10.1111/j.1467-8691.20 07.0 0 426.x.

[8] National Academy of Sciences. (2015). *Enhancing the effectiveness of team science*. Washington, DC: The National Academies Press.

[9] Fitzgerald, E. (2015). *The minerva research initiative*. Department of Defense. Retrieved from http://minerva.defense.gov.

[10] Van Noorden, R. (2015). Interdisciplinary research by the numbers. *Nature*. Retrieved from http://www. nature. com/news/interdisciplinary-research-by-the-numbers-1. 18349.

[11] National Cancer Institute. (2016). Team science toolkit. Retrieved from https://www. teamsciencetoolkit. cancer. gov/public/Home. aspx.

[12] Baker, B. (2015). The science of team science. *BioScience*, 65 (7), 639-644.

[13] National Organization of Research Development Professionals. (2012). About us. Retrieved from http://www. nordp. org/about-us.

[14] National Network for Manufacturing Innovation [NNMI]. (2015). National network for manufacturing innovation program: Annual report. Retrieved from https://s3. amazonaws. com/sitesusa/wp-content/uploads/sites/802/2016/02/2015-NNMI-Annual-Report. pdf.

[15] Girault, C. and Valk, R. (2013). *Petri nets for systems engineering: A guide to modeling, verification, and applications*. Berlin: Springer Science & Business Media.

[16] Beyer, H. (2010). *User-centered agile methods (Synthesis digital library of engineering and computer science)*. San Rafael, CA: Morgan & Claypool.

[17] Denning, S. (2012). How Agile can transform manufacturing: The case of Wikispeed. *Strategy & Leadership*, 40 (6), 22-28.

[18] Schwaber, K. and Beedle, M. (2001). *Agile Software Development With Scrum*. Upper Saddle River, NJ: Prentice Hall.

[19] Department of Engery. (2015). Energy Frontier Research Centers (EFRCs). Retrieved from http://science. energy. gov/bes/efrc/.

[20] Kavetsky, R., Anand, D., Goldwasser, J., Bruck, H., Doherty, R. M., and Armstrong, R. W. (2007). Energetic systems and nanotechnology-A look ahead. *International Journal of Energetic Materials and Chemical Propulsion*, 6 (1), 39-48.

[21] Yarbrough, Ⅱ, A. B. (2010). *The impact of nanotechnology energetics on the Department of Defense by* 2035 (*Doctoral dissertation*). Air University.

[22] Gan, C. (1989). Gene gun accelerates DNA-coated particles to transform intact cells. *The Scientist*. Retrieved from http://www. the-scientist. com/?articles. view/ articleNo/ 10616/ title/Gene-Gun-Accelerates-DNA-Coated-Particles-To-Transform-Intact-Cells/.

[23] Leydesdorff, L. and Etzkowitz, H. (1998). The Triple Helix as a model for innovation studies. *Science and Public Policy*, 25 (3), 195-203.

[24] Manufacturing. gov. (n. d.). National Network for Manufacturing Innovation (NNMI). Retrieved from https://www. manufacturing. gov/nnmi/.

第 13 章　新兴的美国含能材料倡议

凯 · J. 廷德尔，罗伯特 · V. 邓肯，安东尼 · M. 迪恩，史蒂夫 · 塔珀，
罗纳德 · J. 怀特，冯 · 罗梅罗，理查德 · A. 耶特，斯蒂芬 · D. 谢，
简 · A. 普申斯基，迪尔汉 · M. 卡利恩，米歇尔 · 潘托亚

13.1　引　　言

目前的弹药工业基地是在第二次世界大战期间和之后建造的，并且根据战争的规模进行了扩展，以满足战火冲突的生产率[1]。主要问题是如何保持激增的军备采购需求的能力，并仍然能够在和平时期利用普遍陈旧的设施进行经济运作[1]。传统的解决办法是继续从现有设施采购弹药[1]。这些解决方案永远不会真正解决问题，因为它们只希望运行现有过时的功能。我们需要的是行业基地的现代化，利用最新的制造科学和技术在成本与质量上进行提升[1]。通过实施现代工艺技术，可以创建下一代工业基础，使军工和商业产品能够遵循严格的质量控制标准进行生产。

基于这一需求，美国九所大学以及几个政府和行业合作伙伴发起了美国含能材料倡议（NEMI），以便将学术界的科学与技术资源和私营企业的制造资源相结合。NEMI 计划通过开发和移植新技术并将其转化为工业基地来推进军备技术领域。NEMI 计划将为下一代弹药的开发和制造带来潜在性的突破，但急需创新。整合新材料和创新设计将使我们的工业基础现代化。系统工程方法将利用新兴的技术和创新的化学制备方法，大大缩短生产周期和成本，同时提高产品质量。使技术以极快的速度向工业基地过渡，从而极大提高美国能源材料的开发和制造能力。

除了预期的产品性能提升之外，NEMI 计划还将提高未来工业基地的效率并降低成本。开发新含能化合物并将它应用到现有工业基地中是非常困难且价格昂贵。NEMI 计划正在致力于开发和论证新工艺技术，这些技术将在中试及全面生产中实施，以促进新的含能化合物的转化。这将主要通过将新产品

转换到较小的敏捷和灵活的生产线来实现，其可以生产军用和民用的各种产品，减少开销。

NEMI 的另一个创意是将纳米尺度的材料科学与技术的最新进展应用到含能材料开发领域。这使得它具有产生显著进步和创新的潜力，带来突破性的应用。这些创新具有变革性，从而改变军事战斗的条件，使之成为国家的巨大优势，并确保未来自由和其他人权的发展。

以下大学是 NEMI 协会的首批成员：

（1）科罗拉多矿业学院；

（2）密苏里科技大学；

（3）蒙大拿科技大学；

（4）新墨西哥科技大学；

（5）宾夕法尼亚州立大学；

（6）罗格斯大学；

（7）南达科他矿业理工学院；

（8）史蒂文斯理工学院；

（9）得克萨斯理工大学。

以下是 NEMI 的首批政府和行业合作伙伴：

（1）联合核安全有限责任公司；

（2）含能材料产品有限责任公司；

（3）新材料与工艺有限责任公司；

（4）劳伦斯利弗莫尔国家实验室；

（5）洛斯阿拉莫斯国家实验室；

（6）美国陆军 RDECOM-ARDEC［美国陆军装备研究开发和工程中心（Armament Research, Development and Engineering Center, ARDEC)］；

（7）海军水面作战中心；

（8）轨道 ATK 公司；

（9）桑迪亚国家实验室；

（10）系统与材料研究公司。

13.2　最新研究

NEMI 成员中的大学正在进行各种含能材料方面的最新研究。整个联盟的研究在含能材料生命周期中处于关键科学和技术的前沿。以下 13.2.1 ~ 13.2.9 节简要概述了各机构的含能材料研究情况。

13.2.1 科罗拉多矿业学院

科罗拉多矿业学院通过多个中心进行含能材料研究，包括高级爆炸加工研究组（AXPRO）和并行模拟执行高性能计算中心（HPC）以及化学和物理部门。

AXPRO是在工业合作伙伴的支持下成立的，旨在发挥美国科罗拉多矿业学院（CSM）本科和研究生工程教育的独特优势。该集团目前已发展壮大，雇用了5名全职技术人员，致力于为客户和合作伙伴提供研究价值。该技术人员还有助于监督AXPRO在CSM的研究生和本科生爆炸性研究项目。AXPRO在爆炸工程、含能材料和材料的爆炸性加工方面进行应用和基础研究。研究范围侧重于与行业和政府合作开发独特应用的实用技术。

AXPRO参与了广泛的研究活动。目前的爆炸性研究主要集中在以下几个领域：工业清理、雪崩控制、资源回收、爆炸焊接、爆炸和材料碎裂、大气电荷表征、启动系统评估、简易爆炸装置的物理和化学特性以及爆炸性能验证。

CSM化学部贡献了与含能材料相关的几个领域的专业知识，包括合成和配方、光物理和化学表征、质谱分析、多尺度的理论和模拟，包括量子、原子、直至宏观水平。专用化学湿实验室能够进行任何类型的化学转化/合成。合成化学品/材料的质量控制由CSM提供的尖端分析工具完成。含能材料的理论和模拟包括热物理（如Arrhenius）参数的计算、临界温度的模拟、结构-活性关系的获得，以及在CSM使用高性能计算设备的分子尺度能量传输的模拟。

CSM物理系在这些平台上提供超快激光和光学开发、非线性显微镜和微加工方面的专业知识。物理学开发了专利技术，利用空间和时间聚焦技术进行涉及超快光脉冲的加工应用。

该方法使用适合处理反应材料的低数值孔径光学器件（长工作距离）提高激光器的精确度以消融到敏感屏障。此外，正在为这些处理系统开发一种新颖的非线性成像工艺，使加工过程能够以更高的分辨率实时可视化。这里开发的技术适用于含能材料的3D处理和操作，此外，还可用于光学驱动的高能材料的研究和应用。

13.2.2 密苏里科技大学

美国密苏里科技大学作为一个领先的学术机构，在培训和教育世界爆炸物工程专家方面拥有悠久的传统。目前的课程包括“研究生和本科生爆炸物证书”“爆炸物工程辅修课程”“爆炸物工程硕士和博士”（标题为爆炸物工程）。在密苏里州科技采矿部门的支持下，这一迅速扩大的项目专注于广泛的工业和学生需求，提供的课程涵盖了炸药、推进剂和烟火在采矿、建筑、国防、国土安全、拆除、石油回收、烟花和特殊行业中的使用。密苏里州科技大学每年都会为高中生举办一个亲身体验的爆炸物夏令营，这使得一个科普实验室连续几年排名靠前。密苏里州科学与技术研究中心是密苏里州岩石力学和炸药研究中心的下属机构，主要从事炸药方面的研究。目前，科技部正在建造一座新大楼，作为炸药研究设施，专门用炸药研究、培训和教育。这一最先进的设施为企业、政府和教育研究提供了一个场所，允许客户接收高质量的数据，同时给学生和教师提供实验的机会。该建筑物包含用于爆炸物测试的科学仪器，包括两个爆破室、高速摄像机、安全和处理测试设备以及几个测量设备。一个能够容纳 8 磅高炸药爆炸的新型爆炸室很快就可以运行。爆炸工作还享有校园实验矿井设施的优势，该设施允许对含能材料及其对基础设施的影响进行露天和地下经验测试。附近的美国陆军基地伦纳德伍德堡的军事靶场被借用，用于升级到全面爆破。密苏里州科技大学已经在这些地点进行商业和联邦资助下的研究。

13.2.3　蒙大拿州科技大学

蒙大拿州科技大学是根据国会授予蒙大拿州地位的法案成立的一所矿业学校，该校今天的任务旨在提供模范的本科和研究生教育、劳动力发展、研究和服务，建立其在工程、科学和技术方面的悠久传统和附带实践的混合理论以满足社会不断变化的需求，并负责开发和利用自然资源。在这种背景下，蒙大拿州科技大学对含能材料研究越来越有兴趣。该大学拥有大量精密仪器，对于含能材料研究和一批技术导向的工程和科学教师非常重要，他们愿意进入这个研究领域。例如，蒙大拿州技术研究所的研究人员研究了爆炸物的机械特性，用于研究战场上枪支的偶发性爆炸，有助于在纳米材料、化学分析、电子微控制器和控制方面提升研究能力。蒙大拿州 Butte 高级矿物和冶金加工中心是所有与材料科学（包括含能材料）相关领域的学术和合同研究与开发的校园联络中心。

13.2.4　新墨西哥科技大学

终端效应研究和分析小组（TERA）于 1946 年成为新墨西哥矿业学院的第一个研究中心。TERA 及其创始人 EJ Workman 在第二次世界大战期间在近炸引信的开发和部署中发挥了重要作用。

第二次世界大战结束后，这项工作蓬勃发展，因为 TERA 继续开发引信设备，并扩展到弹头设计和测试。由于这项研究的成功，EJ Workman 被任命为大学校长，他将校名改为新墨西哥矿业技术学院。今天，含能材料研究和测试中心（EMRTC）取代了 TERA。EMRTC 的 $40mi^2$（1mi≈1.61km）的现场实验室位于新墨西哥州索科罗的新墨西哥理工学院校园附近的山区。现场实验室包括 30 多个试验场、靶场、其他研究设施和储存区，可进行全方位的研究和试验活动。EMRTC 有能力开展涉及超过 20000 磅炸药的测试。目前的研究包括弹头开发和测试、大规模建筑物生存能力、简易爆炸装置（IED）销毁、自制炸药的分析和评估。EMRTC 军事武器的可利用性引起了校园各部门的一些院系的兴趣。目前，学生正在与物理、化学、材料工程和机械工程系的教师一起研究含能材料的各个方面。

13.2.5 宾夕法尼亚州立大学

40 多年来，宾夕法尼亚州立大学一直在开展含能材料研究。该研究涵盖了含能材料的所有方向，其中在燃烧和推进领域已经做出的贡献最重要。在过去的 25 年中，含能材料研究已在多个实验室开展（如高压燃烧实验室——HPCL，低温燃烧实验室——CCL 和燃烧研究实验室——CRL），该研究与推进工程和研究中心（PERC）以及现在的燃烧、动力和推进中心有关联。该研究包括用于火箭和枪炮推进系统的气态、固态、液态和凝胶推进剂的燃烧，用于冲压喷气发动机和混合动力推进系统的固体燃料，逐个组分到全尺度的弹道研究，含能材料、纳米铝热剂、金属间化合物、金属燃烧的点燃、分解和反应动力学，气囊用推进剂的燃烧，危险工业安全的可燃性/爆炸分析，应用于微电子机械系统芯片上的含能材料，以及火箭喷管烧蚀/侵蚀、内部绝缘和隔热材料的研究。

这些实验室拥有独特的大学设施，包括 8 个带有远程控制区域的增强型测试单元装置、高压线和对冲燃烧器、冲击管和弹道压缩机、高温/高压流动反应器、用于大型火箭发动机点火的室外测试设备，用于双组元推进剂发动机研究的液体低温能力、气态高压排污流动系统和含能材料储存的室外容器。包括高速 X 射线实时辐射照相在内的高级诊断技术，可用于表征内部燃烧/反应过程；高速纹影允许对超声速流动结构和振动传播成像。从制造业的角度来看，宾夕法尼亚州的含能材料团队开展了有关含能材料、纳米氧化剂和纳米金属的核壳复合材料、液体推进剂和纳米金属或石墨烯基胶体的自组装，活性材料的冷喷涂组装，小型发动机和燃料颗粒的 3D 打印，以及其他方面的研究。在整个大学和应用研究实验室（美国国防部指定的宾夕法尼亚州美国海军大学附属研究中心），有几个世界级的制造中心，包括通过直接数字化沉积创新材料加工中心（CIMP-3D）和制造与维持技术研究所（iMAST）。

13.2.6　罗格斯大学

美国罗格斯大学和皮卡汀尼兵工厂之间的一个多学科研究项目正在进行，旨在为含能材料应用开发多功能材料和集成制造系统。研究的一个关键方面是美国陆军基于火药的（例如，点火药）制造的现代化，其包括对现有过程的性能进行基准评判，测试原材料和中间材料的性质，并将它们与产品/工艺变化相关联；实施制造过程中的关键材料特性在线传感和监测的方法。发展对工艺参数、工艺性能/产品质量影响的机械/预测性理解；设计和实施更有效、更安全或两者兼有的工艺替代方案。此外，罗格斯大学还开发了一类新的多功能纳米结构材料，具有新颖和增强的特性，适用于含能材料应用，包括以下几方面：

（1）新型含能复合材料（例如，具有金属氧化物涂层的铝纳米丝）；

（2）燃料和氧化剂之间的石墨烯钝化界面；

（3）基于氮化硼的反应系统；

（4）石墨烯增强聚合物。

该项目中使用的研究途径和方法的具体内容包括以下几方面：

（1）开发制造方法（例如，基于火焰的、溶解和挤出），以便快速且经济有效地扩展纳米结构材料和涂层的生产；

（2）采用原位激光诊断技术表征流场，以及合成过程中的纳米材料；

（3）纳米材料生长动态学的建模和模拟；

（4）运用离子液体电沉积技术在材料上涂覆反应活性金属；

（5）使用高压高温方法固结纳米火药；

（6）使用新型挤出方法生产石墨烯增强的聚合物复合材料；

（7）使用各种纳米压痕/撞击技术表征散装材料和涂层的硬度、耐磨性和冲击强度；

（8）颗粒固体的压实和烧结的多尺度建模与模拟。

与此同时，罗格斯大学的另一公司也在进行技术实施工作。这种并行的研发策略会明显缩短从大学探索发现到工业应用的交付时间。

13.2.7　南达科他矿业理工学院

南达科他矿业理工学院（南达矿院）位于南达科他州拉皮德市，该学院于1991年开始研究含能材料。当时，研究人员正在开展聚焦于先进陶瓷和金属间材料的自蔓延高温合成和凝聚相系统中燃烧前沿传播的数学模拟方面的研究。该研究后来发展为研究燃料和氧化剂以混合纳米粉末形式组成的系统（也称为纳米铝热剂）的超快反应。美国国防部赞助的研究获得了多项专利，并于1999年在南达科他州拉皮德城成立了一家新的分公司（新材料与工艺（IMP）有限责任公司）。从那时起，公司稳步发展，现在它负责将纳米铝热剂技术转变为在击发和电点火药以及其他引发剂方面的实际应用。目前，南达矿院的研究工作聚焦于包括杀菌剂、复合推进剂配方和塑性炸药在内的含能材料3D打印，工程反应性材料的开发，炸药的共晶和电磁材料的表征。

13.2.8 史蒂文斯理工学院

史蒂文斯理工学院，成立于1870年，是一家专注于工程和科学的私营非营利性机构。史蒂文斯理工学院的校园位于新泽西州霍博肯市的纽约市对面。史蒂文斯目前拥有2976名本科生和3623名研究生，并且该校的起薪和投资回报在前十名（TOP10）高校中一直名列前茅。史蒂文斯理工学院拥有许多研究中心，其中包括海事安全、系统工程、船体设计、流变学以及各种复杂流体（包括含能材料）的加工中心。自19世纪80年代以来，史蒂文斯理工学院一直在含能材料领域开展研究。

1985年，史蒂文斯理工学院在含能材料方面的资金涵盖了流变学、流变仪设计、纳米和微观结构形成的表征以及含能材料连续加工的数学模拟。它建立了各种专用流变仪和新型连续加工设备，包括专用模具和双螺杆挤出机，开发了基于三维有限元法的综合数学模型和模拟源代码，使得能够在可预测和安全的条件下连续制造含能材料。这些研究能力为高填充悬浮液的加工特别是含能材料的连续加工奠定了科学技术基础。这项研究得到了180多份研究合同和赠款的资助，这些合同和赠款来自美国政府不同的组织和公司，这些组织和公司在处理能源学、陶瓷、制药、电池、磁场和电场屏蔽等领域的高填充悬浮液（包括纳米悬浮液）方面面临挑战，如纳米复合材料、生物复合材料、生物量、组织工程支架、骨增强材料、电子包装、热间隙填充材料和个人护理产品。将各种相关行业的知识和能力转移到含能材料制造和开发领域的能力是史蒂文斯理工学院的重要财富。

13.2.9 得克萨斯理工大学

为了确保美国安全，美国军队必须更快、更努力、更长时间地工作。他们的设备必须能够高效地运行，同时适应不断变化的环境。得克萨斯州拉伯克市的得克萨斯理工大学（TTU）研究人员已经使美国国防部使用的武器系统更安全、更可靠、更具机动性。这些贡献有助于保护我们的士兵、我们自己和我们的国家安全。TTU 正在为美国国防部所关注的脉冲功率、高能材料和先进的光学纳米材料提供创新和先进的基础研究和早期转化研究。TTU 在等离子、脉冲功率和电力电子研究方面拥有先进的能力，包括高功率射频和微波发电、高功率开关、高功率先进电气和热封装，以及电子机器的高带宽监控和控制。TTU 还在开发优质的含能材料，可以增强现代武器系统所需的范围、效能、生存能力和可扩展性能。正在开发的新型纳米材料和系统，用于创新的新含能材料和高级可视化与态势感知系统的新型光电子学。TTU 研究提供早期阶段的基础研究，以推进这些国防应用，并协助技术转让给大规模生产此类系统的国防承包商。

TTU 的工作可以让军方最终使用可移动的 3D 打印机打印出部队所需的弹药数量。目前，弹药大量生产并成在大量库存。这项新的研究最终可以创建一个能与任意军事组织协同机动的制造系统，使他们可以在特定情况下准确地打印出所需的武器弹药。这项工作将打开一个更有效、更具机动性和成本效益的系统。

TTU 的研究人员正在努力将爆炸物引入并稳定成塑料，这些塑料可以打印成子弹和许多其他传统弹药。目前，一些燃料（例如铝）在打印之前容易沉淀到液态塑料的底部。科学家正致力于在铝颗粒周围开发一种涂层，以使其保持悬浮状态，从而最终当一颗子弹（例如子弹）被打印出来时，能量将被均匀分散，以实现最有效的爆炸。

TTU 在利用纳米含能材料对能源储存方式的革新方面也取得了长足进步。研究人员发现，纳米含能材料比微米级材料对点火更敏感，产生的反应性要高出一个数量级。在当今对新能源储存系统的需求日益增长的情况下，需要这些新概念，这些新能源储存系统可能会改变可再生能源的格局，并减少我们这一代人和过去几代人的碳足迹。

13.3　建立美国含能材料倡议协会

NEMI 协会成立大会于 2015 年 10 月 12 日至 14 日在得克萨斯理工大学创新中心和研究园区举行。来自全国各地的 70 名大学研究人员、国家实验室和行业专家出席了会议，会议由得克萨斯理工大学研究副校长办公室主办，橡树岭大学协会（ORAU）、联合核安全和轨道 ATK 共同赞助。含能材料与增材制造相结合为主题的尖端性质使与会者专业化范围是高度跨学科的，包括了在流变学和微流体学、过程建模和模拟、脉冲功率、分子热力学、爆炸物降解和计算化学等学科领域的研究专家。

会议的主题聚焦在含能材料增材制造的创新、使能源部门与现代制造系统相结合，以及将新材料转至现代化的工业基地。大学和行业的代表都介绍了最新的知识与技术，并描述了各自机构正在开展的工作的广度和意义，还提供了能力范围的概述。在整个活动期间，有创新骨干会议，或小型团组会议和建立关系网的空间，以鼓励联合协作。

这个事件具有里程碑意义，标志着新的 NEMI 协会启动，由全国一流大学组成，将学术界的科学与技术资源和私营企业的制造资源结合起来。有关该活动的更多详情，包括议程和参与者名单，请访问 www. depts. ttu. edu/vpr/nemc。

参考文献

[1] Joint Munitions Command [JMC]. (2010). History of the ammunition industrial base. Retrieved from http://www. jmc. army. mil/Docs/History/Ammunition%20Industrial%20Base%20v2%20-%202010 %20update. pdf.

结　语

美国正处于含能材料研发的关键时刻。虽一切照常运行，但传统的研究和开发活动正在产生越来越小的收益。这要求美国作战人员从他们使用的装备中获得更大的效能。幸运的是，含能材料领域已经生产许多有前途的下一代含能材料，这些材料可以满足美国国防部（DoD）客户所需的严格的性能、成本、感度和经济性要求。含能材料研究和研发界基本的共识是，摆脱 20 世纪 40 年代工业基础的局限，建立具有先进加工能力的现代化基础设施，为美国作战人员服务。美国军备联盟和美国含能材料倡议协会将建立公私伙伴关系，在含能技术的整个使用寿命周期内协调和顺利发展。如何将资源用于弥补巨大的技术成熟度—制造成熟度（TRL-MRL）间差距，以及使新材料和新工艺在国家技术和工业基地（NTIB）得到顺利应用，还有待观察，未来将给出相关答案。

主要贡献者

塞达阿·克塔斯
史蒂文斯理工学院化学工程与材料科学系高填充材料研究所
新泽西州霍博肯
桑乔伊·K. 巴塔查里亚
得克萨斯理工大学化学工程系
得克萨斯州拉伯克
玛迪·比查伊
海军水面战中心
马里兰州印第安黑德
内扎哈特·博兹
史蒂文斯理工学院化学工程与材料科学系
高填充材料研究所
新泽西州霍博肯
约翰·M. 森特雷拉
美国陆军装备研究、开发和工程中心
新泽西州皮卡汀尼阿森纳
陈秋铉
得克萨斯理工大学化学工程系
得克萨斯州拉伯克
安东尼·M. 迪恩
科罗拉多矿业学院
科罗拉多州戈尔登
内巴哈特·德吉尔门巴西
史蒂文斯理工学院高填充材料研究所
新泽西州霍博肯
罗伯特·V. 邓肯
战略研究计划部
得克萨斯理工大学物理系

得克萨斯州拉伯克
大卫·F. 费尔（退休）
美国陆军装备研究、开发和工程中心
新泽西州皮卡汀尼阿森纳
迈克尔·J. 费尔
美国陆军装备研究、开发和工程中心
新泽西州皮卡汀尼阿森纳
弗兰克·T. 费舍尔
史蒂文斯理工学院机械工程系
新泽西州霍博肯
洛里·J. 格罗文
南达科他矿业理工学院化学与生物工程系
南达科他州拉皮德城
迈克尔·J. 哈加瑟
新墨西哥矿业与技术学院机械工程系
新墨西哥州索科罗
何静
史蒂文斯理工学院化学工程与材料科学系高填充材料研究所
新泽西州霍博肯
艾琳·海德
美国陆军装备研究、开发和工程中心能源与战斗部司
新泽西州皮卡汀尼阿森纳
纳齐尔·侯赛因
得克萨斯理工大学化学工程系
得克萨斯州拉伯克
迪尔汉·M. 卡利恩
史蒂文斯理工学院化学工程与材料科学系高填充材料研究所
史蒂文斯理工学院生物医学工程、化学与生物科学系
新泽西州霍博肯
巴哈迪尔·卡鲁夫
史蒂文斯理工学院高填充材料研究所
新泽西州霍博肯
苏潘·科文克利奥卢
高填充材料研究所

史蒂文斯理工学院
新泽西州霍博肯
诺亚·利布
詹森休斯
马里兰州巴尔的摩
穆努丁·马利克
史蒂文斯理工学院化学工程与材料科学系高填充材料研究所
新泽西州霍博肯
丹尼尔·马兰戈尼
研究和赞助项目
罗杰斯州立大学
俄克拉何马州克莱尔莫尔
尼古拉斯·J. 马兰戈尼
先进技术、研发
罗克韦尔自动化
威斯康星州密尔沃基
内哈·梅塔
美国陆军装备研究、开发和工程中心
新泽西州皮卡汀尼阿森纳
马克·J. 梅兹格
美国陆军装备研究、开发和工程中心炸药技术与原型制作部
新泽西州皮卡汀尼阿森纳
康斯坦斯·M. 墨菲
海军水面战中心
马里兰州印第安黑德
理查德·S. 穆斯卡托
海军水面战中心
马里兰州印第安黑德
史蒂文·M. 尼科里奇
美国陆军装备研究、开发和工程中心炸药技术与原型制作部
新泽西州皮卡汀尼阿森纳
卡尔·D. 奥勒
美国陆军装备研究、开发和工程中心
新泽西州皮卡汀尼阿森纳

潘恒
密苏里科技大学机械与航空航天工程系
密苏里州罗拉
米歇尔·潘托亚
得克萨斯理工大学机械工程系
得克萨斯州拉伯克
钟铉·帕克
密苏里科技大学机械与航空航天工程系
密苏里州罗拉
婆罗门南达·普拉马尼克
蒙大拿大学蒙大拿理工学院机械工程系
蒙大拿州比尤特
苏珊·E. 普里克特
海军水面战中心
马里兰州印第安黑德
简·A. 普申斯基
研究事务
南达科他矿业理工学院
南达科他州拉皮德城
V. 普拉卡什·雷迪
密苏里科技大学化学系
密苏里州罗拉
保罗·雷德纳
美国陆军装备研究、开发和工程中心能源与战斗部司
新泽西州皮卡汀尼阿森纳
冯·罗梅罗
研究与经济发展
新墨西哥科技大学
拉尔夫·谢弗兰
史蒂文斯理工学院高填充材料研究所
新泽西州霍博肯
金伯利·耶里克·斯潘格勒
美国陆军装备研究、开发和工程中心
新泽西州皮卡汀尼阿森纳

唐汉松
纽约城市学院土木工程系
纽约州
凯·J. 廷德尔
研究副总裁办公室
得克萨斯理工大学
得克萨斯州拉伯克
斯蒂芬·D. 谢
罗格斯大学机械和航空航天工程
新泽西州新不伦瑞克
史蒂夫·塔珀
赞助项目办公室
密苏里科技大学
密苏里州
布兰登·L. 威克斯
得克萨斯理工大学化学工程系
得克萨斯州拉伯克
罗纳德·J. 怀特
高级矿物和冶金加工中心（CAMP）
材料科学系
蒙大拿大学蒙大拿理工学院
蒙大拿州比尤特
理查德·A. 耶特
机械与核工程
宾夕法尼亚州立大学
宾夕法尼亚州